# 公　式

◆**三角関数の公式**◆

**加法定理**

(1) $\sin(x \pm y) = \sin x \cos y \pm \cos x \sin y$

(2) $\cos(x \pm y) = \cos x \cos y \mp \sin x \sin y$

**2倍角の公式**

(3) $\sin 2x = 2 \sin x \cos x$

(4) $\cos 2x = 2\cos^2 x - 1 = 1 - 2\sin^2 x$

**半角の公式**

(5) $\sin^2 \dfrac{x}{2} = \dfrac{1-\cos x}{2}, \quad \cos^2 \dfrac{x}{2} = \dfrac{1+\cos x}{2}$

**和・差を積にする公式**

(6) $\sin\alpha + \sin\beta = 2\sin\dfrac{\alpha+\beta}{2}\cos\dfrac{\alpha-\beta}{2}$

(7) $\sin\alpha - \sin\beta = 2\cos\dfrac{\alpha+\beta}{2}\sin\dfrac{\alpha-\beta}{2}$

(8) $\cos\alpha + \cos\beta = 2\cos\dfrac{\alpha+\beta}{2}\cos\dfrac{\alpha-\beta}{2}$

(9) $\cos\alpha - \cos\beta = -2\sin\dfrac{\alpha+\beta}{2}\sin\dfrac{\alpha-\beta}{2}$

**積を和・差にする公式**

(10) $\sin A \cos B = \dfrac{1}{2}\{\sin(A+B) + \sin(A-B)\}$

(11) $\cos A \cos B = \dfrac{1}{2}\{\cos(A+B) + \cos(A-B)\}$

(12) $\sin A \sin B = -\dfrac{1}{2}\{\cos(A+B) - \cos(A-B)\}$

◆**2項定理**◆　異なる $n$ 個のものから $r$ 個取り出す組合せの総数を ${}_n\mathrm{C}_r$ で表すと，

(13) ${}_n\mathrm{C}_r = \dfrac{n(n-1)\cdots(n-r+1)}{r!} = \dfrac{n!}{r!(n-r)!}$
$(r! = r(r-1)\cdots 2 \cdot 1,\ 0! = 1)$

(14) $(a+b)^n = {}_n\mathrm{C}_0 a^n + {}_n\mathrm{C}_1 a^{n-1}b + \cdots + {}_n\mathrm{C}_r a^{n-r}b^r + \cdots + {}_n\mathrm{C}_n b^n$

数学基礎コース＝C2

# 基本　微分積分

坂田　泩　著

サイエンス社

サイエンス社のホームページのご案内
http://www.saiensu.co.jp
ご意見・ご要望は　rikei@saiensu.co.jp　まで.

# はじめに

　本書はプリントの形で1年間講義した際，理解の困難なところを学生と話し合いながら修正してできあがった微分積分の教科書です．
　大学の初年級や工業高専の中高学年の学生が対象です．

## 本書の構成

　**左側の頁**　数学の学習は，問題を解くことではなくて，正しい考え方を理解することからはじまります．この頁には学習する事柄やその考え方が丁寧に書いてあるので，しっかり読むことが大切です．

　**右側の頁**　左側の頁の理解を助けるための図や，身につけた考え方を使って解ける『例』があります．解答を紙に書きながら左側の頁の考え方を自分のものにしてください．

　**問(下欄)**　『問』は必ず書いて解いてください．解けても，解けなくても，指示されている「基本演習微分積分」(サイエンス社)等の解答と自分の解答を比べてみてください．このプロセスが本書での学習で最も大切です．これらが，しっかりとできていればあとの学習は無理なく進められます．

　**演習問題**　各章の終りに理解を確実なものにするための演習問題を集めました．わからないときは本文にもどり，もう一度読みなおしてください．

　このように1題1題解いていくうちに，理解がより深まり，確かな力がついてきます．最後に下欄にある『演習』に挑戦してみてください．

　本書の作成の際，「寺田文行著　微分積分」(サイエンス社)から教示を受けました．厚く御礼を申し上げます．
　終りに本書の作成に当り終始ご尽力頂いたサイエンス社編集部の田島伸彦氏，鈴木まどか女史に心からの感謝を捧げます．

　　　2002年8月15日

坂田　浩

# 目　　次

## 第1章 微　分　法　　　　　　　　　　　　　　　　　　　1

**1.1** 関数，関数の極限，関数の連続性 ..................... *2*
**1.2** 導関数 ......................................... *16*
**1.3** 三角関数・逆三角関数の導関数 ..................... *26*
**1.4** 対数関数・指数関数・媒介変数表示の関数の導関数 ... *32*
演習問題 ............................................. *38*
研　究 ............................................... *41*
問の解答 ............................................. *44*
演習問題解答 ......................................... *46*

## 第2章 平均値の定理とその応用　　　　　　　　　　　　47

**2.1** 平均値の定理 ................................... *48*
**2.2** 不定形とロピタルの定理 ......................... *56*
**2.3** テーラーの定理 ................................. *60*
**2.4** 曲線の凹凸と変曲点 ............................. *68*
演習問題 ............................................. *70*
研　究 ............................................... *74*
問の解答 ............................................. *78*
演習問題解答 ......................................... *80*

## 第3章 積分法　　81

**3.1** 不定積分 ........................................ *82*
**3.2** いろいろな関数の不定積分 ........................ *88*
**3.3** 定積分 .......................................... *96*
**3.4** 広義積分（特異積分と無限積分） ................. *106*
演習問題 ............................................. *110*
研　究 ............................................... *116*
問の解答 ............................................. *117*
演習問題解答 ......................................... *119*

## 第4章 定積分の応用と微分方程式の解法　　121

**4.1** 面積と曲線の弧の長さ ........................... *122*
**4.2** 定積分の近似計算 ............................... *128*
**4.3** 立体の体積，回転体の体積と表面積 ............... *130*
**4.4** 微分方程式の解法 ............................... *134*
演習問題 ............................................. *140*
研　究 ............................................... *145*
問の解答 ............................................. *147*
演習問題解答 ......................................... *148*

## 第5章 偏微分法　　149

**5.1** 2変数の関数と偏微分 ........................... *150*
**5.2** 全微分，合成関数の偏導関数，接平面 ............. *156*
**5.3** 高次偏導関数と2変数のテーラーの定理，極値 ..... *162*

**5.4** 陰関数定理，条件付極値，包絡線 ................... *168*
演習問題 ................................................. *174*
研　究 .................................................. *180*
問の解答 ................................................ *183*
演習問題解答 ............................................ *184*

## 第 6 章　2 重積分とその応用　　　　　　　　　　　　　　185

**6.1**　立体の体積 ........................................ *186*
**6.2**　2 重積分と変数変換 ................................ *190*
**6.3**　広義の 2 重積分 ................................... *200*
**6.4**　2 重積分の応用（体積，曲面積），3 重積分 ......... *204*
**6.5**　線積分とグリーンの定理 ........................... *210*
演習問題 ................................................. *214*
研　究 .................................................. *220*
問の解答 ................................................ *222*
演習問題解答 ............................................ *223*

索　引 ................................................. *224*

# 第 1 章

# 微 分 法

**本章の目的** 微分法は数学的に興味があり,また重要な分野であることはもちろんであるが,物理学,工学,経済学などその他多くの学問を学ぶのに必要な多くの手段を供給している.

この微分法の入門は高等学校数 III で一応学習しているが,本章では,微分係数,導関数の定義および基本的な関数の導関数も含めて,改めてきちんと学習する.

> **本章の内容**
> 1.1 関数,関数の極限,関数の連続性
> 1.2 導関数
> 1.3 三角関数・逆三角関数の導関数
> 1.4 対数関数・指数関数・媒介変数表示の関数の導関数
> 研究 数列や級数の極限 (1)

## 1.1　関数，関数の極限，関数の連続性

**実数の集合**　実数全体の集合を $R$ とする．集合 $R$ では加減乗除と大小関係が考えられている．条件 $p(x)$ をみたすような実数 $x$ のつくる集合を
$$\{x\,;\,p(x)\}$$
で表す．

**区間**　$\{x\,;\,a \leqq x \leqq b\}, \{x\,;\,a < x < b\}$ などのような両端を定めた $x$ の集合を考えるとき，このような集合を**区間**という．特に前者を $[a,b]$ で表し**閉区間**といい，後者を $(a,b)$ で表し**開区間**という．

また，$\{x\,;\,a \leqq x < b\}$ を $[a,b)$ で，$\{x\,;\,a \leqq x\}$ を $[a,\infty)$ などで表す (➪ 図 1.1)．

**関数**　$X$ を $R$ の部分集合とするとき，集合 $X$ の要素を表す文字 $x$ を，集合 $X$ を**変域**とする**変数**という．

$X$ の要素 $x$ に実数 $y$ を **1** つずつ対応させる規則 $f$ があるとき，$y$ はある集合 $Y$ をつくり，文字 $y$ は $Y$ を変域とする変数である．このとき **$y$ を $x$ の関数**といい，集合 $X$ を**定義域**，集合 $Y$ を**値域**という．また，$x$ の値に対する $y$ の値を $f(x)$ で表し，$y$ が $x$ の関数であることを次のように表す．
$$y = f(x)$$
代表的な関数に次のようなものがある (➪ 図 1.2)．

（ⅰ）**整関数**　定数 $a_0, a_1, \cdots, a_n\ (a_0 \neq 0)$ に対し
$$f(x) = a_0 x^n + a_1 x^{n-1} + \cdots + a_{n-1} x + a_n$$
を $x$ の**整式 (多項式)** といい，$x$ の整式で表される関数を**整関数**という．

（ⅱ）**分数関数 (有理関数)**　2 つの整式 $g(x), h(x) \neq 0$ に対し $g(x)/h(x)$ を**分数式 (有理式)** といい，分数式で表される関数 $g(x)/h(x)$ を**分数関数 (有理関数)** という．

（ⅲ）**無理関数**　$y = \sqrt{x-1}$ のように根号内に $x$ の整式 $f(x)$ を含む式を**無理式**といい，無理式で表される関数を**無理関数**という．

そのほかに三角関数，指数関数，対数関数について学んでいる．

## 1.1 関数，関数の極限，関数の連続性

● より理解を深めるために ●

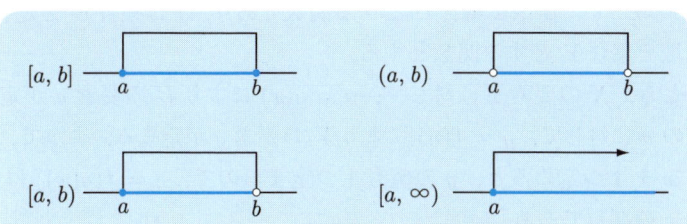

図 1.1　閉区間，開区間

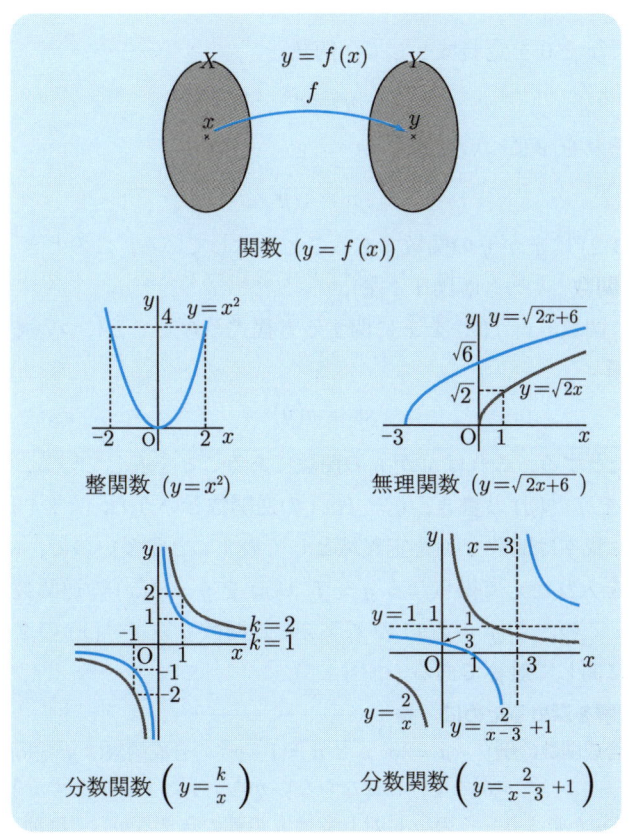

図 1.2　関数 $y = f(x)$

**合成関数** $y = f(u), u = g(x)$ という 2 つの関数がある．いま $g$ は集合 $X$ を定義域とし，値域を集合 $U$ とする関数であり，$f$ は集合 $U$ を定義域とし，値域を集合 $Y$ とする関数とする．

そのとき，$X$ の要素 $x$ に対して，$u = g(x)$ により $U$ の要素 $u$ が定まり，次にこの $u$ に対して，$y = f(u)$ により $Y$ の要素 $y$ が定まる．よって，$X$ において $x$ を 1 つ定めると，$y$ の値も 1 つ定まるので，$y = f(g(x))$ は $X$ における $x$ の関数である．

そこでこのような関係によって定められた関数 $y = f(g(x))$ を関数 $f(u)$ と $g(x)$ の**合成関数**，あるいは $x$ の**関数の関数**という (⇨ 図 1.3)．

**逆関数** $x \geqq 0$ を定義域として，関数
$$y = x^2 \tag{1.1}$$
を考え，それを $x$ について解くと
$$x = \sqrt{y} \tag{1.2}$$
となる．(1.2) は $x$ が $y$ の関数であることを示している．このとき，(1.2) を (1.1) の**逆関数**という (⇨ 図 1.4 左)．

一般に，関数 $y = f(x)$ を $x$ に関する方程式と考えて $x$ について解き，ただ 1 つの解
$$x = g(y) \tag{1.3}$$
が得られたとする．これは $x$ が $y$ の関数であることを表している．この $y$ の関数 $g(y)$ を $f^{-1}(y)$ と書き，$y = f(x)$ の**逆関数**という (⇨ 図 1.4 右)．

しかし，我々は関数を $x$ を定義域として表すことが多いので，(1.3) で変数 $x$ と $y$ を入れかえて得られる $y = f^{-1}(x)$ を $y = f(x)$ の逆関数ということが多い．このとき $y = f(x)$ のグラフと逆関数 $y = f^{-1}(x)$ のグラフは直線 $y = x$ に関して対称である (⇨ 図 1.5)．

● **より理解を深めるために** ●────

**例 1.1** (合成関数の例)　$y = \log u$ と $u = 1 - x^2$ の合成関数は $y = \log(1 - x^2)$. ここで，$u = 1 - x^2 > 0$ でなければならないから $-1 < x < 1$ とすると，$x$ の値が定まれば $u$ が定まり，その $u$ に対しては $y$ の値の定まるから，区間 $(-1, 1)$ において，$y = \log(1 - x^2)$ は $y = \log u$ と $u = 1 - x^2$ の合成関数である．∎

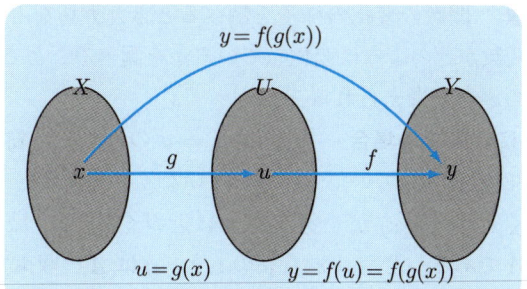

図 1.3　合成関数 (関数の関数)

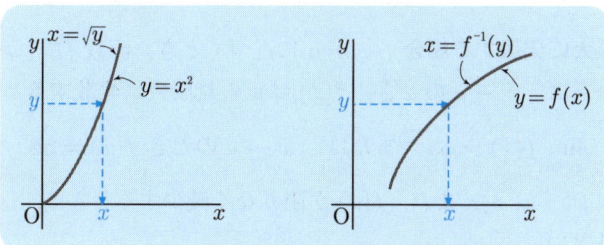

図 1.4　逆関数を $y$ の関数と考える場合

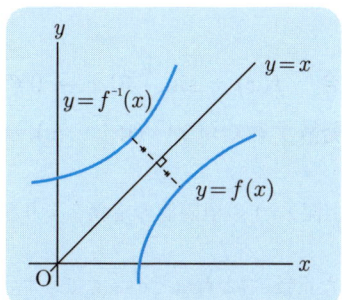

図 1.5　逆関数を $x$ の関数と考える場合

(解答は章末の p.44 以降に掲載されています.)

**問 1.1** 次の関数の逆関数を求めよ.
(1)　$y = x^2 + 1 \quad (x \geqq 0)$ 　　　(2)　$y = 2^x \quad (-\infty < x < \infty)$
(3)　$y = \log_{10} x \quad (x > 0)$

**関数の極限値**　関数の変化の様子を調べるとき，大切なものの1つが実数 $a$ の近くで関数がどのように変化しているかを調べることである．その状態は次の3つの場合が考えられる．

(ⅰ) **実数 $A$ に収束する場合**　$f(x)$ は $x = a$ の近くで定義された関数とする ($x = a$ では定義されていても，されていなくてもよい)．いま $x$ が $a$ に限りなく近づくとき，$f(x)$ が一定の値 $A$ に近づくならば，「$x \to a$ のとき，$y$ の極限値は $A$ である」とか，「$x \to a$ のとき，$y$ は $A$ に**収束する**」といい，このことを次のように表す (⇨ 図 1.6，図 1.7)．

$$\lim_{x \to a} f(x) = A \quad \text{または} \quad x \to a \text{ のとき } f(x) \to A$$

(ⅱ) **無限大に発散する場合**　$x$ が $a$ に近づくとき，関数 $f(x)$ が限りなく増加するならば，$x \to a$ のとき，$f(x)$ は正の無限大に**発散する**といい，

$$\lim_{x \to a} f(x) = \infty \quad \text{または} \quad x \to a \text{ のとき } f(x) = \infty$$

などで表す (⇨ 図 1.8)．また，$f(x)$ が限りなく減少するときは，負の無限大に**発散する**といい，

$$\lim_{x \to a} f(x) = -\infty \quad \text{または} \quad x \to a \text{ のとき } f(x) = -\infty$$

などで表す．

(ⅲ) **極限値なしの場合**　$f(x) = \sin \dfrac{1}{x}$ で $x \to 0$ のときは収束でもなく，正または負の無限大に発散するでもない (⇨ 図 1.9)．このようなときは，**極限値なし**という．

**追記 1.1**　$\varepsilon - \delta$ 論法　上記 (ⅰ) の極限値の定義をより精密に述べると次のようになる．

「任意に与えられた正数 $\varepsilon$ (どれほど小さくてもよい) に対して適当な正数 $\delta$ をとると，$0 < |x - a| < \delta$ であるようなすべての $x$ に対して $|f(x) - A| < \varepsilon$ となること」

このような論法を $\varepsilon - \delta$ 論法というのである．しかし，本書ではこのような取り扱いには触れないことにする (くわしくは高木貞治著「改訂解析概論」(岩波書店) を参照のこと)．

● **より理解を深めるために**

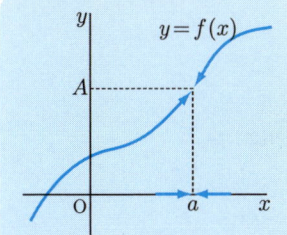

図 1.6　$\lim_{x \to a} f(x) = A$

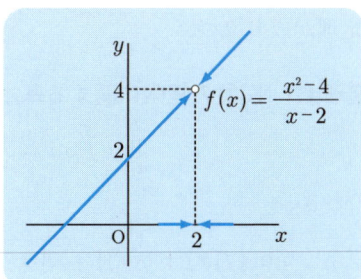

図 1.7　$\lim_{x \to 2} \dfrac{x^2-4}{x-2} = 4$

**例 1.2**　$f(x) = \dfrac{x^2-4}{x-2}$ は $x = 2$ では定義されていない．しかし $x \neq 2$ とすると，$f(x) = x + 2$ となる．よって
$$\lim_{x \to 2} f(x) = 4 \quad \blacksquare$$

**例 1.3**　$f(x) = \dfrac{1}{|x-1|}$ では
$$\lim_{x \to 1} \dfrac{1}{|x-1|} = \infty \quad \blacksquare$$

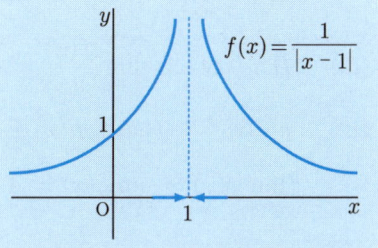

図 1.8　$\lim_{x \to 1} \dfrac{1}{|x-1|} = \infty$

**例 1.4**　図 1.9 は $f(x) = \sin \dfrac{1}{x}$ のグラフである (各自で $x$ に種々の値を代入して，実際に書いてみよう)．$x \to 0$ とすると，$f(x)$ は収束するわけでも，正または負の無限大に発散するわけでもない．極限値なしの場合である．■

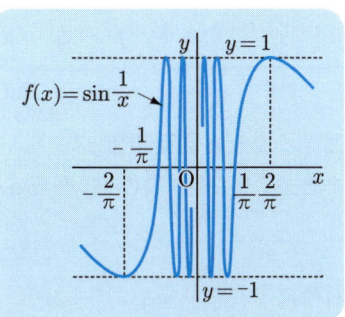

図 1.9

**問 1.2**　$x = 1$ の近くで次の関数のとる値の変わり方を調べよ．
(1) $\dfrac{x^2 - 3x + 2}{x - 1}$　　(2) $\dfrac{|x-1|}{x-1}$　　(3) $\dfrac{(x-1)^2}{|x-1|}$

**関数の極限に関する基本定理**　収束する関数の極限について次のような基本定理が成り立つ.

> **定理 1.1** (関数の極限に関する基本定理)
> $$\lim_{x \to a} f(x) = A, \quad \lim_{x \to a} g(x) = B$$
> のとき
> 
> (ⅰ)　$\lim_{x \to a} \{f(x) \pm g(x)\} = A \pm B$
> 
> (ⅱ)　$\lim_{x \to a} \{f(x) \cdot g(x)\} = A \cdot B$
> 
> 　　　特に $\lim_{x \to a} \{k \cdot f(x)\} = k \cdot A$ （$k$ は定数）
> 
> (ⅲ)　$B \neq 0$ のとき $\lim_{x \to a} \dfrac{f(x)}{g(x)} = \dfrac{A}{B}$
> 
> (ⅳ)　$a$ の近くで $f(x) \leqq h(x) \leqq g(x)$ であり
> 
> 　　　$\lim_{x \to a} f(x) = \lim_{x \to a} g(x) = A$　ならば　$\lim_{x \to a} h(x) = A$

|注意 1.1|　定数関数 $f(x) = c$ のときは, $\lim_{x \to a} f(x) = c$ である.

　**右側極限値, 左側極限値**　関数 $f(x)$ において, $x$ を $a$ の右側 (正の方) から $a$ に近づけたとき, $f(x)$ が一定値 $A$ に近づくならば

$$\lim_{x \to a+0} f(x) = A$$

と書き, $A$ を**右側極限値**という.

　また, $x$ を左側 (負の方) から $a$ に近づけたときの**左側極限値**

$$\lim_{x \to a-0} f(x) = B$$

も同様に定義される (⇨ 図 1.10).

　特に $a = 0$ の場合は, $x \to a+0$ を $x \to +0$, $x \to a-0$ を $x \to -0$ と書く. また $A$ が $\infty$ または $-\infty$ のときの意味も同様である (⇨ 図 1.11).

|注意 1.2|　$\lim_{x \to a} f(x) = A$ というのは, $\lim_{x \to a+0} f(x)$ と $\lim_{x \to a-0} f(x)$ の両方が存在して, ともに $A$ となることである.

## 1.1 関数，関数の極限，関数の連続性

● **より理解を深めるために**

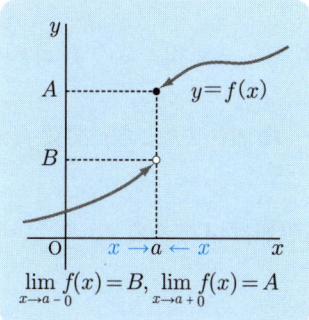

図 **1.10** 左側極限値・右側極限値

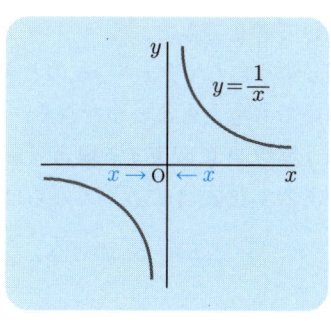

図 **1.11** $\displaystyle\lim_{x \to +0} \frac{1}{x} = \infty$, $\displaystyle\lim_{x \to -0} \frac{1}{x} = -\infty$

例 **1.5** $\displaystyle\lim_{x \to 1-0} \frac{x^2 - 1}{|x - 1|}$ を求めよ（⇨図 1.12）．

[解] $x < 1$ のとき
$$\frac{x^2 - 1}{|x - 1|} = \frac{(x+1)(x-1)}{-(x-1)}$$
$$= -(x + 1)$$

$$\lim_{x \to 1-0} \frac{x^2 - 1}{|x - 1|} = \lim_{x \to 1-0} (-x - 1)$$
$$= -2 \quad \blacksquare$$

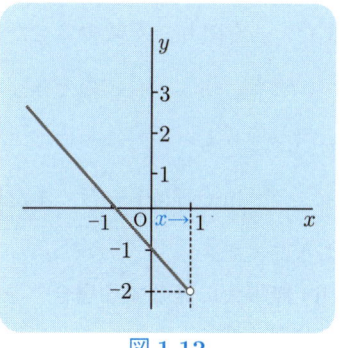

図 **1.12**

---

問 **1.3*** 次の極限値を求めよ．

(1) $\displaystyle\lim_{x \to 2} \frac{2x^2 - x - 6}{3x^2 - 2x - 8}$

(2) $\displaystyle\lim_{x \to 0} \frac{1}{x^n}$ （$n$ は正の整数）

(3) $\displaystyle\lim_{x \to 4} \frac{\sqrt{x} - 2}{x - 4}$

(4) $\displaystyle\lim_{x \to 2+0} \frac{4x - 3}{x - 2}$

---

*「基本演習微分積分」（サイエンス社）p.4 の問題 1.1 (1), (2), (5), (8) 参照．

**極限** $\lim_{x \to \infty} f(x)$, $\lim_{x \to -\infty} f(x)$　これまで，$x \to a$（実数）のとき $f(x)$ の極限について考えてきた．

同じようにして，$x \to \infty$ のとき，または $x \to -\infty$ のときの $f(x)$ の極限についても考えることができる．

（ⅰ）**実数 $A$ に収束する場合**　$x$ を限りなく増加させたとき，関数 $f(x)$ の値がある実数値 $A$ に近づくならば，

$$x \to \infty \text{ のとき，} f(x) \text{ の極限値は } A \text{ である}$$

といい，

$$\lim_{x \to \infty} f(x) = A \quad \text{または} \quad x \to \infty \text{ のとき } f(x) \to A$$

のように表す（⇨ 図 1.13）．

また，$x$ を限りなく減少させたとき，上と同じようになれば

$$x \to -\infty \text{ のとき，} f(x) \text{ の極限値は } B \text{ である}$$

といい，これも

$$\lim_{x \to -\infty} f(x) = B \quad \text{または} \quad x \to -\infty \text{ のとき } f(x) \to B$$

のように表す．

（ⅱ）**無限大に発散する場合**　$x \to \infty$（あるいは $-\infty$）のとき，関数 $f(x)$ が限りなく増加したり，あるいは限りなく減少することがある．このとき，次のように表す（⇨ 図 1.14）．

$$\lim_{x \to \infty} f(x) = \infty, \quad \lim_{x \to -\infty} f(x) = \infty, \quad \lim_{x \to -\infty} f(x) = -\infty \quad \text{など}$$

● **より理解を深めるために** ●

**例 1.6**　$\displaystyle\lim_{x \to \infty} \frac{x^2 + x + 5}{6x^2 + 3x + 4} = \lim_{x \to \infty} \frac{1 + \dfrac{1}{x} + \dfrac{5}{x^2}}{6 + \dfrac{3}{x} + \dfrac{4}{x^2}} = \frac{1}{6}$　■

**例 1.7**　$\displaystyle\lim_{x \to -\infty}(x^3 + 2x^2 - 1) = \lim_{x \to -\infty} x^3\left(1 + \frac{2}{x} - \frac{1}{x^3}\right) = -\infty$　■

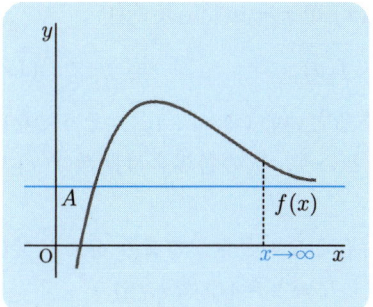

図 1.13

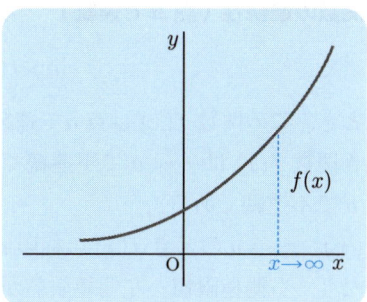

図 1.14

**注意 1.3**　$x \to a$ のとき，$f(x) \to \infty$, $g(x) \to \infty$ となる場合 $f(x) + g(x) \to \infty$ であるが，$f(x) - g(x)$（これを $\infty - \infty$ と書く）はどうなるであろうか．

次の (i), (ii), (iii) の例はいずれも $x \to 0$ のとき $f(x) \to \infty$, $g(x) \to \infty$ となる場合である．

(i)　　$f(x) = \dfrac{1}{x^2}$, $g(x) = \dfrac{1}{x^4}$ のとき，$f(x) - g(x) = \dfrac{x^2 - 1}{x^4} \to -\infty \; (x \to 0)$

(ii)　　$f(x) = \dfrac{2}{x^2}$, $g(x) = \dfrac{1}{x^2}$ のとき，$f(x) - g(x) = \dfrac{1}{x^2} \to \infty \; (x \to 0)$

(iii)　　$f(x) = \dfrac{1}{x^2}$, $g(x) = \dfrac{1}{x^2} - 1$ のとき，$f(x) - g(x) = 1 \to 1 \; (x \to 0)$

このように発散することも，収束することもあり速断するわけにはゆかないのである．このような場合を**不定形**という．

他にも $\infty \cdot 0$, $\dfrac{\infty}{\infty}$, $\dfrac{0}{0}$ のような場合が考えられいずれも不定形である．

---

**問 1.4**[*]　次の極限値を求めよ．

(1)　$\displaystyle\lim_{x \to +\infty} \dfrac{3x^2 - 6x - 1}{-x^2 - 4x + 2}$

(2)　$\displaystyle\lim_{x \to +\infty} (\sqrt{x + a} - \sqrt{x}) \quad (a > 0)$

(3)　$\displaystyle\lim_{x \to -\infty} x(\sqrt{x^2 + 4} + x)$

---

[*]「基本演習微分積分」(サイエンス社) p.4 の例題 1 (4), 問題 1.1 (6), (7) 参照.

**関数の連続性（点 $a$ で連続）**　関数 $f(x)$ が $x = a$ で定義され

$$\lim_{x \to a} f(x) = f(a) \tag{1.4}$$

のとき，この関数 $f(x)$ は**点 $a$ で連続**であるといい (⇨ 図 1.15)，そうでないとき関数 $f(x)$ は $x = a$ で**不連続**であるという．次の各場合は関数 $f(x)$ は点 $a$ で不連続である．

　（ⅰ）　$x \to a$ のとき $f(x)$ の極限値が存在しないとき，つまり $\pm\infty$ に発散したり，右側極限値と左側極限値が一致しないとき (⇨ 図 1.16)．

　（ⅱ）　$x \to a$ のとき $f(x)$ の極限値が存在しても $f(a)$ が存在しないとき (⇨ 図 1.17)．

　（ⅲ）　右側極限値と左側極限値は一致するが，$f(a)$ と等しくならないとき (⇨ 図 1.18)．

**右側連続，左側連続**

$$\lim_{x \to a+0} f(x) = f(a)$$

のときは $f(x)$ は $x = a$ において**右側連続**であるといい，

$$\lim_{x \to a-0} f(x) = f(a)$$

のとき，$f(x)$ は $x = a$ で**左側連続**であるという．この両方をあわせて**片側連続**であるという．

　上記の連続の定義 (1.4) で $x = a + h$ と表すと $x \to a$ は $h \to 0$ を意味するので，連続の定義を

$$\lim_{h \to 0} \{f(a+h) - f(a)\} = 0$$

と示すことができる．

**区間 $I$ で連続**　関数 $f(x)$ が 1 つの区間 $I$ の中のすべての点で連続のとき，$f(x)$ はその**区間 $I$ で連続**であるという．ただし，その区間 $I$ が端点を含むときはそこで片側連続であればよいものとする．

　ある区間で関数 $f(x)$ が連続であるということは，これをグラフで考えると，「$f(x)$ のグラフは切れ目のない 1 つの続いた曲線である」といってよい．

## ● より理解を深めるために

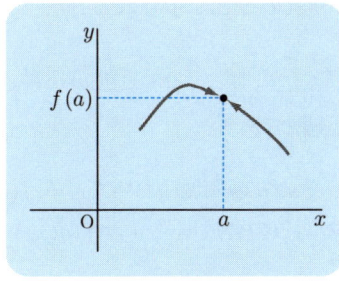

図 1.15 連続の例

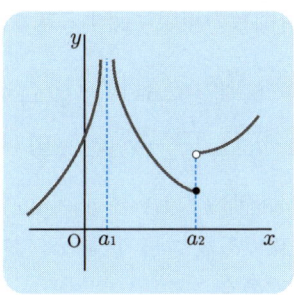

図 1.16 不連続の例 (i)

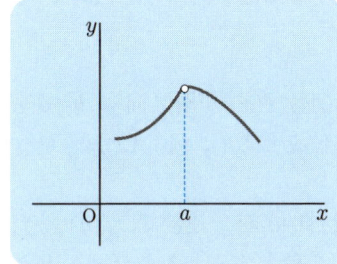

図 1.17 不連続の例 (ii)

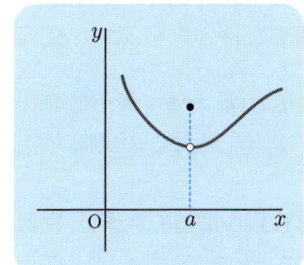

図 1.18 不連続の例 (iii)

**例 1.8** $x^3 - 6x + 9$ のように, $x$ の整式で表される関数や, 三角関数 $\sin x, \cos x$, 指数関数 $a^x (a > 0)$ は $(-\infty, \infty)$ で連続である. ■

**例 1.9** 無理関数 $f(x) = \sqrt{x}$ は, $[0, \infty)$ で連続である. 端点 $x = 0$ では $f(x) = \sqrt{x} \to 0 \, (x \to +0)$ と考える. ■

**例 1.10** 分数関数は $\dfrac{2x-3}{x-2}$ のように分母を $0$ にする値 $x = 2$ で不連続で, それ以外では連続である. ■

**例 1.11** 対数関数 $\log_a x \, (a > 0)$ は $(0, \infty)$ で連続である. ■

**問 1.5** 次の関数の連続性について調べよ.

(1) $f(x) = [x]$
　　$[\ ]$ はガウスの記号

(2)* $f(x) = \begin{cases} x(x+1)/(x^2-1) & (x \neq -1) \\ 1/2 & (x = -1) \end{cases}$

---

*「基本演習微分積分」(サイエンス社) p.5 の問題 2.1 (1) 参照.

**連続関数の基本性質**　区間 $I$ における p.12 の連続関数の定義と p.8 の定理 1.1 (関数の極限に関する基本定理) により次のことが示される.

（ⅰ）　区間 $I$ において $f(x), g(x)$ が連続ならば，$f(x) \pm g(x), cf(x)$, $f(x) \cdot g(x), \dfrac{f(x)}{g(x)}$ $(g(x) \neq 0)$ は区間 $I$ で連続である.

（ⅱ）　区間 $I$ において $u = g(x)$ は連続で，その $u$ の値域において $y = f(u)$ が連続であるとき，区間 $I$ において 2 つの関数の合成関数 $y = f(g(x))$ は連続である.

**閉区間で連続な関数の特性**　閉区間で連続な関数 (⇨ 図 1.19) は以下のような重要な性質をもっている.

**定理 1.2**（最大値・最小値の存在定理）　関数 $f(x)$ が閉区間 $[a, b]$ で連続ならば，$f(x)$ はこの区間で最大値，最小値をとる (⇨ 例 1.12).

**定理 1.3**（中間値の定理）　関数 $f(x)$ が閉区間 $[a, b]$ で連続で，$f(a) < f(b)$ とする. $k$ を $f(a) < k < f(b)$ である任意の値とするとき，$f(c) = k$ となる $c$ が開区間 $(a, b)$ の中に少なくとも 1 つ存在する. $f(a) > f(b)$ のときも同様である (⇨ 図 1.20).

**系 (定理 1.3)**　関数 $f(x)$ が閉区間 $[a, b]$ で連続で $f(a)$ と $f(b)$ とが異符号のときは，$a$ と $b$ との間において $f(x) = 0$ とする $x$ の値が少なくとも 1 つ存在する (⇨ 例 1.14).

**追記 1.2**　上記定理 1.2, 定理 1.3 は直観的には明らかのようであるが，実は実数の集合の基本的な構造を基に証明されるものである (証明は省略する).

**追記 1.3**　上記中間値の定理の逆は成立しそうに見えるが，必ずしも成立するとは限らない. たとえば $f(x) = \sin\dfrac{1}{x}$ $(x \neq 0), f(0) = 0$ と定義すると (⇨ p.7 の図 1.9), これは $x = 0$ を含む閉区間に対して中間値の性質, すなわち定理 1.3 の終結で述べた性質をもっている (実際, この閉区間で $-1, 1$ およびその間のすべての値をとり得る). しかし $x = 0$ は不連続点である.

## 1.1 関数，関数の極限，関数の連続性

● **より理解を深めるために** ●

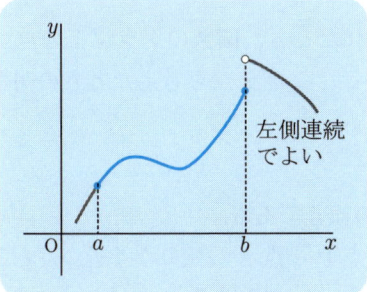

図 1.19　閉区間で連続

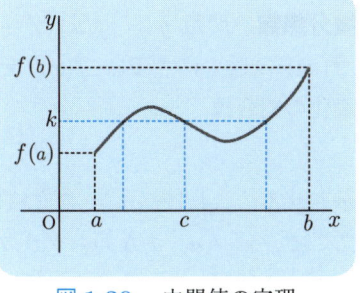

図 1.20　中間値の定理

**例 1.12**　関数 $f(x) = \dfrac{4}{x}$ は開区間 $(0, \infty)$ で連続で，$x \to +0$ のとき $f(x) \to \infty$ であり，$x \to \infty$ のとき $f(x) \to 0$ となる (しかしちょうど 0 になることはない)．したがってこの区間で最大値・最小値はない．しかし閉区間 $[1, 2]$ で考えれば関数 $f(x)$ の最大値は $f(1) = 4$，最小値は $f(2) = 2$ となる (⇨図 1.21)．■

**例 1.13**　$f(x) = \dfrac{x^2 - 4}{x - 2}$ は $x \neq 2$ とすると，連続関数である．しかし $f(2)$ は定義されていないので $x = 2$ では不連続である．いま，$f(2) = 4$ と定義すれば，$x = 2$ において連続となる．$x = 2$ のように定義を追加して連続関数にすることができる点を，**除去可能な不連続点**という (⇨p.7 の図 1.7)．■

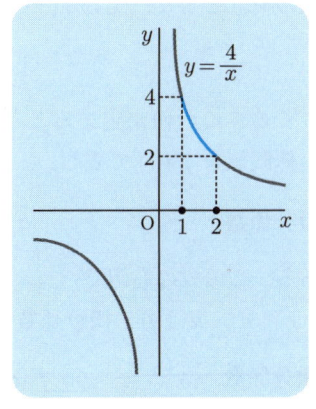

図 1.21　閉区間での最大値と最小値の存在

**例 1.14**　$f(x) = 3^x - 6x + 2$ は $[2, 3]$ で連続で $f(2) = -1 < 0$, $f(3) = 11 > 0$ である．よって中間値の定理の系により $f(x) = 0$ は $(2, 3)$ に少なくとも 1 つの実数解をもつ．■

**問 1.6**　方程式 $x^3 - 3x^2 - 2x + 5 = 0$ は 2 より小さい正の解をもつことを証明せよ．

## 1.2 導関数

**微分係数**　関数 $y = f(x)$ が与えられたとき，関数のグラフ上の点 A $(a, f(a))$ の近くに点 P$(x, f(x))$ をとると，この 2 点を考えたときの関数の変化の割合は

$$\frac{f(x) - f(a)}{x - a}$$

で示される．これは図 1.22 の直線 AP の傾きである．

ここで，$x \to a$，すなわちグラフ上で点 P を点 A に限りなく近づけるとき，直線 AP が 1 つの直線 $l$ に近づくならば，$l$ の傾きを点 A における関数の変化の割合を示す数とするのが適当であると考えられる．これが次の微分係数の概念を導く．関数 $f(x)$ の定義域の内部に点 $a$ をとり

$$\lim_{x \to a} \frac{f(x) - f(a)}{x - a}$$

をつくる．この値が定まるとき，$f(x)$ は $x = a$ で**微分可能**であるといい，この極限値を $f'(a)$ で表し，$x = a$ における**微分係数**という．つまり

**微分係数**
$$f'(a) = \lim_{x \to a} \frac{f(x) - f(a)}{x - a}$$

である．この式の右辺で，$x = a + h$ とおき，$x \to a$ とすると，$h \to 0$ であり，$x - a = h$ より，微分係数は次のように表してもよい．

**微分係数**
$$f'(a) = \lim_{h \to 0} \frac{f(a+h) - f(a)}{h}$$

また，$\dfrac{f(x) - f(a)}{x - a} - f'(a) = \varepsilon$ とおくと，$x \to a$ のとき，$\varepsilon \to 0$ であり，

$$f(x) = f(a) + f'(a)(x - a) + \varepsilon(x - a) \tag{1.5}$$

で表される (⇨ 図 1.23)．

**接線**　図 1.22 で考えた直線 $l$ の傾きは $f'(a)$ であり，$l$ の方程式は次のようになる．

**接線の方程式**　　　　　$y = f'(a)(x - a) + f(a)$

この直線を点 A における**接線**という．

## 1.2 導関数

● **より理解を深めるために** ●

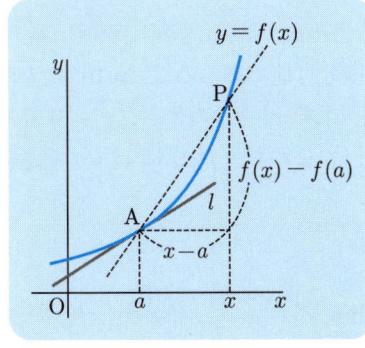

図 1.22

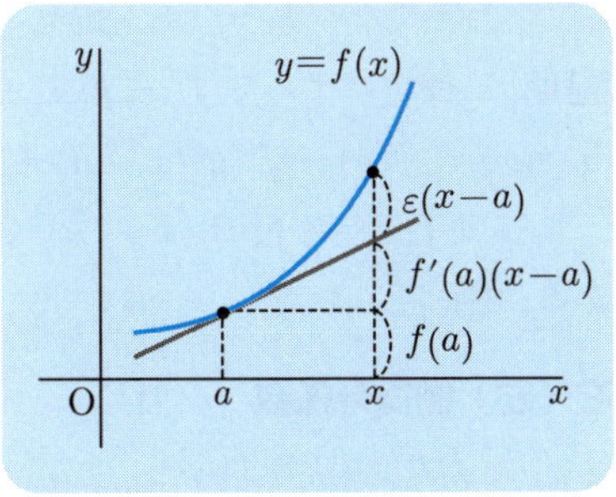

図 1.23

**例 1.15** $f(x) = x^3$ とすると，

$$f(a+h) - f(a) = (a+h)^3 - a^3 = h(3a^2 + 3ah + h^2)$$

$$\therefore \quad f'(a) = \lim_{h \to 0} \frac{f(a+h) - f(a)}{h} = \lim_{h \to 0} \frac{h(3a^2 + 3ah + h^2)}{h}$$
$$= \lim_{h \to 0} (3a^2 + 3ah + h^2) = 3a^2$$

したがって $x = a$ における $x^3$ の微分係数は $3a^2$ である．

次に $f(x) = x^3$ の点 $(2, 8)$ における接線を求める．
$f'(2) = 3 \times 2^2 = 12$ であるので，求める接線は

$$y - 8 = 12(x - 2) \qquad \therefore \quad y = 12x - 16 \quad \blacksquare$$

---

**問 1.7** (1) $f(x) = \dfrac{1}{x}$ のとき，定義に従って $f'(a)$ を求めよ $(a \neq 0)$．

(2) $f(x) = \sqrt[3]{x - 2}$ のとき，定義に従って $f'(2)$ を求めよ．

**問 1.8**\* (1) $f(x) = |2x - x^2|$ のとき，$f(x)$ は $x = 2$ で微分可能であるか．

(2) $f(x) = \dfrac{1}{|x| + 1}$ は $x = 0$ において連続か．また微分可能であるか．

---

\*「基本演習微分積分」(サイエンス社) p.8 の例題 3, 問題 3.1 (1) 参照．

**定理 1.4** (微分可能性と連続性)　関数 $f(x)$ が $x=a$ で微分可能ならば，$x=a$ で連続である (⇨ 図 1.24)．

[証明]　仮定によって $f(x)$ が $x=a$ で微分可能であるので，p.16 の (1.5) より $f(x)=f(a)+f'(a)(x-a)+\varepsilon(x-a)$ で $x\to a$ のとき，$\varepsilon\to 0$ である．よって $f(x)\to f(a)\ (x\to a)$ である．すなわち，$f(x)$ は $x=a$ で連続である．■

**右 (左) 側微分係数**　一般に

$$\lim_{h\to a+0}\frac{f(a+h)-f(a)}{h}=f'_+(a),\quad \lim_{h\to a-0}\frac{f(a+h)-f(a)}{h}=f'_-(a)$$

と表し，それぞれ $a$ における**右側微分係数**，**左側微分係数**という．微分係数が定まるのは $f'_+(a)=f'_-(a)$ のときである．

**導関数**　関数 $y=f(x)$ が区間 $I$ の各点で微分可能のとき，$y=f(x)$ は**区間 $I$ で微分可能**であるという (ただし $I$ が閉区間の場合は右，左の端点ではそれぞれ左側，右側微分係数を考えるものとする)．区間 $I$ の各点 $x$ に対して，その点における $f(x)$ の微分係数を対応させる関数を $y=f(x)$ の**導関数**といって，

$$y',\quad f'(x),\quad \frac{dy}{dx},\quad \frac{d}{dx}f(x)$$

などと書く．

　導関数を求めることを**微分する**という．また微分係数 $f'(a)$ は導関数の $x=a$ における値であるから，微分係数 $f'(a)$ を次のように表す．

$$y'_{x=a},\quad \left(\frac{dy}{dx}\right)_{x=a}$$

　$y=f(x)$ の $x=a$ における微分係数 $f'(a)=\lim_{h\to 0}\dfrac{f(a+h)-f(a)}{h}$ において，$a$ を $x$ に，$h$ を $\Delta x$ と書きかえ，$f(x+\Delta x)-f(x)=\Delta y$ とすると，

$$f'(x)=\lim_{\Delta x\to 0}\frac{f(x+\Delta x)-f(x)}{\Delta x}=\lim_{\Delta x\to 0}\frac{\Delta y}{\Delta x}$$

とも表される．$\Delta x,\Delta y$ をそれぞれ $\boldsymbol{x},\boldsymbol{y}$ の**増分**という．

## 1.2 導関数

● **より理解を深めるために** ●

**例 1.16** $f(x) = |x|$ は $x = 0$ で連続であるが，微分可能でない．つまり，$\lim_{x \to 0} |x| = 0$, $f(0) = 0$ であるので，$\lim_{x \to 0} f(x) = f(0)$ となり，$f(x) = |x|$ は $x = 0$ で連続である．また一方

$$f'_+(0) = \lim_{h \to +0} \frac{f(h) - f(0)}{h} = \lim_{h \to +0} \frac{|h|}{h} = \lim_{h \to +0} \frac{h}{h} = 1$$

$$f'_-(0) = \lim_{h \to -0} \frac{f(h) - f(0)}{h} = \lim_{h \to -0} \frac{|h|}{h} = \lim_{h \to -0} \frac{-h}{h} = -1$$

となり，$f'_+(0) \neq f'_-(0)$ であるので $f(x) = |x|$ は微分可能でない．

このことからもわかるように，定理 1.4 の逆は成立しない（⇨図 1.24）．■

**例 1.17** ($x^n$ の導関数 ($n$ は正の整数))
$n$ が正の整数のとき，次の公式が成り立つ．

$$(x^n)' = nx^{n-1}$$

この公式を証明してみよう．

高等学校で学んだ 2 項定理により，

$(x+h)^n$
$= x^n + nx^{n-1}h + \dfrac{1}{2}n(n-1)x^{n-2}h^2$
$\quad + \cdots + nxh^{n-1} + h^n$

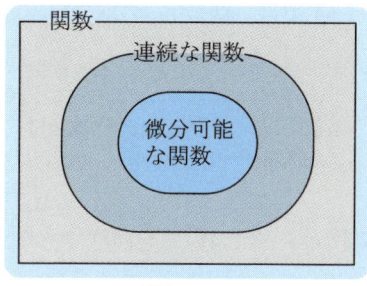

図 **1.24**

$x^n$ を左辺に移項して，両辺を $h$ で割ると

$$\frac{(x+h)^n - x^n}{h} = nx^{n-1} + \frac{1}{2}n(n-1)x^{n-2}h + \cdots + nxh^{n-2} + h^{n-1}$$

したがって

$$(x^n)' = \lim_{h \to 0} \frac{(x+h)^n - x^n}{h} = nx^{n-1} \quad ■$$

---

**問 1.9*** 導関数の定義に従って次の関数の導関数を求めよ．
(1) $f(x) = \sqrt{x}$ (2) $f(x) = \dfrac{1}{x^2}$ (3) $f(x) = c$ （一定）

---

*「基本演習微分積分」(サイエンス社) p.9 の例題 4 (1), (2) 参照．

**定理 1.5 (導関数の基本公式)** 2つの関数 $u = f(x)$, $v = g(x)$ が与えられた区間で微分可能とすると,
( i ) $(cu)' = cu'$ ($c$ は定数)
( ii ) $(u \pm v)' = u' \pm v'$
(iii) $(uv)' = u'v + uv'$
(iv) $\left(\dfrac{u}{v}\right)' = \dfrac{u'v - uv'}{v^2}$ ($v \neq 0$)

[証明] まず $x$ の増分 $\Delta x$ に対する $u = f(x)$, $v = g(x)$ の増分をそれぞれ $\Delta u, \Delta v$ とする.

( i ) では, 関数 $cu$ の増分は, $c(u + \Delta u) - cu = c\Delta u$ であるから,
$$(cu)' = \lim_{\Delta x \to 0} \frac{c\Delta u}{\Delta x} = cu'$$

( ii ) では, 関数 $u + v$ の増分は, $(u + \Delta u + v + \Delta v) - (u + v)$ であるから,
$$(u + v)' = \lim_{\Delta x \to 0} \frac{\Delta u + \Delta v}{\Delta x} = u' + v'$$
関数 $u - v$ についても同様である.

(iii) では, 関数 $uv$ の増分は $(u + \Delta u)(v + \Delta v) - uv$ であるから,
$$(uv)' = \lim_{\Delta x \to 0} \frac{\Delta u \cdot v + u \cdot \Delta v + \Delta u \cdot \Delta v}{\Delta x}$$
$$= \lim_{\Delta x \to 0} \left( \frac{\Delta u}{\Delta x} \cdot v + u \cdot \frac{\Delta v}{\Delta x} + \frac{\Delta u}{\Delta x} \cdot \Delta v \right)$$

ここで $\Delta x \to 0$ のとき, 最後の項で $\dfrac{\Delta u}{\Delta x} \to u'$, $\Delta v \to 0$ となるから,
$$(uv)' = u'v + uv'$$

(iv) では, 関数 $\dfrac{u}{v}$ の増分は
$$\frac{u + \Delta u}{v + \Delta v} - \frac{u}{v} = \frac{\Delta u \cdot v - u \cdot \Delta u}{(v + \Delta v)v}$$
となるから,
$$\left(\frac{u}{v}\right)' = \lim_{\Delta x \to 0} \frac{\dfrac{\Delta u}{\Delta x} \cdot v - u \cdot \dfrac{\Delta u}{\Delta x}}{(v + \Delta v) \cdot v} = \frac{u'v - uv'}{v^2} \quad \blacksquare$$

## 1.2 導関数

● より理解を深めるために ●

**例 1.18** $y = x^n$ ($n$ は負の整数, $x \neq 0$) のとき $(x^n)' = nx^{n-1}$ であることを示せ.

[解] $n = -m$ ($m$ は正の整数) とすると,定理 1.5 (iv) と例 1.17 (p.19) により,
$$\frac{dy}{dx} = \left(\frac{1}{x^m}\right)' = \frac{-(x^m)'}{(x^m)^2} = \frac{-mx^{m-1}}{x^{2m}} = -mx^{-m-1} = nx^{n-1}$$

結局例 1.17,例 1.18 により $n$ が整数 $(0, \pm 1, \pm 2, \cdots)$ のとき $(x^n)' = nx^{n-1}$ が成立する. ■

**例 1.19** 定理 1.5 (iii) を 2 回くり返すことにより次の公式が得られる.
$$(uvw)' = (uv)'w + uvw' = u'vw + uv'w + uvw' \quad \blacksquare$$

**例 1.20** 次の関数を微分せよ.
(1) $f(x) = (x^2 - 3x + 2)(x + 4)$
(2) $f(x) = \dfrac{2x - 3}{x^2 + 1}$
(3) $f(x) = x^2 - 2\sqrt{x} + \dfrac{1}{x}$

[解] (1) $f'(x) = (2x - 3)(x + 4) + (x^2 - 3x + 2) \cdot 1$
$\qquad\qquad = 3x^2 + 2x - 10$
(2) $f'(x) = \dfrac{2(x^2 + 1) - (2x - 3) \cdot 2x}{(x^2 + 1)^2} = \dfrac{-2x^2 + 6x + 2}{(x^2 + 1)^2}$
(3) $\sqrt{x}$ の導関数は p.19 の問 1.9 (1) を用いよ.
$$f'(x) = 2x - 2 \times \frac{1}{2\sqrt{x}} + (-1)x^{-2} = 2x - \frac{1}{\sqrt{x}} - \frac{1}{x^2} \quad \blacksquare$$

---

**問 1.10** 次の関数を微分せよ.
(1) $y = (x^2 - 1)(3x + 2)$
(2) $y = \dfrac{1}{x^4}$
(3) $y = \dfrac{1}{x - 2}$
(4) $y = \dfrac{2x + 5}{x^2 - 1}$

### 合成関数の導関数

**定理 1.6** (合成関数の導関数)　関数 $y = f(u)$ と $u = g(x)$ がともに微分可能ならば，合成関数 $y = f(g(x))$ も微分可能であり
$$\frac{dy}{dx} = \frac{dy}{du} \cdot \frac{du}{dx}$$

[証明]　$x$ の増分 $\Delta x$ に対する $u = g(x)$ の増分を $\Delta u$ とし，$u$ の増分 $\Delta u$ に対する $y = f(u)$ の増分を $\Delta y$ とする．

すなわち
$$\Delta u = g(x + \Delta x) - g(x),$$
$$\Delta y = f(u + \Delta u) - f(u)$$

このとき，$\dfrac{\Delta y}{\Delta x} = \dfrac{\Delta y}{\Delta u} \cdot \dfrac{\Delta u}{\Delta x}$ であるから

$$\lim_{\Delta x \to 0} \frac{\Delta y}{\Delta x} = \lim_{\Delta x \to 0} \left( \frac{\Delta y}{\Delta u} \cdot \frac{\Delta u}{\Delta x} \right)$$
$$= \lim_{\Delta x \to 0} \frac{\Delta y}{\Delta u} \cdot \lim_{\Delta x \to 0} \frac{\Delta u}{\Delta x}$$

$g(x)$ の連続性により

$$\Delta x \to 0 \text{ のとき}, \quad \Delta u = g(x + \Delta x) - g(x) \to 0$$

であるから

$$\lim_{\Delta x \to 0} \frac{\Delta y}{\Delta x} = \lim_{\Delta u \to 0} \frac{\Delta y}{\Delta u} \cdot \lim_{\Delta x \to 0} \frac{\Delta u}{\Delta x}$$
$$= \frac{dy}{du} \cdot \frac{du}{dx}$$

したがって，
$$\frac{dy}{dx} = \frac{dy}{du} \cdot \frac{du}{dx}$$

が得られる．■

**追記 1.4**　$\dfrac{dy}{du} = f'(u)$, $\dfrac{du}{dx} = g'(x)$ であるから，上記公式は次のように表すこともできる．
$$\{f(g(x))\}' = f'(g(x))g'(x)$$

## 1.2 導関数

● **より理解を深めるために** ●

**例 1.21** $y = x^r$ ($r$ は有理数とする) のとき $(x^r)' = rx^{r-1}$ であることを示せ.

[解] 有理数 $r$ は $r = q/p$ ($p, q$ は整数で, 特に $p > 0$) と表される. $x > 0$ のとき, $y = x^{q/p} = \sqrt[p]{x^q}$ であるので

$$y^p = x^q \tag{1.6}$$

ここで, 左辺 $y^p$ は, $y$ が $x$ の関数であることから, 結局 $x$ の関数である. 定理 1.6 (合成関数の導関数) により, $p, q$ が整数であることから,

$$\frac{d}{dx}y^p = \frac{d}{dy}y^p \cdot \frac{dy}{dx} = py^{p-1} \cdot \frac{dy}{dx} \quad \text{また} \quad \frac{d}{dx}x^q = qx^{q-1}$$

(1.6) は $x$ の関数 $y^p$ が, $x$ の関数 $x^q$ に等しいことを示しているので, それぞれの導関数も等しくなる. ゆえに

$$py^{p-1}\frac{dy}{dx} = qx^{q-1}$$

$$\therefore \quad \frac{dy}{dx} = \frac{q}{p}y^{1-p}x^{q-1} = \frac{q}{p}x^{(q/p)(1-p)}x^{q-1} = \frac{q}{p}x^{q/p-1} = rx^{r-1} \quad \blacksquare$$

**例 1.22** 次の関数を微分せよ.
(1) $y = (4x^2 - 5)^6$
(2) $y = \sqrt[4]{x^2 - 2x + 5}$

[解] (1) $y' = 6(4x^2 - 5)^5 \cdot 8x = 48x(4x^2 - 5)^5$
(2) $y = (x^2 - 2x + 5)^{1/4}$ より

$$y' = \frac{1}{4}(x^2 - 2x + 5)^{-3/4}(2x - 2) = \frac{1}{2}(x - 1)\frac{1}{\sqrt[4]{(x^2 - 2x + 5)^3}} \quad \blacksquare$$

---

**問 1.11**\* 次の関数を微分せよ.
(1) $y = \left(ax + \dfrac{b}{x}\right)^3$
(2) $y = \sqrt[3]{(x^2 + 1)^2}$
(3) $y = \dfrac{x}{\sqrt{x^2 + 1}}$

---

\*「基本演習微分積分」(サイエンス社) p.10 の問題 5.1 (1), p.16 の問題 9.1 (1), (3) 参照.

**定理 1.7** (逆関数の存在)  関数 $y = f(x)$ が, $[a,b]$ で一価連続な増加関数 (⇨ 右頁の定義) とすると, $[f(a), f(b)]$ で定義される $f(x)$ の逆関数 $x = f^{-1}(y)$ は一価連続である. 減少関数 (⇨ 右頁の定義) の場合も同様に成り立つ (⇨ 図 1.25).

[証明]  $f(x)$ が増加関数の場合を示す. $f(a) < y < f(b)$ となる任意の $y$ に対して, 中間値の定理 (p.14) により
$$f(x) = y$$
となる $x$ が存在する. $f(x)$ が増加関数であることから, このような $x$ は $y$ に対して 1 つしか存在しない.

なお, $f(x)$ が $[a,b]$ で連続であるときは, $y = f(x)$ のグラフは切れ目のない 1 つの続いた線であって, $y = f(x)$ と $x = f^{-1}(y)$ のグラフは同一であるから (⇨ 図 1.25) $f^{-1}(y)$ のグラフは $[f(a), f(b)]$ において切れ目のない 1 つの続いた線である. したがって, $f^{-1}(y)$ は $[f(a), f(b)]$ で連続である. $f(x)$ が減少関数のときも同様のことが言える. ∎

**定理 1.8** (逆関数の導関数)  $y$ の関数 $x = g(y)$ が $[c, d]$ で微分可能で, 増加または減少関数とすると, $x = g(y)$ の逆関数 $y = g^{-1}(x)$ は $[g(c), g(d)]$ で微分可能で
$$\frac{dy}{dx} = 1 \bigg/ \frac{dx}{dy} \quad \left(\frac{dx}{dy} \neq 0\right) \quad (⇨ 図 1.26)$$

[証明]  仮定の条件によって, $x = g(y)$, $y = g^{-1}(x)$ は一価連続であり, $x = g(y)$ と $y = g^{-1}(x)$ は同値であるから (⇨ 図 1.25),
$$y = g^{-1}(x), \quad y + \Delta y = g^{-1}(x + \Delta x) \quad \text{ならば}$$
$$x = g(y), \quad x + \Delta x = g(y + \Delta y) \quad \text{である.}$$

そして, $\Delta x \to 0$ のときは $\Delta y \to 0$ である. ゆえに,
$$\frac{dy}{dx} = \lim_{\Delta x \to 0} \frac{\Delta y}{\Delta x} = \lim_{\Delta y \to 0} \frac{\Delta y}{g(y + \Delta y) - g(y)}$$
$$= \lim_{\Delta y \to 0} 1 \bigg/ \frac{g(y + \Delta y) - g(y)}{\Delta y} = \frac{1}{g'(y)} \quad ∎$$

## より理解を深めるために

**単調な関数** 関数 $f(x)$ がその定義域の任意 $x_1, x_2$ に対して，$x_1 < x_2$ ならば $f(x_1) < f(x_2)$ のとき，$f(x)$ は**増加関数**であるという．また，$x_1 < x_2$ ならば $f(x_1) > f(x_2)$ のとき，$f(x)$ を**減少関数**という．増加関数，減少関数をあわせて**単調な関数**という．

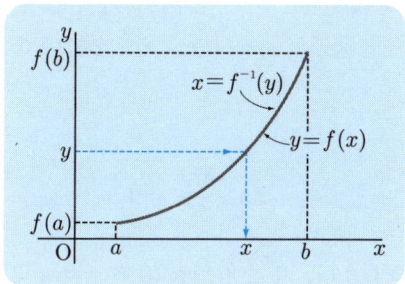

図 1.25 逆関数の存在

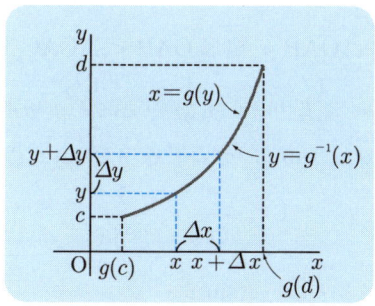

図 1.26 逆関数の導関数

**例 1.23** $y = \sqrt[3]{x}$ の導関数を定理 1.8 を用いて求めよ．

[解] $y = \sqrt[3]{x}$ は $x = y^3$ の逆関数である．$y^3$ は増加関数で微分可能である．$\dfrac{dx}{dy} \neq 0$ であるような $x$ に対して，定理 1.8 により，

$$\frac{dy}{dx} = 1 \Big/ \frac{dx}{dy} = \frac{1}{3y^2} = \frac{1}{3\sqrt[3]{x^2}} \quad (x \neq 0) \quad \blacksquare$$

**問 1.12** 例 1.23 にならって，$y = x^{1/p}$ ($y > 0$，$p$ は自然数) を微分せよ．

## 1.3　三角関数・逆三角関数の導関数

**弧度法**　図 1.27 のように，点 O を中心とする半径 1 の円と $Ox$ との交点を A とし，弧 AB の長さが半径 1 に等しい点を B とする．∠AOB を単位とし，1 ラジアンという．また，この角を 1 弧度ともいうので，この角を単位にして角を測る方法を**弧度法**という．半円周の長さは $\pi$ であるので，$\pi$ ラジアンは $180°$ である．普通弧度法ではラジアンを省いて 1 ラジアンを単に 1 と書く．

**定理 1.9**
$$\lim_{x \to 0} \frac{\sin x}{x} = 1$$

[証明]　図 1.28 のように，中心角が $x$ $(0 < x < \pi/2)$ で半径が $r$ である扇形 OAB において，A における接線が OB の延長と交わる点を C とする．いま扇形 OAB の面積と，△OAB, △OAC の面積をくらべると

$$\triangle \text{OAB} < \text{扇形 OAB} < \triangle \text{OAC}$$
$$\therefore \quad \frac{1}{2}r^2 \sin x < \frac{1}{2}r^2 x < \frac{1}{2}r^2 \tan x$$

したがって，$\sin x < x < \tan x$．そこで各項を $\sin x \, (> 0)$ で割ると，

$$1 < \frac{x}{\sin x} < \frac{1}{\cos x}$$

この逆数をとると，

$$1 > \frac{\sin x}{x} > \cos x$$

よって，p.8 の定理 1.1 (iv) により，

$$\lim_{x \to +0} \frac{\sin x}{x} = 1$$

また，$x < 0$ の場合には $x = -z$ とおくと，$z > 0$ であるから

$$\lim_{x \to -0} \frac{\sin x}{x} = \lim_{z \to +0} \frac{\sin(-z)}{-z} = \lim_{z \to +0} \frac{-\sin z}{-z} = \lim_{z \to +0} \frac{\sin z}{z} = 1$$

$$\therefore \quad \lim_{x \to 0} \frac{\sin x}{x} = 1 \quad \blacksquare$$

### 1.3 三角関数・逆三角関数の導関数

● **より理解を深めるために** ●

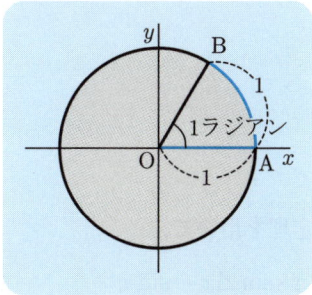

図 1.27　弧度法

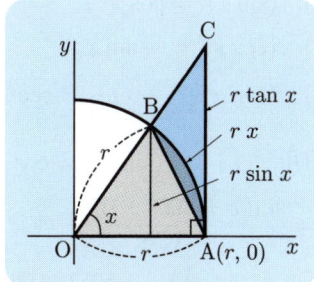

図 1.28

**例 1.24**　(1) $\displaystyle\lim_{\theta \to 0} \frac{\tan \theta}{\theta} = \lim_{\theta \to 0} \frac{\sin \theta}{\theta} \cdot \frac{1}{\cos \theta} = 1 \cdot \frac{1}{1} = 1$

(2) $\displaystyle\lim_{\theta \to 0} \frac{\sin k\theta}{\theta} = \lim_{\theta \to 0} k \cdot \frac{\sin k\theta}{k\theta}$

$= k \cdot 1 = k$　（ただし $k$ は 0 でない定数である）■

**例 1.25**　$\displaystyle\lim_{x \to 0} \frac{1-\cos x}{x^2}$ を求めよ．

[解]　分母分子に $1 + \cos x$ をかける．

$$\lim_{x \to 0} \frac{1-\cos x}{x^2} = \lim_{x \to 0} \frac{(1-\cos x)(1+\cos x)}{x^2(1+\cos x)}$$

$$= \lim_{x \to 0} \frac{1-\cos^2 x}{x^2(1+\cos x)} = \lim_{x \to 0} \left(\frac{\sin x}{x}\right)^2 \cdot \frac{1}{1+\cos x} = \frac{1}{2}\ ■$$

**例 1.26**　$\theta \to \dfrac{\pi}{2}$ のとき，$f(\theta) = (\pi - 2\theta)\tan\theta$ の極限を求めよ．

[解]　$\dfrac{\pi}{2} - \theta = z$ とおくと，$f(\theta) = 2z \cot z$ となる．よって

$$\lim_{x \to \pi/2} f(\theta) = \lim_{z \to 0} 2z \cot z = \lim_{z \to 0} 2\frac{\cos z}{\sin z / z} = 2\ ■$$

---

**問 1.13***　次の極限値を求めよ．

(1) $\displaystyle\lim_{x \to 0} \frac{\tan ax}{\tan bx}$　　　　　　(2) $\displaystyle\lim_{x \to 0} \frac{1-\cos x}{x \sin x}$

---

*「基本演習微分積分」(サイエンス社) p.14 の問題 7.1 (2), (4) 参照．

**定理 1.10**（三角関数の導関数）
(ⅰ) $(\sin x)' = \cos x$
(ⅱ) $(\cos x)' = -\sin x$
(ⅲ) $(\tan x)' = \dfrac{1}{\cos^2 x} = \sec^2 x$

[証明] (ⅰ) $(\sin x)' = \cos x$

$\dfrac{\Delta y}{\Delta x} = \dfrac{\sin(x + \Delta x) - \sin x}{\Delta x}$ の分子に加法定理を用いて，

$$\dfrac{\Delta y}{\Delta x} = \dfrac{\sin x \cdot \cos \Delta x + \cos x \cdot \sin \Delta x - \sin x}{\Delta x}$$

$$= \cos x \cdot \dfrac{\sin \Delta x}{\Delta x} - \sin x \cdot \dfrac{1 - \cos \Delta x}{\Delta x}$$

ここで $\Delta x \to 0$ のとき，

$$\dfrac{\sin \Delta x}{\Delta x} \to 1,$$

$$\dfrac{1 - \cos \Delta x}{\Delta x} = \dfrac{1 - \cos \Delta x}{(\Delta x)^2} \cdot \Delta x \to \dfrac{1}{2} \cdot 0 = 0 \quad (\text{p.27 の例 1.25 を用いる})$$

であるから，$\dfrac{\Delta y}{\Delta x} \to \cos x$ となる．すなわち，$(\sin x)' = \cos x$．

(ⅱ) $(\cos x)' = \left\{\sin\left(x + \dfrac{\pi}{2}\right)\right\}' = \cos\left(x + \dfrac{\pi}{2}\right) \cdot 1 = -\sin x$

(ⅲ) $(\tan x)' = \dfrac{1}{\cos^2 x} = \sec^2 x$ *

$y = \tan x = \dfrac{\sin x}{\cos x}$ に商の導関数の公式を用いる．

$$y' = \dfrac{(\sin x)' \cdot \cos x - \sin x \cdot (\cos x)'}{(\cos x)^2}$$

$$= \dfrac{\cos^2 x + \sin^2 x}{\cos^2 x} = \sec^2 x$$

すなわち，

$$(\tan x)' = \sec^2 x \quad \blacksquare$$

---

* $\sec x = \dfrac{1}{\cos x}$, $\sec x$ はセカント $x$ と読む．

## 1.3 三角関数・逆三角関数の導関数

● より理解を深めるために ●────────

**例 1.27** 次の関数の導関数を求めよ．

(1) $\sec x$
(2) $\operatorname{cosec} x^*$
(3) $\cot x^{**}$

[解] (1) $\dfrac{d\sec x}{dx} = \dfrac{d}{dx}\left(\dfrac{1}{\cos x}\right) = \dfrac{-(-\sin x)}{\cos^2 x} = \dfrac{\sin x}{\cos^2 x}$

(2) $\dfrac{d\operatorname{cosec} x}{dx} = \dfrac{d}{dx}\left(\dfrac{1}{\sin x}\right) = \dfrac{-\cos x}{\sin^2 x}$

(3) $\dfrac{d\cot x}{dx} = \dfrac{d}{dx}\left(\dfrac{\cos x}{\sin x}\right) = \dfrac{-\sin^2 x - \cos^2 x}{\sin^2 x} = -\dfrac{1}{\sin^2 x}$ ■

**例 1.28** 次の関数の導関数を求めよ．

(1) $y = \dfrac{\sin x}{1 + \tan x}$  (2) $y = \dfrac{\cos x + \sin^2 x}{\sin x}$

[解] (1) $y' = \dfrac{\cos x(1 + \tan x) - \sin x \cdot \sec^2 x}{(1 + \tan x)^2}$

$= \dfrac{\cos x + \sin x - \sin x \cdot \sec^2 x}{(1 + \tan x)^2}$

(2) $y' = \dfrac{(-\sin x + 2\sin x \cos x)\sin x - (\cos x + \sin^2 x)\cos x}{\sin^2 x}$

$= \dfrac{-(\sin^2 x + \cos^2 x) + \sin^2 x \cos x}{\sin^2 x}$

$= \dfrac{-1 + \sin^2 x \cos x}{\sin^2 x}$ ■

────────────────────────────────

**問 1.14** 次の関数の導関数を求めよ．

(1) $y = \tan^3 \sqrt{ax+b}$
(2)*** $y = \cos(\sin x)$

────────────
* $\operatorname{cosec} x = \dfrac{1}{\sin x}$, $\operatorname{cosec} x$ はコセカント $x$ と読む．

** $\cot x = \dfrac{1}{\tan x}$, $\cot x$ はコタンジェント $x$ と読む．

*** 「基本演習微分積分」(サイエンス社) p.14 の問題 7.2 (4) 参照．

**逆三角関数**　$y = \sin x$ はその変域を $[-\pi/2, \pi/2]$ に限ると，増加する連続関数である（⇨ 図 1.29）ので定理 1.7 (p.24) により，この関数の逆関数を考えることができる．これを $y = \sin^{-1} x$ $(-1 \leqq x \leqq 1)$ で表し，**アークサイン $x$** という（⇨ 図 1.30）．

次に，$y = \cos x$ は変域を $[0, \pi]$ に限ると減少する連続関数であり，$y = \tan x$ は変域を開区間 $(-\pi/2, \pi/2)$ に限ると増加する連続関数である．よって，同様に定理 1.7 (p.24) により，それぞれの逆関数

$y = \cos^{-1} x$ 　$(-1 \leqq x \leqq 1)$　　**アークコサイン $x$**　　（⇨ 図 1.31）

$y = \tan^{-1} x$ 　$(-\infty < x < \infty)$　　**アークタンジェント $x$**　　（⇨ 図 1.32）

を考えることができる．

---

**定理 1.11**（逆三角関数の導関数）

(i)　$(\sin^{-1} x)' = \dfrac{1}{\sqrt{1-x^2}}$

(ii)　$(\cos^{-1} x)' = -\dfrac{1}{\sqrt{1-x^2}}$

(iii)　$(\tan^{-1} x)' = \dfrac{1}{1+x^2}$

---

[証明]　(i)　$y = \sin^{-1} x$ のとき，$x = \sin y$．よって，$-\pi/2 < y < \pi/2$ において，$\sin y$ は増加関数，微分可能であり，$dx/dy = \cos y > 0$ であるので，定理 1.8 (p.24) により

$$\frac{dy}{dx} = 1 \Big/ \frac{dx}{dy} = \frac{1}{\cos y} = \frac{1}{\sqrt{1-\sin^2 y}} = \frac{1}{\sqrt{1-x^2}}$$

(ii)　$y = \cos^{-1} x$ のとき，$x = \cos y$．よって，$0 < y < \pi$ において $\cos y$ は減少関数，微分可能であり，$dx/dy = -\sin y < 0$．定理 1.8 (p.24) より，

$$\frac{dy}{dx} = 1 \Big/ \frac{dx}{dy} = \frac{1}{-\sin y} = -\frac{1}{\sqrt{1-\cos^2 y}} = -\frac{1}{\sqrt{1-x^2}}$$

(iii)　同様にして，$y = \tan^{-1} x$ のとき $x = \tan y$．$-\pi/2 < y < \pi/2$ とすると，定理 1.8 (p.24) より

$$\frac{dy}{dx} = 1 \Big/ \frac{dx}{dy} = \frac{1}{\sec^2 y} = \frac{1}{1+\tan^2 y} = \frac{1}{1+x^2} \qquad\blacksquare$$

## 1.3 三角関数・逆三角関数の導関数

● **より理解を深めるために** ●

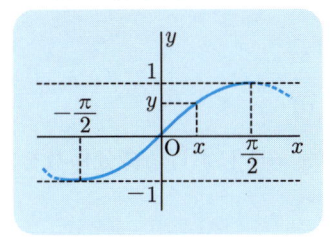

図 1.29 $y = \sin x$

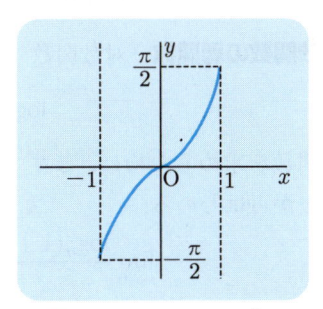

図 1.30 $y = \sin^{-1} x$

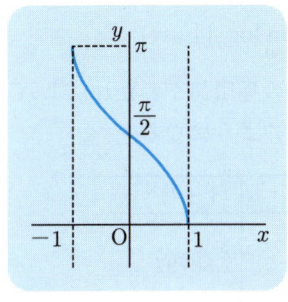

図 1.31 $y = \cos^{-1} x$

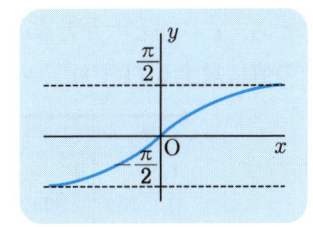

図 1.32 $y = \tan^{-1} x$

**追記 1.5** $y = \sin^{-1} x$ のグラフを書くには，$y = \sin x$ のグラフを原点を通って $x$ 軸と $45°$ の角をなす直線 $y = x$ に関して対称に写せばよい．$y = \cos^{-1} x$, $y = \tan^{-1} x$ のグラフについても同様である．

**例 1.29** $\sin^{-1}\dfrac{1}{2} = \dfrac{\pi}{6}$, $\quad \sin^{-1}\left(-\dfrac{\sqrt{3}}{2}\right) = -\dfrac{\pi}{3}$, $\quad \cos^{-1}\dfrac{1}{\sqrt{2}} = \dfrac{\pi}{4}$,

$\cos^{-1}\left(-\dfrac{1}{2}\right) = \dfrac{2}{3}\pi$, $\quad \tan^{-1}\sqrt{3} = \dfrac{\pi}{3}$, $\quad \tan^{-1}(-1) = -\dfrac{\pi}{4}$ ■

---

**問 1.15*** $\sin^{-1}(-1) + \cos^{-1}(\sqrt{3}/2) - \tan^{-1} 1 + \sin^{-1} 0$ の値を求めよ．

**問 1.16*** 次の関数の導関数を求めよ．

(1) $y = \tan^{-1}\left(\dfrac{1}{\sqrt{2}}\tan\dfrac{x}{2}\right)$ (2) $y = \cos^{-1}\dfrac{4+5\cos x}{5+4\cos x}$

---

*「基本演習微分積分」(サイエンス社) p.15 の問題 8.1 (2), p.16 の問題 9.1 (6), (7) 参照．

## 1.4　対数関数・指数関数・媒介変数表示の関数の導関数

**対数関数の導関数**　対数関数
$$\log_a x \quad (a > 0)$$
の導関数を求めるために，まずこの関数の $x = 1$ における微分係数を求めることからはじめる．
$$\lim_{t \to 0} \frac{\log_a(1+t) - \log_a 1}{t}$$
$$= \lim_{t \to 0} \frac{1}{t} \log_a(1+t) = \lim_{t \to 0} \log_a(1+t)^{1/t}$$
であるから，$t \to 0$ としたときの $(1+t)^{1/t}$ の極限値がわかればよい．0 に近い $t$ の値に対する $(1+t)^{1/t}$ の値は次の表のようになる．

| $t$ | $(1+t)^{1/t}$ | $t$ | $(1+t)^{1/t}$ |
|---|---|---|---|
| 1 | 2 | | |
| 0.1 | 2.59374… | −0.1 | 2.86797… |
| 0.01 | 2.70481… | −0.01 | 2.73199… |
| 0.001 | 2.71692… | −0.001 | 2.71964… |
| 0.0001 | 2.71814… | −0.0001 | 2.71841… |
| 0.00001 | 2.71826… | −0.00001 | 2.71829… |

この極限値は存在し（⇨図 1.33），その値は無理数で 2.71828… であることが知られている．その値を文字 $e$ で表す（⇨p.41 の研究）．すなわち
$$\lim_{t \to 0}(1+t)^{1/t} = e$$
対数関数 $\log_a x$ の $x = 1$ における微分係数を $e$ を用いて表せば
$$\lim_{t \to 0} \log_a(1+t)^{1/t} = \log_a e$$
この式において，$a = e$ とすれば，$x = 1$ における微分係数は 1 となる．

底が $e$ である対数を**自然対数**という．今後単に $\log x$ と書けば，自然対数を表すものとする．

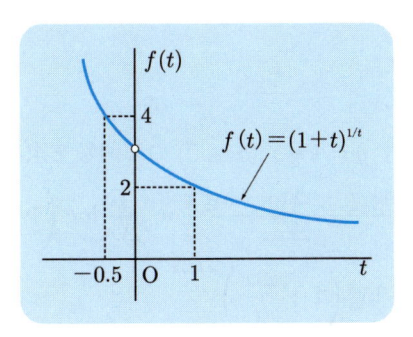

## 1.4 対数関数・指数関数・媒介変数表示の関数の導関数

● **より理解を深めるために** ●

図 1.33　$f(t) = (1+t)^{1/t}$

図 1.33 のグラフの $t = 0$ の近くで考えると $(1+t)^{1/t}$ の極限値のあることがわかる．

**追記 1.6**　$\lim_{t \to 0}(1+t)^{1/t}$ が収束することの数学的な証明は研究 (p.41) を見よ．

**例 1.30**　$\lim_{t \to 0}(1+t)^{1/t} = e$ を用いて，$\lim_{x \to \pm\infty}\left(1 + \dfrac{1}{x}\right)^x = e$ を示せ．

[解]　$x = 1/z$ とおくと，$x \to \pm\infty$ のとき，$z \to 0$ である．ゆえに
$$\lim_{x \to \pm\infty}\left(1 + \frac{1}{x}\right)^x = \lim_{z \to 0}(1+z)^{1/z} = e \quad \blacksquare$$

**問 1.17**[*]　次の極限値を求めよ．

(1) $\lim_{x \to 0} \dfrac{e^x - 1}{x}$

(2) $\lim_{x \to 0} \dfrac{a^x - 1}{x}$ 　$(0 < a \neq 1)$

(3) $\lim_{x \to \infty}\left(1 + \dfrac{a}{x}\right)^x$ 　$(a > 0)$

(4) $\lim_{x \to 0}(1 + ax)^{1/x}$ 　$(a > 0)$

---

[*]「基本演習微分積分」(サイエンス社) p.20 の例題 12 (1)(ロ)，問題 12.1 (2)，(6)，(7) 参照．

> **定理 1.12** (対数関数と指数関数の導関数)
> (ⅰ) $(\log |x|)' = \dfrac{1}{x}$
> (ⅱ) $(e^x)' = e^x$

[証明] (ⅰ) まず $y = \log x\ (x > 0)$ の導関数を求める.
$$\frac{\Delta y}{\Delta x} = \frac{\log(x + \Delta x) - \log x}{\Delta x} = \frac{1}{\Delta x} \log\left(1 + \frac{\Delta x}{x}\right)$$
$$= \frac{1}{x} \log\left(1 + \frac{\Delta x}{x}\right)^{x/\Delta x}$$

ここで $\dfrac{\Delta x}{x} = h$ とおくと,

$$\left(1 + \frac{\Delta x}{x}\right)^{x/\Delta x} = (1 + h)^{1/h}$$

であり, $\Delta x \to 0$ のとき $h \to 0$ となる. したがって,

$$\lim_{\Delta x \to 0} \frac{\Delta y}{\Delta x} = \lim_{h \to 0} \frac{1}{x} \log(1 + h)^{1/h} = \frac{1}{x} \log e = \frac{1}{x} \tag{1.7}$$

次に $x < 0$ のときには, 合成関数の導関数を用いて

$$\{\log(-x)\}' = \frac{1}{-x}(-x)' = \frac{1}{-x}(-1) = \frac{1}{x} \tag{1.8}$$

よって, (1.7) と (1.8) をあわせて,

$$(\log |x|)' = \frac{1}{x}$$

(ⅱ) $y = e^x$ のとき, $x = \log y$ であるから, 逆関数の導関数 (p.24 の定理 1.8) により,

$$\frac{dy}{dx} = \frac{1}{\dfrac{dx}{dy}} = \frac{1}{\dfrac{1}{y}} = y = e^x$$

すなわち, 次の結果を得る.

$$y = e^x は -\infty < x < \infty で微分可能で (e^x)' = e^x \quad \blacksquare$$

**追記 1.7** $\log_a x = \dfrac{\log x}{\log a}$ であるので, $(\log_a x)' = \dfrac{1}{x \log a}$ である.

## 1.4 対数関数・指数関数・媒介変数表示の関数の導関数

● **より理解を深めるために**

**対数を利用した微分法**　$y = f(x)$ が微分可能ならば，$f(x) \neq 0$ である $x$ の範囲においては $\log|y|$ も微分可能であり，合成関数の微分法によって，

$$\{\log|f(x)|\}' = \frac{f'(x)}{f(x)}$$

**例 1.31**　$y = \sqrt{x^2+1}\sqrt[3]{x^3+1}$ $(x \neq -1)$ のとき，$y'$ を求めよ．

[解]　$\log|y| = \dfrac{1}{2}\log(x^2+1) + \dfrac{1}{3}\log|x^3+1|$

$\therefore \dfrac{y'}{y} = \dfrac{1}{2}\dfrac{2x}{x^2+1} + \dfrac{1}{3}\dfrac{3x^2}{x^3+1}$, $y' = \left(\dfrac{x}{x^2+1} + \dfrac{x^2}{x^3+1}\right)\sqrt{x^2+1}\sqrt[3]{x^3+1}$ ■

**関数 $x^\alpha$（$x > 0$，$\alpha$ は任意の実数）の導関数**　関数 $y = x^\alpha$ の両辺の対数をとって，$\log y = \alpha \log x$. 両辺を $x$ で微分すると，

$$\frac{y'}{y} = \frac{\alpha}{x}$$

ゆえに，

$$y' = \frac{\alpha}{x}y = \frac{\alpha x^\alpha}{x} = \alpha x^{\alpha-1}$$

したがって，$x > 0$ のとき，任意の $\alpha$ に対して次の公式が成り立つ．

$$(x^\alpha)' = \alpha x^{\alpha-1} \quad (x > 0, \alpha : 実数)$$

**例 1.32**　$y = (3x)^{\sqrt{2}}$ のとき $y'$ を求めよ．

[解]　$y' = 3^{\sqrt{2}} \cdot \sqrt{2} x^{\sqrt{2}-1}$ ■

**問 1.18**　次の関数を微分せよ．

(1) $e^{\sqrt{x}}$　　(2)* $e^{x^x}$ $(e^{(x^x)}$ という意味である$)$

(3)* $x^{\tan^{-1}x}$　　(4)* $x^2\sqrt{\dfrac{1-x^2}{1+x^2}}$ $(-1 < x < 1, x \neq 0)$

**問 1.19*** $\sinh x = \dfrac{e^x - e^{-x}}{2}$, $\cosh x = \dfrac{e^x + e^{-x}}{2}$ を**双曲線関数**という．これらの導関数を求めよ($\sinh$ はハイパボリックサイン，$\cosh$ はハイパボリックコサインと読む)．

---

*「基本演習微分積分」(サイエンス社) p.18 の問題 10.2 (3), (6), (4), 問題 10.3 参照．

**曲線の媒介変数表示**　一般に，平面上の曲線がある変数 $t$ によって，
$$x = f(t), \quad y = g(t)$$
のような形で表されるとき，これをその曲線の**媒介変数表示**といい，$t$ を**媒介変数**という（⇨例 1.33）。

> **定理 1.13**（媒介変数表示された関数の導関数）　$x = f(t), y = g(t)$ は区間 $I$ で微分可能とし，$x = f(t)$ は $I$ で増加（減少）する関数で，$f'(t) \neq 0$ とする．このとき $y$ は $x$ の関数として微分可能で
> $$\frac{dy}{dx} = \frac{\dfrac{dy}{dt}}{\dfrac{dx}{dt}}$$

[**証明**]　定理 1.8 (p.24) から，$x = f(t)$ の逆関数 $t = f^{-1}(x)$ が存在し微分可能で，$\dfrac{dt}{dx} = 1 \Big/ \dfrac{dx}{dt}$．そこで $x$ に $t$ を対応させ，さらに $t$ に $y$ を対応させることによって $y$ は $x$ の関数となる．すなわち，$y$ は $t = f^{-1}(x)$ と $y = g(t)$ の合成関数 $y = g(f^{-1}(x))$ であるから，定理 1.6 (p.22) より微分可能で，
$$\frac{dy}{dx} = \frac{dy}{dt}\frac{dt}{dx} = \frac{\dfrac{dy}{dt}}{\dfrac{dx}{dt}} \quad \blacksquare$$

● **より理解を深めるために** ●

**例 1.33**　図 1.34 のように原点 O を中心とする半径 $a$ の円周上の任意の点を P$(x, y)$ とし，半径 OP が $x$ 軸の正の向きとなす角を $\theta$ とすれば
$$\begin{cases} x = a\cos\theta \\ y = a\sin\theta \end{cases} \tag{1.9}$$
となる．ここで $\theta$ の値を変化させれば，点 P$(x, y)$ はこの円周上を動くから，(1.9) は円 $x^2 + y^2 = a^2$ の $\theta$ を媒介変数とする媒介変数表示である．■

## 1.4 対数関数・指数関数・媒介変数表示の関数の導関数

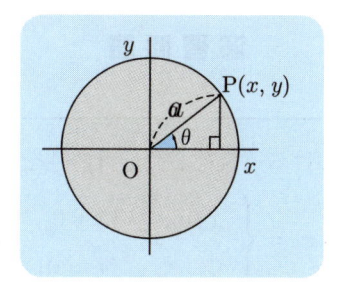

図 1.34 媒介変数表示

**例 1.34** 曲線 $C$ が媒介変数 $t$ を用いて, $x = 3\cos t$, $y = 2\sin t$ と表されているとき, $t = \dfrac{\pi}{3}$ における接線の方程式を求めよ.

[解] $\dfrac{dx}{dt} = -3\sin t$, $\dfrac{dy}{dt} = 2\cos t$

ゆえに, 定理 1.13 により,

$$\frac{dy}{dx} = \frac{dy}{dt} \Big/ \frac{dx}{dt} = -\frac{2\cos t}{3\sin t}$$

したがって, $t = \dfrac{\pi}{3}$ のとき,

$$x = \frac{3}{2}, \quad y = \sqrt{3}, \quad \frac{dy}{dx} = -\frac{2}{3\sqrt{3}}$$

ゆえに求める接線の方程式は

$$y - \sqrt{3} = -\frac{2}{3\sqrt{3}}\left(x - \frac{3}{2}\right) \quad \blacksquare$$

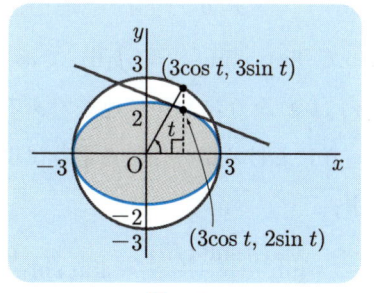

図 1.35

---

**問 1.20**$^*$ サイクロイド $x = a(\theta - \sin\theta)$, $y = a(1 - \cos\theta)$ 上の $\theta = \pi/2$ における接線の方程式を求めよ. ただし $a > 0$ とする.

**問 1.21**$^*$ 次の関係から $\dfrac{dy}{dx}$ を求めよ.

(1) $\begin{cases} x = a\cos^3 t \\ y = a\sin^3 t \end{cases} \quad (a > 0)$  (2) $\begin{cases} x = 1 - t^2 \\ y = t^3 \end{cases}$

---

$^*$「基本演習微分積分」(サイエンス社) p.19 の例題 11, 問題 11.1 (1), (3) 参照.

## 演習問題

**例題 1.1** ─────────── 連続性と微分可能性

次の関数の $x=0$ における連続性と微分可能性を調べよ．
$$f(x) = \begin{cases} x\sin\dfrac{1}{x} & (x \neq 0) \\ 0 & (x=0) \end{cases}$$

[解] $0 \leq |x\sin\dfrac{1}{x}| \leq |x|$ で，$x \to 0$ のときは $|x| \to 0$ であるから，
$$\lim_{x \to 0} x\sin\dfrac{1}{x} = 0$$

よって $\lim_{x \to 0} x\sin\dfrac{1}{x} = f(0)$ であるので，$f(x)$ は $x=0$ において連続である．次に $x=0$ における微分係数を定義により求めると，
$$\lim_{h \to 0} \dfrac{h\sin(1/h)}{h} = \lim_{h \to 0} \sin\dfrac{1}{h}$$

となる．これは極限値をもたないので，$f(x)$ は $x=0$ で微分可能でない．

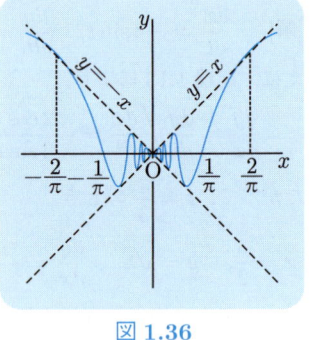

図 1.36

(解答は章末の p.46 に掲載されています．)

**演習 1.1** 次の関数の $x=0$ における微分可能性について調べよ．

(1) $f(x) = \begin{cases} x^2\sin\dfrac{1}{x} & (x \neq 0) \\ 0 & (x=0) \end{cases}$ 　　(2) $f(x) = \begin{cases} \dfrac{x}{1+e^{1/x}} & (x \neq 0) \\ 0 & (x=0) \end{cases}$

**演習 1.2** 次の関数の連続性について調べよ．
$$f(x) = \lim_{n \to \infty} \dfrac{x}{1+x^n} \quad (x \geq 0,\ n \text{ は正の整数})$$

## 演習問題

---
**例題 1.2** ────────────────────── 方程式の解の存在 ─

方程式 $x - \cos x = 0$ は $0$ と $\pi/2$ の間に少なくとも 1 つの実数の解をもつことを証明せよ．

---

[解] $f(x) = x - \cos x$ とおくと，$f(x)$ は $[0, \pi/2]$ で連続である．また $f(0) = -1 < 0$, $f(\pi/2) = \pi/2 > 0$ であるので，定理 1.3 (p.14 の中間値の定理の系) により，$x - \cos x = 0$ は $0$ と $\pi/2$ との間に少なくとも 1 つの実数の解をもつ．

---
**例題 1.3** ────────────────────────── 関数の導関数 ─

関数 $f(x) = \dfrac{x \sin^{-1} x}{\sqrt{1-x^2}} + \log \sqrt{1-x^2}$ の導関数を求めよ．

---

[解] $\sin^{-1} x = t$ とおくと，$x = \sin t \ (-\pi/2 \leqq t \leqq \pi/2)$．よって，
$$\sqrt{1-x^2} = \sqrt{1 - \sin^2 t} = \sqrt{\cos^2 t} = \cos t \quad (\because \quad \cos t > 0)$$
ゆえに与えられた関数は $y = \dfrac{t \sin t}{\cos t} + \log \cos t$ となる．

$$\begin{aligned}
\frac{dy}{dx} &= \frac{dy}{dt} \Big/ \frac{dx}{dt} \\
&= \left\{ \frac{(\sin t + t \cos t) \cos t + t \sin^2 t}{\cos^2 t} - \frac{\sin t}{\cos t} \right\} \Big/ \cos t \\
&= \frac{t}{\cos^3 t} = \frac{\sin^{-1} x}{(\sqrt{1-x^2})^3}
\end{aligned}$$

---

**演習 1.3** 方程式 $x - 2 \sin x = 3$ は $0$ と $\pi$ との間に少なくとも 1 つの実数の解をもつことを示せ．

**演習 1.4** 次の関数の導関数を求めよ．

(1) $e^{x^2}$

(2) $\tan^{-1}(\sec x + \tan x)$

(3) $\sin^{-1} \sqrt{1-x^2}$

(4) $\begin{cases} x = 3t/(1+t^3) \\ y = 3t^2/(1+t^3) \end{cases}$

---
**例題 1.4** ─────────────────────── 関数の極限値 ───

(1) $\displaystyle\lim_{x\to 0}\frac{x}{\sin^{-1}x}$ を求めよ.

(2) 次の条件を満足する関数の例をあげよ.
$$\lim_{x\to 0}f(x)=1 \text{ でかつ } \lim_{x\to\infty}f(x)=0$$

---

[解] (1) $\sin^{-1}x=t$ とおくと, $x=\sin t$. いま $x\to 0$ とすると, $t\to 0$ となるので,
$$\lim_{x\to 0}\frac{x}{\sin^{-1}x}=\lim_{t\to 0}\frac{\sin t}{t}=1$$

(2) (i) $f(x)=\dfrac{1}{x+1}\quad\left(\displaystyle\lim_{x\to 0}\frac{1}{x+1}=1,\quad \lim_{x\to\infty}\frac{1}{x+1}=0\right)$

(ii) $f(x)=e^{-x}\quad\left(\displaystyle\lim_{x\to 0}e^{-x}=1,\quad \lim_{x\to\infty}e^{-x}=0\right)$

(iii) $f(x)=\dfrac{x+1}{x^2+1}$

$\left(\displaystyle\lim_{x\to 0}\frac{x+1}{x^2+1}=1,\quad \lim_{x\to\infty}\frac{x+1}{x^2+1}=\lim_{x\to\infty}\frac{1/x+1/x^2}{1+1/x^2}=0\right)$

(iv) $f(x)=\dfrac{\sin x}{x}$

$\left(\displaystyle\lim_{x\to 0}\frac{\sin x}{x}=1,\quad \left|\frac{\sin x}{x}\right|\leq \frac{1}{|x|}\to 0\ (x\to\infty),\quad \lim_{x\to\infty}\frac{\sin x}{x}=0\right)$

この他にも種々考えられる(各自で考えてみよう).

---

**演習 1.5** 次の極限値を求めよ.

(1) $\displaystyle\lim_{x\to 0}\frac{e^{2x}-1}{\sin 2x}$ (2) $\displaystyle\lim_{x\to 1+0}\frac{2x^2-x-1}{|x-1|}$ (3) $\displaystyle\lim_{x\to 0}\frac{x}{|x|}$

**演習 1.6** 次の条件を満足する関数の例をあげよ.

(1) $\displaystyle\lim_{x\to 1}f(x)=0$ でかつ $\displaystyle\lim_{x\to 0}f(x)=\infty$

(2) $\displaystyle\lim_{x\to\infty}f(x)=3,\quad \lim_{x\to 1+0}f(x)=\infty,\quad \lim_{x\to 2-0}f(x)=-\infty$

研　　究

**研究** 数列や級数の極限（1）

p.32 で近似計算によって，$\lim_{t\to 0}(1+t)^{1/t}=e$ を示した．ここではネイピアの数 $e$ が存在することを数学的に証明する．そのために数列と極限に関する諸性質について述べる．

**数列**　自然数 $1,2,3,\cdots,n,\cdots$ に対し，実数 $a_1,a_2,\cdots,a_n,\cdots$ が与えられているとき，これらを $\{a_n\}$ で表し**無限数列**という．$a_n$ をこの数列の第 $n$ 項という．

**数列の収束，発散**　数列 $\{a_n\}$ において，$n$ を限りなく大きくするとき，$a_n$ が一定値 $l$ に限りなく近づいてゆくとき，$\{a_n\}$ は $l$ に**収束する**または $l$ を**極限値**にもつといい，

$$\lim_{n\to\infty}a_n=l \quad \text{または} \quad a_n\to l \quad (n\to\infty)$$

などと表す．関数の極限値 (p.6) のときと同様に

$$\lim_{n\to\infty}a_n=+\infty, \quad \lim_{n\to\infty}a_n=-\infty$$

も定義できる．収束しないとき，$\{a_n\}$ は**発散する**という．

**単調数列**　$a_n \leqq a_{n+1}$ $(n=1,2,3,\cdots)$ が成り立つとき，$\{a_n\}$ を**単調増加数列**という．$a_n \geqq a_{n+1}$ のとき，$\{a_n\}$ を**単調減少数列**という．

**有界数列**　ある定数 $M$ が存在して，すべての $n$ に対して，$a_n \leqq M$ が成り立つとき，数列 $\{a_n\}$ は**上に有界**であるという．また同様に $a_n \geqq N$ が成り立つとき**下に有界**であるという．上かつ下に有界であるとき $\{a_n\}$ を**有界数列**という．

たとえば $a_n=\dfrac{1}{n}$ とおくと，

$$a_n=\frac{1}{n}>\frac{1}{n+1}=a_{n+1}$$

であるから $\{a_n\}$ は単調減少数列で，

$$0<a_n=\frac{1}{n}\leqq 1$$

であるから上にも下にも有界である．

---

**定理 1.14** (数列の収束に関する基本定理)　単調増加で上に有界な数列は収束する．単調減少で下に有界な数列は収束する．

---

本書での微分や積分の理論は，この定理を出発点とする (証明は省略する)．

**定理 1.15**（数列の四則計算と極限）　$\lim_{n\to\infty} a_n = A$, $\lim_{n\to\infty} b_n = B$（収束）のとき，

(ⅰ)　$\lim_{n\to\infty}(a_n \pm b_n) = A \pm B$

(ⅱ)　$\lim_{n\to\infty} a_n b_n = AB$，特に，$\lim_{n\to\infty} ca_n = cA$　　（$c$：実数）

(ⅲ)　$\lim_{n\to\infty} \dfrac{a_n}{b_n} = \dfrac{A}{B}$　（$b_n \neq 0, B \neq 0$）

(ⅳ)　$a_n \leqq b_n$ ならば $A \leqq B$

(ⅴ)　$a_n \leqq c_n \leqq b_n$ かつ $A = B$ ならば $\lim_{n\to\infty} c_n = A$

**例 1.35**　$\lim_{n\to\infty}\left(1+\dfrac{1}{n}\right)^n$ は収束する（この値を $e$ と書く）．

[解]　$a_n = \left(1+\dfrac{1}{n}\right)^n$ とおく．$\{a_n\}$ が単調増加で上に有界な数列であることを示せば定理 1.14 (p.41) より収束がわかる．$a_n$ を 2 項展開すると，

$$\begin{aligned}
a_n &= 1 + n\frac{1}{n} + \frac{n(n-1)}{2!}\frac{1}{n^2} + \cdots + \frac{n(n-1)\cdots 1}{n!}\frac{1}{n^n} \\
&= 1 + 1 + \frac{1}{2!}\left(1-\frac{1}{n}\right) + \cdots + \frac{1}{n!}\left(1-\frac{1}{n}\right)\left(1-\frac{2}{n}\right)\cdots\left(1-\frac{n-1}{n}\right)
\end{aligned} \quad (1.10)$$

$$\begin{aligned}
&\leqq 1 + 1 + \frac{1}{2!} + \cdots + \frac{1}{n!} \\
&\leqq 1 + 1 + \frac{1}{2} + \frac{1}{2^2} + \cdots + \frac{1}{2^{n-1}} \\
&= 1 + \frac{1-1/2^n}{1-1/2} = 1 + 2 - \frac{1}{2^{n-1}} < 3
\end{aligned} \quad (1.11)$$

ゆえに $\{a_n\}$ は上に有界である．

上記 (1.10) における $n$ の代りに $n+1$ とおくと，

$$\begin{aligned}
a_{n+1} =\ & 1 + 1 + \frac{1}{2!}\left(1-\frac{1}{n+1}\right) + \cdots \\
& + \frac{1}{(n+1)!}\left(1-\frac{1}{n+1}\right)\left(1-\frac{2}{n+1}\right)\cdots\left(1-\frac{n}{n+1}\right)
\end{aligned} \quad (1.12)$$

(1.10), (1.12) の各項を比較して $a_n < a_{n+1}$．よって $\{a_n\}$ は単調増加である．ゆえに $\lim_{n\to\infty}\left(1+\dfrac{1}{n}\right)^n$ は収束する．■

この極限値を $e$ とし，$e$ をネイピアの数という．

**例 1.36** 例 1.35 を用いて次式を示せ．

(1) $\lim_{x \to \infty} \left(1 + \dfrac{1}{x}\right)^x = e$  (2) $\lim_{t \to +0} (1+t)^{1/t} = e$

[解] (1) $x > 0$ であるので，$x$ の整数部分を $n$ とする．$n \leqq x < n+1$ より

$$1 + \frac{1}{n+1} < 1 + \frac{1}{x} \leqq 1 + \frac{1}{n}$$

$$\therefore \quad \left(1 + \frac{1}{n+1}\right)^n \leqq \left(1 + \frac{1}{x}\right)^x \leqq \left(1 + \frac{1}{n}\right)^{n+1}$$

$$\therefore \quad \left(1 + \frac{1}{n+1}\right)^{n+1}\left(1 + \frac{1}{n+1}\right)^{-1} < \left(1 + \frac{1}{x}\right)^x \leqq \left(1 + \frac{1}{n}\right)^n \left(1 + \frac{1}{n}\right)$$

ここで $x \to \infty$ のとき，$n \to \infty$ であり，上記不等式の左辺と右辺はともに $e$ に収束する．よって，$\lim_{x \to \infty} \left(1 + \dfrac{1}{x}\right)^x = e$．

(2) (1) で $t = \dfrac{1}{x}$ とおく．$(1+t)^{1/t} = \left(1 + \dfrac{1}{x}\right)^x$ より

$$\lim_{t \to +0} (1+t)^{1/t} = \lim_{x \to \infty} \left(1 + \frac{1}{x}\right)^x = e \quad \blacksquare$$

**無限級数** 数列 $a_1, a_2, \cdots, a_n, \cdots$ に対して次のような数列をつくる．

$$S_1 = a_1, \quad S_2 = a_1 + a_2, \quad \cdots, \quad S_n = a_1 + a_2 + \cdots + a_n, \quad \cdots$$

ここにできた数列 $S_1, S_2, \cdots, S_n, \cdots$ を**部分和** $S_n$ の数列という．この部分和の数列がある値 $S$ に収束するとき，

$$S = a_1 + a_2 + \cdots + a_n + \cdots$$

と表し，無限級数 $a_1 + a_2 + \cdots + a_n + \cdots$ は和 $S$ をもつとか，$S$ に**収束する**という．収束しないとき**発散する**という．

## 問の解答（第1章）

**問 1.1**  (1), (2), (3) とも $x$ を定義域とする場合である．
(1) $y = \sqrt{x-1}$　　(2) $y = \log_2 x$　　(3) $y = 10^x$

**問 1.2**

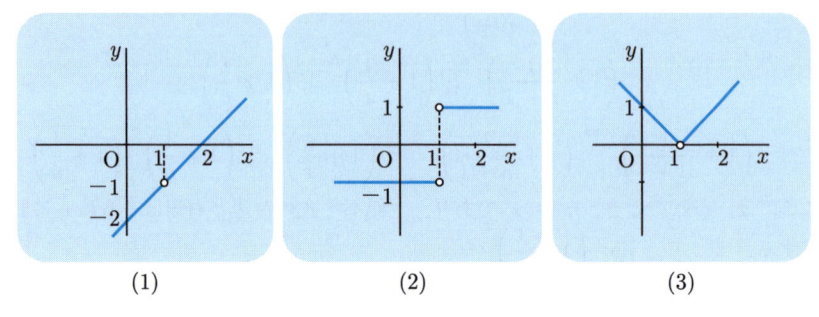

(1)　　　　　　　　(2)　　　　　　　　(3)

**問 1.3**  (1) $\dfrac{7}{10}$　　(2) 極限値なし　　(3) $\dfrac{1}{4}$　　(4) $+\infty$

**問 1.4**  (1) $-3$　　(2) $0$　　(3) $-2$

**問 1.5**  (1)  $[x]$ は $x$ の整数値に対して不連続であり，他の点では連続 (下図参照).
(2)  $x \neq -1, x \neq 1$ のとき連続． $x = -1$ のとき連続． $x = 1$ のとき不連続．

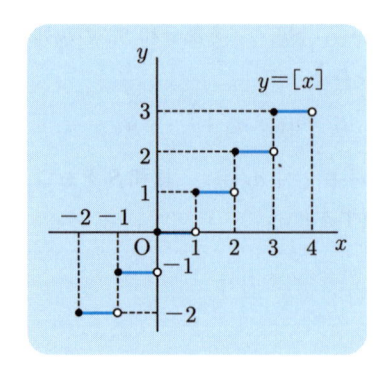

問 1.5 (1)

**問 1.6**  p.14 の定理 1.3 (中間値の定理) の系を用いる．

**問 1.7**  (1) $-\dfrac{1}{a^2}$　　(2) $+\infty$

問 **1.8** (1) 微分可能でない． (2) 連続であるが微分可能でない．

問 **1.9** (1) $\dfrac{1}{2\sqrt{x}}$ (2) $-\dfrac{2}{x^3}$ (3) $0$

問 **1.10** (1) $9x^2 + 4x - 3$ (2) $\dfrac{-4}{x^5}$ (3) $\dfrac{-1}{(x-2)^2}$

(4) $\dfrac{-2x^2 - 10x - 2}{(x^2-1)^2}$

問 **1.11** (1) $3\left(ax + \dfrac{b}{x}\right)^2 \left(a - \dfrac{b}{x^2}\right)$ (2) $\dfrac{4}{3}\dfrac{x}{\sqrt[3]{x^2+1}}$

(3) $\dfrac{1}{(x^2+1)\sqrt{x^2+1}}$

問 **1.12** $x = y^p$ とおいて，定理 1.8 (p.24) を用いる．

問 **1.13** (1) $\dfrac{a}{b}$ (2) $\dfrac{1}{2}$

問 **1.14** (1) $3\tan^2\sqrt{ax+b} \cdot \sec^2\sqrt{ax+b} \cdot \dfrac{a}{2\sqrt{ax+b}}$

(2) $-\sin(\sin x)\cos x$

問 **1.15** $-\dfrac{7}{12}\pi$

問 **1.16** (1) $\dfrac{1}{\sqrt{2}(1+\cos^2 x/2)}$ (2) $\dfrac{-3\sin x}{(5+4\cos x)|\sin x|}$

問 **1.17** (1) $1$ (2) $\log a$ (3) $e^a$ (4) $e^a$

問 **1.18** (1) $\dfrac{e^{\sqrt{x}}}{2\sqrt{x}}$ (2) $e^{x^x} \cdot x^x(\log x + 1)$

(3) $x^{\tan^{-1} x}\left(\dfrac{\log x}{1+x^2} + \dfrac{\tan^{-1} x}{x}\right)$ (4) $x^2\sqrt{\dfrac{1-x^2}{1+x^2}}2\left(\dfrac{1}{x} - \dfrac{x}{1-x^4}\right)$

問 **1.19** $\dfrac{e^x + e^{-x}}{2} = \cosh x, \quad \dfrac{e^x - e^{-x}}{2} = \sinh x$

問 **1.20** $y = x + \left(2 - \dfrac{\pi}{2}\right)a$

問 **1.21** (1) $-\tan t$ (2) $-\dfrac{3t}{2}$

## 演習問題解答（第1章）

**演習 1.1** (1) $\lim_{h\to 0}\dfrac{f(h)-f(0)}{h}=\lim_{h\to 0}h\sin\dfrac{1}{h}=0$ （p.40 の例題 1.4 (2)(iv)）よって $x=0$ で微分可能である．

(2) $f'_+(0)=\lim_{h\to +0}\dfrac{f(h)-f(0)}{h}=\lim_{h\to +0}\dfrac{\frac{h}{1+e^{1/h}}}{h}=\lim_{h\to +0}\dfrac{1}{1+e^{1/h}}=0$

$f'_-(0)=\lim_{h\to -0}\dfrac{f(h)-f(0)}{h}=\lim_{h\to -0}\dfrac{1}{1+e^{1/h}}=1$

よって，$x=0$ で微分可能でない．

**演習 1.2** $1>x\geqq 0,\ x=1,\ x>1$ の 3 つの場合に分けて考える．例題 2.17 (p.74) より，① $1>x\geqq 0$ のとき $\lim_{n\to\infty}x^n=0$, ② $x>1$ のとき $\lim_{n\to\infty}x^n=\infty$, ③ $x=1$ のとき $\lim_{n\to\infty}x^n=1$. したがって，

$$f(x)=\lim_{n\to\infty}\dfrac{x}{1+x^n}=\begin{cases} x & (1>x\geqq 0)\\ 1/2 & (x=1)\\ 0 & (x>1)\end{cases}$$

また，$\lim_{x\to 1-0}f(x)=1,\ \lim_{x\to 1+0}f(x)=0$ であるので $\lim_{x\to 1}f(x)$ は存在しない．ゆえに $f(x)$ は 1 で不連続で，その他の点では連続である．

**演習 1.3** $f(x)=x-2\sin x-3$ とおき，p.14 の定理 1.3 (中間値の定理) を用いる．

**演習 1.4** (1) $2xe^{x^2}$ (2) $\dfrac{1}{2}$ (3) $\dfrac{1}{|x|}\dfrac{-x}{\sqrt{1-x^2}}$ (4) $\dfrac{t(2-t^3)}{1-2t^3}$

**演習 1.5** (1) 1 (2) 3 (3) 極限値なし

**演習 1.6** (1) $\dfrac{1-x}{x^2},\ -\log x,\ \dfrac{1}{x}-1,\ \dfrac{1}{x^2}-1$ 等

(2) $\dfrac{3x^2-4}{(x-1)(x-2)},\ \dfrac{1}{x-1}+\dfrac{1}{x-2}+3,\ \dfrac{3x^3}{(x-1)(x-2)(x-3/2)}$ 等

# 第 2 章

# 平均値の定理とその応用

**本章の目的** 本章で述べる事柄の理論的な基礎となる平均値の定理についてまず学習する．ついで関数の極限値を求めるのに便利なロピタルの定理，さらにテーラーの定理を軸として関数の多項式による展開に進む．これは関数の近似計算に重要である．またこれまで学習したことを使って関数のグラフについて調べる．

---

**本章の内容**

2.1 平均値の定理
2.2 不定形とロピタルの定理
2.3 テーラーの定理
2.4 曲線の凹凸と変曲点
研究 I 数列や級数の極限 (2)
研究 II ニュートン法

## 2.1　平均値の定理

微分法の応用は多岐にわたっており，大変重要である．それらは平均値の定理とその拡張であるテーラーの定理によるところが多い．平均値の定理を証明するためにまず次のロルの定理を示す．

> **定理 2.1**（ロルの定理）　閉区間 $[a,b]$ で連続で，開区間 $(a,b)$ で微分可能な関数 $f(x)$ があり，$f(a)=f(b)$ であれば
> $$f'(c)=0 \quad (a<c<b)$$
> のような $c$ が少なくとも 1 つ存在する（⇨図 2.1）．

[証明]　$f(x)$ は $[a,b]$ で連続であるので，定理 1.2 (p.14) により，この区間内で，最大値 $M$ と最小値 $m$ をとる．

（ i ）　まず，$M \neq m$ とすると，$M, m$ の少なくとも一方は端点の値 $f(a)=f(b)$ と異なる．いま $M \neq f(a)$ とし，$M=f(c)$ とすると，実は
$$a<c<b \text{ であり，} \quad f'(c)=0$$
となるのである．$c$ の近くに $c+h$ をとるとき，$f(c)=M$ が最大値ということから，$h>0$ でも $h<0$ でも
$$f(c+h)-f(c) \leqq 0$$
よって，$x=c$ における微分可能性とあわせて，

$h>0$ ならば $\dfrac{f(c+h)-f(c)}{h} \leqq 0$ であり，$h \to 0$ のとき $f'(c) \leqq 0$

$h<0$ ならば $\dfrac{f(c+h)-f(c)}{h} \geqq 0$ であり，$h \to 0$ のとき $f'(c) \geqq 0$

であるから，$f'(c)=0$ を得る．

（ ii ）　$m \neq f(a)$ としても同様である．

（iii）　$M=m$ とすると，$f(x)$ は $[a,b]$ で一定値となり，$a<x<b$ のすべての点 $c$ で $f'(c)=0$ となる．■

|注意 2.1|　$f(x)$ が $(a,b)$ のすべての点で微分可能という仮定は重要である．$a,b$ の間に微分できない点があるときは，このような $c$ がとれるとは限らないのである（⇨図 2.2）．

● **より理解を深めるために** ●

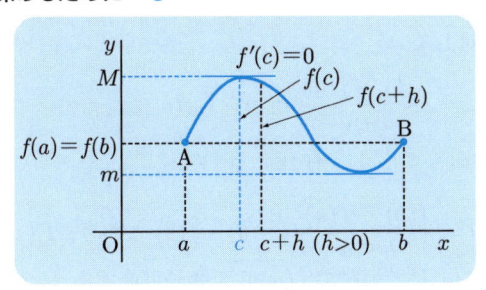

**図 2.1** ロルの定理

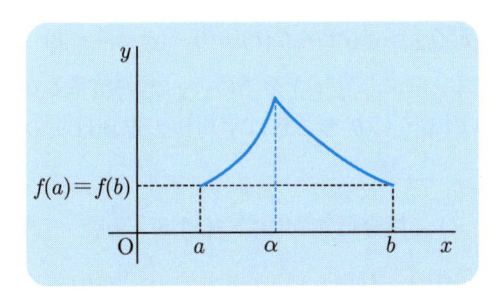

**図 2.2** 点 $\alpha$ で微分可能でない場合

**追記 2.1** ロルの定理を幾何学的に説明すると (⇨ 図 2.1), 「A, B を通る連続曲線で, A と B の間ではどの点もただ 1 つの接線をもつと仮定すると, A と B との間において接線が $x$ 軸に平行な点が少なくとも 1 つある」ということになる.

**追記 2.2** $a < c < b$ のような $c$ に対しては $\dfrac{c-a}{b-a} = \theta$ とおくと $0 < \theta < 1$ であり,
$$c = a + \theta(b-a)$$
と表すことができる. よってロルの定理は次のように述べることができる.

$[a, b]$ で連続で $(a, b)$ で微分可能な関数 $f(x)$ があり, $f(a) = f(b)$ であれば, $f'(a + \theta(b-a)) = 0 \ (0 < \theta < 1)$ となるような $\theta$ が少なくとも 1 つ存在する.

$$\theta = \frac{c-a}{b-a}, \quad 0 < \theta < 1$$

## 定理 2.2 (平均値の定理)
閉区間 $[a,b]$ で連続,開区間 $(a,b)$ で微分可能な関数 $f(x)$ に対して

$$\frac{f(b)-f(a)}{b-a}=f'(c) \quad (a<c<b)$$

のような $c$ が少なくとも 1 つ存在する (⇨ 図 2.3).

[証明] $g(x)=\dfrac{f(b)-f(a)}{b-a}(x-b)+f(b)$ とおき,$F(x)=g(x)-f(x)$ とおくと,$F(x)$ は $[a,b]$ で連続で,$(a,b)$ で微分可能であり,$F(b)=F(a)=0$ であるから,ロルの定理 (p.48 の定理 2.1) により,

$$F'(c)=g'(c)-f'(c)=0 \quad (a<c<b)$$

となる $c$ が存在する.ここで $g'(c)$ を求めて,上の結果となる.■

追記 2.2 (p.49) のように $\theta$ をとれば平均値の定理は次のように述べることができる.

$[a,b]$ で連続,$(a,b)$ で微分可能な関数 $f(x)$ があり,

$$f(b)=f(a)+(b-a)f'(a+\theta(b-a)) \quad (0<\theta<1)$$

となるような $\theta$ が少なくとも 1 つ存在する.

## 定理 2.3 (コーシーの平均値の定理)
$f(x),g(x)$ はともに,閉区間 $[a,b]$ で連続で,開区間 $(a,b)$ で微分可能とする.さらに $(a,b)$ で $g'(x)\neq 0$,$g(a)\neq g(b)$ とすると,

$$\frac{f(b)-f(a)}{g(b)-g(a)}=\frac{f'(c)}{g'(c)} \quad (a<c<b)$$

のような $c$ が少なくとも 1 つ存在する.

[証明] $F(x)=\dfrac{f(b)-f(a)}{g(b)-g(a)}\{g(x)-g(b)\}+f(b)-f(x)$

にロルの定理 (p.48) を用いればよい.■

注意 2.2 上記定理 2.3 (コーシーの平均値の定理) で $g(x)=x$ とおけば定理 2.2 (平均値の定理) となり,定理 2.2 で $f(a)=f(b)$ とおけば定理 2.1 (p.48 のロルの定理) となる.

## 2.1 平均値の定理

● **より理解を深めるために** ●

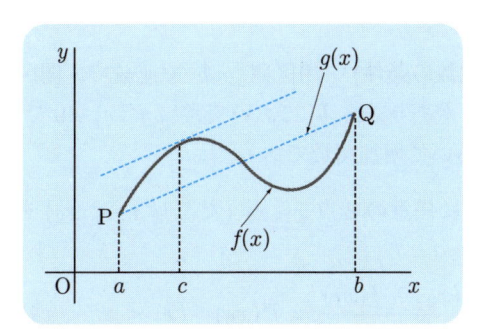

図 2.3　平均値の定理

**追記 2.3**　$P(a, f(a)), Q(b, f(b))$ とすると，$g(x)$ は直線 PQ の方程式であり，その傾きは
$$\frac{f(b) - f(a)}{b - a}$$
である．平均値の定理は，直線 PQ に平行な接線が，曲線の弧 PQ 上の少なくとも 1 点で引けることを示している（⇨ 図 2.3）．

**例 2.1**　関数 $f(x)$ が $[a, b]$ で微分可能で常に $f'(x) = 0$ ならば，$f(x)$ は定数である．

[証明]　$x$ を $[a, b]$ 上の任意の点とすれば，平均値の定理によって，$(a, x)$ に 1 点 $c$ が存在して
$$f(x) = f(a) + f'(c)(x - a)$$
しかるに $f'(c) = 0$ であるから，$f(x) = f(a)$．すなわち，$f(x)$ は一定である．
∎

---

(解答は章末の p.78 以降に掲載されています．)

**問 2.1**$^*$　$f(x) = x^3$ のとき，$f(a + h) - f(a) = hf'(a + \theta h)\ (h \neq 0)$ を満足する $\theta$ を求め，$\displaystyle\lim_{h \to 0} \theta$ を計算せよ．

**問 2.2**$^*$　$f(x) = e^x$ のとき，これを区間 $[0, 1]$ で考えて，平均値の定理の $c$ を求めよ．

---

$^*$「基本演習微分積分」(サイエンス社) p.24 の問題 1.1 (2)，問題 1.3 参照．

## 第 2 章 平均値の定理とその応用

**関数の増減と極値**　平均値の定理 (p.50) の応用の 1 つは関数の増減，極値への応用である．

**定理 2.4 (増加関数の条件)**　閉区間 $[a,b]$ で連続で，開区間 $(a,b)$ で微分可能な関数 $f(x)$ があり，$(a,b)$ において常に $f'(x) > 0$ であれば，$f(x)$ は閉区間 $[a,b]$ において増加関数である．

[証明]　$[a,b]$ 内に任意の 2 点 $x_1, x_2$ (ただし $x_1 < x_2$) をとる．平均値の定理 (p.50) により

$$\frac{f(x_2) - f(x_1)}{x_2 - x_1} = f'(x_0) \quad (x_1 < x_0 < x_2)$$

となる $x_0$ が存在する．$x_1 < x_0 < x_2$ であるから仮定により $f'(x_0) > 0$．しかも $x_2 - x_1 > 0$ であるから，

$$f(x_2) - f(x_1) > 0 \qquad \therefore \quad f(x_1) < f(x_2)$$

これが区間内の任意の $x_1, x_2$ ($x_1 < x_2$) に対して成り立つので，$f(x)$ は区間 $[a,b]$ において増加関数である．■

**系 (減少関数の条件)**　閉区間 $[a,b]$ で連続で，開区間 $(a,b)$ において常に $f'(x) < 0$ ならば，$f(x)$ は閉区間 $[a,b]$ において減少関数である．

● **より理解を深めるために** ●

**例 2.2**　関数 $f(x), g(x)$ は $x \geq a$ で連続で，$f(a) = g(a)$ であり，$x > a$ で $f'(x) > g'(x)$ であれば，$f(x) > g(x)$ $(x > a)$ であることを示せ．

[解]　$h(x) = f(x) - g(x)$ とおくと，$h(a) = 0$ であり，さらに任意の $b$ $(> a)$ について，$h(x)$ は $[a,b]$ で連続で，$(a,b)$ で微分可能である．仮定より

$$h'(x) > 0 \quad (a < x < b)$$

したがって上記定理 2.4 により $h(x)$ は $[a,b]$ で増加関数である．ゆえに

$$a < x < b \quad \text{ならば} \quad h(x) > h(a) = 0$$

よって，

$$f(x) > g(x)$$

また，$b$ $(> a)$ は任意であるから，$x > a$ であるようなすべての $x$ について，$f(x) > g(x)$ である．■

## 2.1 平均値の定理

**例 2.3** 関数 $f(x) = \dfrac{4-3x}{x^2+1}$ の増減を調べよ．

[解] $f'(x) = \dfrac{-3(x^2+1) - 2x(4-3x)}{(x^2+1)^2} = \dfrac{3x^2 - 8x - 3}{(x^2+1)^2}$

$$= \dfrac{(x-3)(3x+1)}{(x^2+1)^2} \tag{2.1}$$

(2.1) の分母はつねに正であるから，その正負は分子の正負に一致する．よって $f(x)$ の増減表は次のようになる．

| $x$ | $\cdots$ | $-1/3$ | $\cdots$ | $3$ | $\cdots$ |
|---|---|---|---|---|---|
| $f'(x)$ | $+$ | $0$ | $-$ | $0$ | $+$ |
| $f(x)$ | ↗ | $9/2$ | ↘ | $-1/2$ | ↗ |

ゆえに，$f(x)$ は区間 $x \leqq -1/3$，および区間 $3 \leqq x$ で増加し，区間 $-1/3 \leqq x \leqq 3$ で減少する (⇨図 2.4)．■

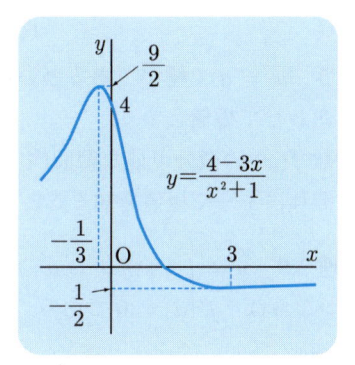

図 2.4

**例 2.4** $\log(1+x) < x - \dfrac{x^2}{2} + \dfrac{x^3}{3}\ (x > 0)$ を示せ．

[解] $f(x) = x - \dfrac{x^2}{2} + \dfrac{x^3}{3},\quad g(x) = \log(1+x)$

とおくと，$f(x), g(x)$ は $x \geqq 0$ で連続で，$f(0) = g(0) = 0$ であり，

$$f'(x) - g'(x) = 1 - x + x^2 - \dfrac{1}{1+x} = \dfrac{x^3}{1+x} \quad (x > 0)$$

となる．よって例 2.2 により，

$$g(x) < f(x)\ (x > 0) \quad \text{つまり，} \quad \log(1+x) < x - \dfrac{x^2}{2} + \dfrac{x^3}{3} \quad \blacksquare$$

---

**問 2.3**\* 次の不等式を証明せよ．

(1) $e^x > 1 + x + \dfrac{x^2}{2} \quad (x > 0)$

(2) $x > \sin x > x - \dfrac{x^3}{6} \quad \left(0 < x < \dfrac{\pi}{2}\right)$

---
\*「基本演習微分積分」(サイエンス社) p.25 の問題 2.1 (1), (2) 参照．

**極値** $x = a$ の近傍で連続な関数 $y = f(x)$ が $x = a$ で**極大**であるとは，$a$ の近くの $x$ $(\neq a)$ に対して
$$f(x) < f(a)$$
の成り立つことをいい，$f(a)$ を**極大値**という（⇨図 2.5）．また $a$ の近くの $x$ に対して
$$f(x) > f(a)$$
のとき，$x = a$ で**極小**であるといい，$f(a)$ を**極小値**という．極大値と極小値をあわせて**極値**という．

関数 $f(x)$ の微分可能な範囲内で，$f'(x)$ の符号を調べて関数の増減を知り，それによって極値を知ることができる．

**定理 2.5** $y = f(x)$ が $x = a$ の近傍で微分可能なとき，$x = a$ で極値をもつならば，$f'(a) = 0$ である．

[証明] $f'(a)$ が存在するので，とくに $h \to -0$，$h \to +0$ に分けて，

(i) $\displaystyle \lim_{h \to -0} \frac{f(a+h) - f(a)}{h} = f'(a)$

(ii) $\displaystyle \lim_{h \to +0} \frac{f(a+h) - f(a)}{h} = f'(a)$

である．いま，$y = f(a)$ が極大値のときには，$h > 0$，$h < 0$ のいずれの場合にも，
$$f(a+h) < f(a)$$
であり，(i) のときには $h < 0$，(ii) のときには $h > 0$ なので，(i) のときは $f'(a) \geqq 0$，(ii) のときは $f'(a) \leqq 0$．すなわち，$x = a$ で微分可能であるので，
$$f'(a) = 0$$
$y = f(a)$ が極小値のときも同様である．■

**注意 2.3** $x = a$ の近傍で微分可能な関数 $f(x)$ が $f'(a) = 0$ となるからといって，必ずしも $x = a$ で極値をとるとは限らないことに注意しなくてはならない．
たとえば $f(x) = x^3$ は $f'(0) = 0$ であるが，$x = 0$ で極値はとらない．

**追記 2.4** 変域の端点における値は極大・極小の対象にしないのが普通である．

● **より理解を深めるために**

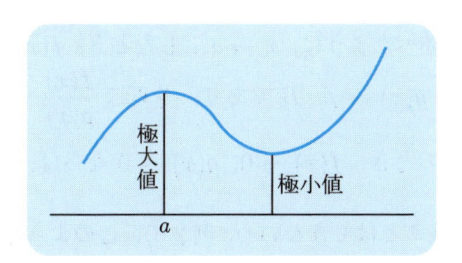

図 2.5 極大値・極小値

**例 2.5** $f(x) = (x-5)\sqrt[3]{x^2}$
においては，
$$f'(x) = \sqrt[3]{x^2} + (x-5)\frac{2}{3}x^{-1/3}$$
$$= \frac{5}{3}\frac{x-2}{\sqrt[3]{x}}$$

そこで $f'(x)$ の符号の正負を調べると，

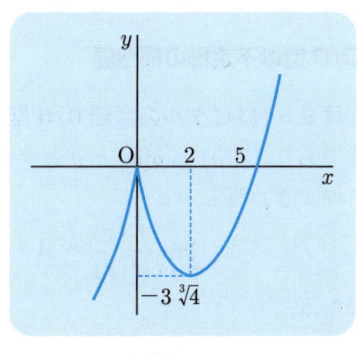

| $x$ | $\cdots$ | 0 | $\cdots$ | 2 | $\cdots$ |
|---|---|---|---|---|---|
| $f'(x)$ | + | なし | − | 0 | + |
| $f(x)$ | ↗ | 0 | ↘ | $-3\sqrt[3]{4}$ | ↗ |

図 2.6

このように増減を調べて，この関数は，$x=2$ で極小となり，$x=0$ では微分可能ではないが，極大となる (⇨ 図 2.6)．■

---

**問 2.4**$^*$　次の関数の極値を求めよ．

(1)　$f(x) = \dfrac{\log x}{x} \quad (x > 0)$

(2)　$f(x) = |(x+1)^2(x-1)|$

(3)　$f(x) = x + \sqrt{4-x^2} \quad (-2 \leqq x \leqq 2)$

(4)　$f(x) = x\sqrt{2x-x^2} \quad (0 \leqq x \leqq 2)$

---

$^*$「基本演習微分積分」(サイエンス社) p.26 の問題 3.1 (1), (2), (4), (5) 参照.

## 2.2 不定形とロピタルの定理

定理 1.1 (p.8) で述べたように, $x \to a$ としたとき, $f(x) \to A$, $g(x) \to B$ であるなら, $f(x) \cdot g(x) \to A \cdot B$ であり, さらに $\dfrac{f(x)}{g(x)} \to \dfrac{A}{B}$ $(B \neq 0)$ である. しかし $x \to a$ のとき, $f(x) \to 0$, $g(x) \to 0$ ならば, $\displaystyle\lim_{x \to a} \dfrac{f(x)}{g(x)}$ については一概に結論することはできない (⇨ 例 2.6), このような場合 $\dfrac{0}{0}$ 型の不定形であるという. このような不定形の極限値を求めるには平均値の定理を応用した次の定理 2.6 が有効である.

### 0/0 型の不定形の極限値

> **定理 2.6** (ロピタルの定理 0/0 型)　$f(x), g(x)$ は $x = a$ の近くで微分可能であり, $f(a) = g(a) = 0$ とする.
> このとき, もし
> $$\lim_{x \to a} \frac{f'(x)}{g'(x)} = A \quad \text{ならば} \quad \lim_{x \to a} \frac{f(x)}{g(x)} = A$$
> である.
> ただし $a$ の近くで $g(x) \neq 0$, $g'(x) \neq 0$ であり, $A$ は実数または $\pm \infty$ である.

[証明]　コーシーの平均値の定理を用いて, $a$ の近くの $x$ に対して,
$$\frac{f(x) - f(a)}{g(x) - g(a)} = \frac{f'(x_1)}{g'(x_1)} \quad (x_1 は a と x の間にある値)$$
が成り立つ. 仮定から $f(a) = g(a) = 0$ であるので,
$$\frac{f(x) - f(a)}{g(x) - g(a)} = \frac{f(x)}{g(x)} \quad \text{すなわち} \quad \frac{f(x)}{g(x)} = \frac{f'(x_1)}{g'(x_1)}$$
である.
ここで $x \to a$ のとき $x_1 \to a$ であり, 右辺の $\dfrac{f'(x_1)}{g'(x_1)}$ の極限は $A$, よって
$$\lim_{x \to a} \frac{f(x)}{g(x)} = A \quad \blacksquare$$

**注意 2.4**　定理 2.6 の $x \to a$ を $x \to \pm \infty$ としても成立することが示される.

## 2.2 不定形とロピタルの定理

● **より理解を深めるために** ●

**例 2.6** 次の各場合について $\displaystyle\lim_{x\to 0}\frac{f(x)}{g(x)}$ を求めよ．

(1) $f(x) = x^4, \quad g(x) = x^2$
(2) $f(x) = x^2, \quad g(x) = x^4$
(3) $f(x) = \sin x, \quad g(x) = x$

[解] (1) $\displaystyle\lim_{x\to 0}\frac{x^4}{x^2} = \lim_{x\to 0} x^2 = 0$

(2) $\displaystyle\lim_{x\to 0}\frac{x^2}{x^4} = \lim_{x\to 0}\frac{1}{x^2} = \infty$

(3) $\displaystyle\lim_{x\to 0}\frac{\sin x}{x} = 1$ （⇨ p.26 の定理 1.9）

この (1)〜(3) ではいずれも $\displaystyle\lim_{x\to 0} f(x) = \lim_{x\to 0} g(x) = 0$ であるが，$\displaystyle\lim_{x\to 0}\frac{f(x)}{g(x)}$ は (1) 0 に収束，(2) $\infty$ に発散，(3) 1 に収束のようにいろいろな場合が起こるのである．これは $f(x), g(x)$ の "収束する速さ" の違いに起因する．■

**注意 2.5** 左頁で $\dfrac{0}{0}$ 型の不定形について述べたが，不定形はこのほかに $\dfrac{\infty}{\infty}$ 型，$0 \cdot \infty$ 型，$\infty - \infty$ 型，$1^\infty$ 型，$\infty^0$ 型，$0^0$ 型などがある．その代表的なものが，$\dfrac{0}{0}$ 型，$\dfrac{\infty}{\infty}$ 型である．

**例 2.7** $\displaystyle\lim_{x\to 0}\frac{e^x - e^{-x}}{\sin x}$ を求める．$x\to 0$ のとき $e^x - e^{-x} \to 0$ で，$\sin x \to 0$ であるので $\dfrac{0}{0}$ 型である．よって定理 2.6 により，$\displaystyle\lim_{x\to 0}\frac{e^x + e^{-x}}{\cos x} = 2$ であるので

$$\lim_{x\to 0}\frac{e^x - e^{-x}}{\sin x} = 2 \quad\blacksquare$$

**問 2.5**\* 次の極限値を求めよ．

(1) $\displaystyle\lim_{x\to 0}\frac{1 - \cos x}{x^2}$

(2) $\displaystyle\lim_{x\to 0}\frac{x - \log(1 + x)}{x^2}$

(3) $\displaystyle\lim_{x\to 0}\frac{e^{2x} - 1 - 2x}{1 - \cos x}$

---
\*「基本演習微分積分」（サイエンス社）p.28 の問題 5.1 (1), (2), (3) 参照．

**∞/∞ 型の不定形の極限値**　この不定形の場合も定理 2.6 (p.56) と同様に平均値の定理 (p.50) を用いて，次の定理を得る．

> **定理 2.7** (ロピタルの定理 ∞/∞ 型)　$f(x), g(x)$ は $x = a$ を除いて微分可能であり，$\lim_{x \to a} f(x) = \lim_{x \to a} g(x) = \infty$．ただし $g(x) \neq 0$, $g'(x) \neq 0$ $(x \neq a)$ とする．このとき
> $$\lim_{x \to a} \frac{f'(x)}{g'(x)} = A \quad \text{ならば} \quad \lim_{x \to a} \frac{f(x)}{g(x)} = A$$
> ここで $A$ は実数または $\pm\infty$ であり，$a$ も $\pm\infty$ としてもよい．

[証明]　$x \to \infty$ の場合を考えることが多いので，$x \to \infty$ の場合について証明する．$x_0$ を大きな実数とし，さらに $x_0 < x$ とするとコーシーの平均値の定理 (p.50) により

$$\frac{f(x) - f(x_0)}{g(x) - g(x_0)} = \frac{f'(x_1)}{g'(x_1)} \quad (x_0 < x_1 < x) \tag{2.2}$$

$$\begin{aligned}
\frac{f(x)}{g(x)} &= \frac{f(x) - f(x_0)}{g(x) - g(x_0)} \cdot \frac{g(x) - g(x_0)}{g(x)} + \frac{f(x_0)}{g(x)} \\
&= \frac{f(x) - f(x_0)}{g(x) - g(x_0)} \left\{ 1 - \frac{g(x_0)}{g(x)} \right\} + \frac{f(x_0)}{g(x)} \\
&= \frac{f'(x_1)}{g'(x_1)} \left\{ 1 - \frac{g(x_0)}{g(x)} \right\} + \frac{f(x_0)}{g(x)} \quad ((2.2) \text{より})
\end{aligned}$$

まず，$A$ が実数のときを考える．$x_0$ を大きくとればとるほど $\frac{f'(x_1)}{g'(x_1)}$ は $A$ に近い値である ($\Rightarrow$ 図 2.7)．また $x_0$ を固定して，$x$ を十分大きくすると，$g(x) \to \infty$ から

$$\frac{g(x_0)}{g(x)} \to 0, \quad \frac{f(x_0)}{g(x)} \to 0$$

であり，右辺は $\frac{f'(x_1)}{g'(x_1)}$ にいくらでも近い値となる．

よって $x_0$ を大きくとればとるほど，右辺全体はいくらでも $A$ に近い値となる．すなわち

$$\lim_{x \to \infty} \frac{f(x)}{g(x)} = A$$

$A = \pm\infty$ ときも同様である．また $a$ が実数のときも同様である．■

## 2.2 不定形とロピタルの定理

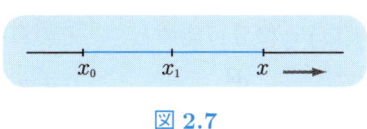

● **より理解を深めるために** ●

図 2.7

**注意 2.6** 注意 2.5 (p.57) で $0 \cdot \infty$ 型や $\infty - \infty$ 型を不定形といったがその理由について述べておこう．

$0 \cdot \infty$ 型の不定形では $f \cdot g = \dfrac{f}{1/g}$ と書き直せば $\dfrac{0}{0}$ 型か $\dfrac{\infty}{\infty}$ 型の不定形となる．また，$\infty - \infty$ の形のときは $f - g = \dfrac{1/g - 1/f}{1/f \cdot g}$ と変形すれば $\dfrac{0}{0}$ 型となる．

$\infty^0, 1^\infty, 0^0$ など指数型の不定形のときは対数をとって考える．たとえば $\infty^0$ のときは $u = f^g$ とおいて両辺の対数をとると $\log u = g \log f$ となり $\log u$ は $0 \cdot \infty$ 型の不定形となる．他についても同様である．

**注意 2.7** このような不定形を考えているとき，

$$\infty \cdot \infty = \infty, \quad \infty + \infty = \infty, \quad \frac{1}{+0} = \infty, \quad \frac{1}{-0} = -\infty, \quad \frac{1}{+\infty} = 0$$

などと見なすのは当然である．

**例 2.8** $\displaystyle\lim_{x \to \infty} \dfrac{\log x}{\sqrt{x}}$ を求める．これは $\dfrac{\infty}{\infty}$ 型である．よって定理 2.7 を用いると

$$\lim_{x \to \infty} \frac{\log x}{\sqrt{x}} = \lim_{x \to \infty} \frac{\dfrac{1}{x}}{\dfrac{1}{2}\dfrac{1}{\sqrt{x}}} = \lim_{x \to \infty} \frac{2}{\sqrt{x}} = 0 \quad \blacksquare$$

---

**問 2.6**[*] 次の極限値を求めよ．

(1) $\displaystyle\lim_{x \to \infty} \dfrac{x^3}{e^x}$ (2) $\displaystyle\lim_{x \to 1-0} x^{1/(1-x)}$ (3) $\displaystyle\lim_{x \to \infty} x^{1/x}$

(4) $\displaystyle\lim_{x \to \infty} x(e^{1/x} - 1)$ (5) $\displaystyle\lim_{x \to \pi/2} (\tan x - \sec x)$

---
[*]「基本演習微分積分」(サイエンス社) p.28 の問題 5.1 (4)〜(8) 参照．

## 2.3 テーラーの定理

**高次導関数**　$y' = f'(x)$ が微分可能のとき，その導関数を

$$f''(x), \quad \frac{d^2}{dx^2}f(x), \quad y'', \quad \frac{d^2y}{dx^2}$$

などと書き，**第 2 次導関数**という．同様に第 3 次，第 4 次，$\cdots$ の導関数が考えられる．$f'''(x)$ の記号は繁雑であるから $f^{(3)}(x)$ とも書く．一般に**第 $n$ 次導関数**を次のように書く．

$$f^{(n)}(x), \quad \frac{d^n}{dx^n}f(x), \quad y^{(n)}, \quad \frac{d^ny}{dx^n}$$

### 基本的な関数の高次導関数

| $f(x)$ | $f^{(n)}(x)$ | $f(x)$ | $f^{(n)}(x)$ |
|---|---|---|---|
| $x^a$ | $\alpha(\alpha-1)\cdots(\alpha-n+1)x^{\alpha-n}$ | $e^x$ | $e^x$ |
| $\sin x$ | $\sin\left(x+\dfrac{n\pi}{2}\right)$ | $a^x \;\;(a>0)$ | $a^x(\log a)^n$ |
| $\cos x$ | $\cos\left(x+\dfrac{n\pi}{2}\right)$ | $\log|x|$ | $(-1)^{n-1}(n-1)!\dfrac{1}{x^n}$ |

関数の積の第 $n$ 次導関数については次のライプニッツの定理がある．

**定理 2.8（ライプニッツの定理）**　$u, v$ が $x$ の関数で $n$ 回微分可能のとき，

$$(uv)^{(n)} = u^{(n)}v + {}_nC_1 u^{(n-1)}v' + \cdots + {}_nC_r u^{(n-r)}v^{(r)} + \cdots + uv^{(n)}$$

（証明は省略）

**注意 2.8**　${}_nC_r$ について　異なる $n$ 個のものから $r$ 個を取り出す組合せの総数を ${}_nC_r$ で表すと

$$ {}_nC_r = \frac{n(n-1)(n-2)\cdots(n-r+1)}{r!} = \frac{n!}{r!(n-r)!}$$

$$(r! = r(r-1)\cdots 2\cdot 1, \quad 0! = 1)$$

である．すなわち ${}_nC_0 = 1$, ${}_nC_1 = n$, ${}_nC_2 = \dfrac{n(n-1)}{2!}$, $\cdots$, ${}_nC_n = \dfrac{n!}{n!} = 1$．また，次が成立する．

$$ {}_nC_r = {}_nC_{n-r} \tag{2.3}$$

$$ {}_nC_r = {}_{n-1}C_{r-1} + {}_{n-1}C_r \tag{2.4}$$

## 2.3 テーラーの定理

● **より理解を深めるために** ●━━━━━━━━━━━━━━━

**例 2.9** $y = \log x$ とすると，$y' = x^{-1}$, $y'' = -x^{-2}$, $y''' = (-1)(-2)x^{-3}$ となり，以下同様にして

$$y^{(n)} = (-1)(-2)\cdots(-(n-1))x^{-n} = \frac{(-1)^{n-1}(n-1)!}{x^n} \quad \blacksquare$$

**例 2.10** $y = \sin x$ とすると，$y' = \cos x = \sin(x + \pi/2)$,

$$y'' = \left\{\sin\left(x + \frac{\pi}{2}\right)\right\}' = \sin\left\{\left(x + \frac{\pi}{2}\right) + \frac{\pi}{2}\right\} = \sin\left(x + 2\frac{\pi}{2}\right)$$

となり，以下微分するたびに $\pi/2$ を加えて

$$y^{(n)} = \sin\left(x + \frac{n}{2}\pi\right) \quad \blacksquare$$

**例 2.11** ライプニッツの定理を用いて $y = x^2 \sin x$ の第 $n$ 次導関数を求めよ．

[解] $u = \sin x$ とおくと，$u^{(k)} = \sin(x + k\pi/2)$ である．一方，$v = x^2$ とおくと，$v' = 2x$, $v'' = 2$, $v''' = 0$ となるので，

$$\begin{aligned}(x^2 \sin x)^{(n)} &= (\sin x)^{(n)} x^2 + {}_nC_1 (\sin x)^{(n-1)} (x^2)' + {}_nC_2 (\sin x)^{(n-2)} (x^2)'' \\ &= x^2 \sin(x + n\pi/2) + 2nx \sin(x + (n-1)\pi/2) \\ &\quad + n(n-1)\sin(x + (n-2)\pi/2) \quad \blacksquare\end{aligned}$$

━━━━━━━━━━━━━━━━━━━━━━━━━━━━━━━━━━━━

**問 2.7** 次の関数の第 $n$ 次導関数を求めよ．
(1) $x^\alpha$ （$\alpha$ は実数）
(2) $\cos x$
(3) $a^x$ （$a > 0$）

**問 2.8**$^*$ 次の関数の第 $n$ 次導関数を求めよ．
(1) $\log(1+x)$
(2) $(x^2 + x + 1)e^x$

**問 2.9**$^*$ $y = e^x \cos x$, $y = e^x \sin x$ の第 $n$ 次導関数がそれぞれ次のようになることを示せ．

$$2^{n/2} e^x \cos\left(x + \frac{n\pi}{4}\right), \quad 2^{n/2} e^x \sin\left(x + \frac{n\pi}{4}\right)$$

───────────
$^*$「基本演習微分積分」（サイエンス社）p.32 の問題 6.1 (1), (2), 問題 6.2 参照．

第2章 平均値の定理とその応用

**テーラーの定理** 平均値の定理 (p.50) はロルの定理 (p.48) を用いて次のように一般化される．

**定理 2.9 (テーラーの定理)** 関数 $f(x)$ が $[a,b]$ で $n-1$ 回微分可能で $f^{(n-1)}(x)$ が $[a,b]$ で連続，$(a,b)$ で微分可能ならば，

$$f(b) = f(a) + (b-a)f'(a) + \frac{(b-a)^2}{2!}f''(a) + \cdots$$
$$+ \frac{(b-a)^{n-1}}{(n-1)!}f^{(n-1)}(a) + R_n$$

ここで $R_n = \dfrac{(b-a)^n}{n!}f^{(n)}(x_1)$ で，このような値 $x_1$ が $a$ と $b$ との間に少なくとも1つある ($R_n$ を**剰余項**という)．

[証明] 
$$f(b) - \left\{ f(a) + (b-a)f'(a) + \frac{(b-a)^2}{2!}f''(a) \right.$$
$$\left. + \cdots + \frac{f^{(n-1)}(a)}{(n-1)!}(b-a)^{n-1} \right\}$$
$$= (b-a)^n K$$

とおき $K = \dfrac{f^{(n)}(x_1)}{n!}$ と表されることを示せばよい．関数

$$F(x) = f(b) - f(x) - \frac{f'(x)}{1!}(b-x) - \frac{f''(x)}{2!}(b-x)^2$$
$$- \cdots - \frac{f^{(n-1)}(x)}{(n-1)!}(b-x)^{n-1} - (b-x)^n K$$

を考えると，$F(x)$ はロルの定理 (p.48) の条件をみたし $\cdots (*)$

$F'(x_1) = 0$ となる $x_1$ が $a$ と $b$ との間に存在する．ここで

$$F'(x) = -\frac{(b-x)^{n-1}}{(n-1)!}f^{(n)}(x) + n(b-x)^{n-1}K$$

であることから

$$F'(x_1) = -\frac{(b-x_1)^{n-1}}{(n-1)!}f^{(n)}(x_1) + n(b-x_1)^{n-1}K = 0$$

となり，$\dfrac{f^{(n)}(x_1)}{n!} = K$ であることが示される．■

## 2.3 テーラーの定理

● **より理解を深めるために** ●

**追記 2.5** テーラーの定理で $n=1$ とすると平均値の定理 (p.50) となる．

**追記 2.6** テーラーの定理において，$\dfrac{x_1-a}{b-a}=\theta$ とおくと，$x_1=a+\theta(b-a)$, $0<\theta<1$ であるから

$$R_n = \frac{(b-a)^n}{n!} f^{(n)}(a+\theta(b-a)) \quad (0<\theta<1)$$

となる．これを**ラグランジュの剰余項**という．

**追記 2.7** テーラーの定理の証明の中に $(b-x)^n K$ とおくところがあるが，その代りに $(b-x)K$ とおいて同様の計算をすると，

$$R_n = \frac{(b-a)^n}{(n-1)!} (1-\theta)^{n-1} f^{(n)}(a+\theta(b-a)) \quad (0<\theta<1)$$

を得る．これを**コーシーの剰余項**という．

**例 2.12** $f(x)$ が点 $a$ を含む区間で $2$ 回微分可能で，$f''(x)$ が連続のとき

$$\lim_{h\to 0} \frac{f(a+h)+f(a-h)-2f(a)}{h^2} = f''(a)$$

を示せ．

**[解]** テーラーの定理（$n=2$ の場合）により

$$f(a+h) = f(a) + hf'(a) + \frac{h^2 f''(a+\theta h)}{2!} \quad (0<\theta<1),$$

$$f(a-h) = f(a) - hf'(a) + \frac{h^2 f''(a-\theta' h)}{2!} \quad (0<\theta'<1)$$

である $\theta, \theta'$ が存在する．$f''(x)$ が連続であるので，$h\to 0$ のとき，

$$f''(a+\theta h) \to f''(a), \quad f''(a-\theta' h) \to f''(a)$$

である．よって，

$$\lim_{h\to 0} \frac{f(a+h)+f(a-h)-2f(a)}{h^2}$$
$$= \lim_{h\to 0} \frac{1}{2}\left\{f''(a+\theta h)+f''(a+\theta' h)\right\} = f''(a) \quad \blacksquare$$

**問 2.10** テーラーの定理の証明中の「$F(x)$ がロルの定理 (p.48) の条件をみたし $\cdots (*)$」を示せ．

**マクローリンの定理**　テーラーの定理で $a=0$, $b=x$ とおくと次のマクローリンの定理が得られる.

**定理 2.10**（マクローリンの定理）　関数 $f(x)$ が $x=0$ を含む区間で $n$ 回微分可能ならば，次の式をみたす $\theta$ が存在する.
$$f(x) = f(0) + \frac{f'(0)}{1!}x + \frac{f''(0)}{2!}x^2 + \cdots + \frac{f^{(n-1)}(0)}{(n-1)!}x^{n-1} + R_n,$$
$$R_n = \frac{f^{(n)}(\theta x)}{n!}x^n \quad (0 < \theta < 1)$$

**関数の多項式近似**　マクローリンの定理を用いて次の諸式が得られる．剰余項 $R_n$ が十分小さな値のときは，関数は $R_n$ を除いた多項式で近似される.

(ⅰ)　$e^x = 1 + x + \dfrac{x^2}{2!} + \cdots + \dfrac{x^{n-1}}{(n-1)!} + R_n, \quad R_n = \dfrac{x^n e^{\theta x}}{n!}$
$$(0 < \theta < 1)$$

(ⅱ)　$\sin x = \dfrac{x}{1!} - \dfrac{x^3}{3!} + \cdots + (-1)^{m-1}\dfrac{x^{2m-1}}{(2m-1)!} + R_{2m+1},$
$$R_{2m+1} = \frac{x^{2m+1}}{(2m+1)!}\sin\left(\theta x + \frac{2m+1}{2}\pi\right) \quad (0 < \theta < 1)$$

(ⅲ)　$\cos x = 1 - \dfrac{x^2}{2!} + \dfrac{x^4}{4!} - \cdots + (-1)^{m-1}\dfrac{x^{2m-2}}{(2m-2)!} + R_{2m},$
$$R_{2m} = \frac{x^{2m}}{(2m)!}\cos\left(\theta x + 2m \cdot \frac{\pi}{2}\right) \quad (0 < \theta < 1)$$

(ⅳ)　$\log(1+x) = x - \dfrac{x^2}{2} + \dfrac{x^3}{3} - \cdots + (-1)^{n-2}\dfrac{x^{n-1}}{n-1} + R_n,$
$$R_n = \frac{(-1)^{n-1}}{n}\left(\frac{x}{1+\theta x}\right)^n \quad (0 < \theta < 1)$$

(ⅴ)　$(1+x)^\alpha = 1 + \dfrac{\alpha}{1!}x + \dfrac{\alpha(\alpha-1)}{2!}x^2 + \cdots + \dfrac{\alpha(\alpha-1)\cdots(\alpha-n+2)}{(n-1)!}x^{n-1}$
$+ R_n, \quad R_n = \dfrac{\alpha(\alpha-1)\cdots(\alpha-n+1)}{n!}(1+\theta x)^{\alpha-n}x^n$
$$(0 < \theta < 1, \ \alpha は実数)$$

（ⅰ）〜（ⅳ）については問 2.11 を，（ⅴ）については例 2.13 を参照せよ.

## 2.3 テーラーの定理

● **より理解を深めるために** ●

**例 2.13** 次の関数にマクローリンの定理を適用せよ．
$$f(x) = (1+x)^\alpha \quad (\alpha\text{は実数})$$

[解] $f(x) = (1+x)^\alpha$ の第 $n$ 次導関数を求めると，
$$f^{(n)}(x) = \alpha(\alpha-1)\cdots(\alpha-n+1)(1+x)^{\alpha-n}$$

よって，$f^{(n)}(0) = \alpha(\alpha-1)\cdots(\alpha-n+1)$ であるから

$$(1+x)^\alpha$$
$$= 1 + \frac{\alpha}{1!}x + \frac{\alpha(\alpha-1)}{2!}x^2 + \cdots + \frac{\alpha(\alpha-1)\cdots(\alpha-n+2)}{(n-1)!}x^{n-1} + R_n$$

$$R_n = \frac{\alpha(\alpha-1)\cdots(\alpha-n+1)}{n!}(1+\theta x)^{\alpha-n}x^n \quad (0<\theta<1) \quad \blacksquare$$

**追記 2.8** ネイピアの数 $e$ $(e=2.718\cdots)$ は無理数であることが証明される．

$e$ を有理数と仮定し，$e = m/n$ ($m, n$ は自然数) としよう．$e^x$ にマクローリンの定理を $n+1$ で適用すると（⇨ 左頁の (ⅰ)）

$$e^x = 1 + \frac{x}{1!} + \frac{x^2}{2!} + \cdots + \frac{x^n}{n!} + \frac{e^{\theta x}}{(n+1)!}x^{n+1} \quad (0<\theta<1)$$

ここで $x=1$ とおくと，$e$ は次のように表すことができる．

$$1 + \frac{1}{1!} + \frac{1}{2!} + \cdots + \frac{1}{n!} + \frac{e^\theta}{(n+1)!} = \frac{m}{n}$$

この両辺に $n!$ をかけると

$$n!\left(1 + \frac{1}{1!} + \frac{1}{2!} + \cdots + \frac{1}{n!}\right) + \frac{e^\theta}{n+1} = m(n-1)!$$

となるから $\dfrac{e^\theta}{n+1}$ は (正の) 整数となり $\dfrac{e^\theta}{n+1} \geqq 1$．また p.42 の (1.11) より $e<3$ であるから，$2 \leqq n+1 \leqq e^\theta < e < 3$．これより $n=1$，すなわち $e=m$ となる．これは $2<e<3$ に矛盾する．したがって $e$ は無理数である．

---

**問 2.11** 次の関数にマクローリンの定理を適用せよ．
$$e^x, \quad \sin x, \quad \cos x, \quad \log(1+x)$$

**マクローリン級数展開（関数の整級数展開）**　$f(x)$ が何回でも微分可能のとき，0 を含む区間でマクローリンの定理 (p.64) を適用した場合，

$$R_n \to 0 \quad (n \to \infty)$$

となるならば $f(x)$ は

$$f(x) = f(0) + \frac{f'(0)}{1!}x + \frac{f''(0)}{2!}x^2 + \cdots \frac{f^{(n)}(0)}{n!}x^n + \cdots$$

と無限級数 (p.43) で表される．右辺の無限級数を**マクローリン級数展開**という．

$$e^x, \quad \sin x, \quad \cos x, \quad \log(1+x), \quad (1+x)^\alpha$$

にマクローリンの定理を用いて，次のようにマクローリン級数展開ができる．

(ⅰ)　$e^x = 1 + \dfrac{x}{1!} + \dfrac{x^2}{2!} + \cdots + \dfrac{x^n}{n!} + \cdots \quad (-\infty < x < \infty)$

(ⅱ)　$\sin x = \dfrac{x}{1!} - \dfrac{x^3}{3!} + \dfrac{x^5}{5!} - \cdots + (-1)^{n-1}\dfrac{x^{2n-1}}{(2n-1)!} + \cdots$
$\hspace{12em}(-\infty < x < \infty)$

(ⅲ)　$\cos x = 1 - \dfrac{x^2}{2!} + \dfrac{x^4}{4!} - \cdots + (-1)^n \dfrac{x^{2n}}{(2n!)} + \cdots$
$\hspace{12em}(-\infty < x < \infty)$

(ⅳ)　$\log(1+x) = x - \dfrac{x^2}{2} + \dfrac{x^3}{3} - \cdots + (-1)^{n-1}\dfrac{x^n}{n} + \cdots$
$\hspace{14em}(-1 < x \leqq 1)$

(ⅴ)　$(1+x)^\alpha = 1 + \dfrac{\alpha}{1!}x + \dfrac{\alpha(\alpha-1)}{2!}x^2 + \cdots$
$\hspace{6em} + \dfrac{\alpha(\alpha-1)\cdots(\alpha-n+1)}{n!}x^n + \cdots$
$\hspace{12em}(-1 < x < 1,\ \alpha は実数)$

**追記 2.9**　( ⅰ ), ( ⅱ ), ( ⅲ ), ( ⅳ ) については，例 2.14 を参照すること．( ⅴ ) についてはコーシーの剰余項 (p.63 の追記 2.7) を用いる必要があり複雑となるのでここでは省略する．また ( ⅰ )〜( ⅴ ) の $x$ の範囲については，整級数の収束半径について学習しなくてはならない (越　昭三監修「微分積分概論」サイエンス社，第 6 章を参照)．

## 2.3 テーラーの定理

● **より理解を深めるために** ●

**補助定理（級数展開）**
$$\lim_{n\to\infty}\frac{x^n}{n!}=0 \quad (-\infty<x<\infty) \quad (\text{証明は p.74 を見よ})$$

**例 2.14** $e^x$, $\sin x$, $\cos x$, $\log(1+x)$ は左頁の（i），（ii），（iii），（iv）のようにマクローリン級数展開ができることを示せ．

[解] それぞれの剰余項が $|R_m|\to 0\ (m\to\infty)$ であることを示す．

$e^x$ の剰余項は p.64 の（i）より $|R_m|\leqq |x|^m e^{\theta|x|}/m!$ $\qquad$ (2.5)

$\sin x$ の剰余項は p.64 の（ii）より $|R_m|\leqq |x|^{2m+1}/(2m+1)!$ $\qquad$ (2.6)

$\cos x$ の剰余項は p.64 の（iii）より $|R_m|\leqq |x|^{2m}/(2m)!$ $\qquad$ (2.7)

となる．よって，上記補助定理により任意の実数 $x$ に対して，(2.5), (2.6), (2.7) の $|R_m|$ は $m\to\infty$ のとき 0 に収束する．

$\log(1+x)$ の剰余項は，$0\leqq x\leqq 1$ のときは p.64 の（iv）より $0\leqq \dfrac{x}{1+\theta x}<1$ であるので，
$$|R_n|<\frac{1}{n} \quad \therefore\quad R_n\to 0\quad (n\to\infty)$$

次に $-1<x<0$ のときは追記 2.7 (p.63) のコーシーの剰余項を用いると
$$|R_n|=|x|^n\left(\frac{1-\theta}{1-\theta|x|}\right)^{n-1}\cdot\frac{1}{1-\theta|x|}\quad (0<\theta<1,\ 1+\theta x=1-\theta|x|)$$
$$0<\frac{1-\theta}{1-\theta|x|}<1,\ \frac{1}{1-\theta|x|}<\frac{1}{1-|x|}\quad \text{より}\quad |R_n|<|x|^n\frac{1}{1-|x|}$$

ゆえに $R_n\to 0\ (n\to\infty)$．■

**例 2.15** $f(x)=\sqrt{1+x}$ を原点の近くで整級数に展開せよ．

[解] $\sqrt{1+x}=(1+x)^{1/2}$ であるので左頁の（v）で $\alpha=1/2$ の場合である．よって
$$(1+x)^{1/2}=1+\sum_{n=1}^{\infty}\frac{1}{2}\left(\frac{1}{2}-1\right)\cdots\left(\frac{1}{2}-n+1\right)\frac{x^n}{n!}\quad (|x|<1)\quad \blacksquare$$

---

**問 2.12**\* 次の関数を原点の近くで整級数に展開せよ．

(1) $\log\dfrac{1+x}{1-x}\quad (|x|<1)$ $\qquad$ (2) $\dfrac{1}{\sqrt{1+x}}\quad (|x|<1)$

---

\*「基本演習微分積分」（サイエンス社）p.33 の例題 7 (2)，問題 7.2 (3) 参照．

## 2.4 曲線の凹凸と変曲点

曲線 $f(x)$ が区間 $I$ で連続であるとき,この区間に含まれる任意の 3 点 $x_1, x_2, x_3$ $(x_1 < x_2 < x_3)$ に対して,つねに,

$$\frac{f(x_2) - f(x_1)}{x_2 - x_1} \leqq \frac{f(x_3) - f(x_2)}{x_3 - x_2} \tag{2.8}$$

が成り立つならば,$f(x)$ は区間 $I$ で下に凸 (⇨ 図 2.8) であるという.また (2.8) で逆向きの不等号 ($\geqq$) が成り立つとき $f(x)$ は $I$ で上に凸であるという.また,$x = a$ の左右で $f(x)$ の凹凸が変わるとき,$(a, f(a))$ を**変曲点** (⇨ 図 2.9) という.

**定理 2.11** ($f''(x)$ による凹凸の判定) $f(x)$ が $(a, b)$ で下に凸であるための必要で十分な条件は,$f''(x) \geqq 0$ がすべての $x \in (a, b)$ で成り立つことである.上に凸のときも同様である.

[証明] 下に凸であると仮定する.$a < x < x_1 < x_2 < b$ とすると,上記 (2.8) より $\dfrac{f(x_1) - f(x)}{x_1 - x} \leqq \dfrac{f(x_2) - f(x_1)}{x_2 - x_1}$ が成立する.ここで $x_1, x_2$ を固定しておいて $x \to x_1 - 0$ とすれば左辺は $f'(x_1)$ に近づく.ゆえに次式が成立する.

$$f'(x_1) \leqq \{f(x_2) - f(x_1)\} / (x_2 - x_1)$$

また,$a < x_1 < x_2 < x < b$ として,同様に $x_1, x_2, x$ について下に凸である不等式を作って $x \to x_2 + 0$ とすれば次式が成立する.

$$\{f(x_2) - f(x_1)\} / (x_2 - x_1) \leqq f'(x_2)$$

ゆえに $f'(x_1) \leqq f'(x_2)$.これはすべての $x_1, x_2 \in (a, b)$ について成立するから $f'(x)$ は $(a, b)$ で増加関数である.よって $f''(x) \geqq 0$.

逆に,$(a, b)$ に含まれる任意の $x_1 < x_2 < x_3$ に対して平均値の定理から,

$$\frac{f(x_2) - f(x_1)}{x_2 - x_1} = f'(\alpha), \quad \frac{f(x_3) - f(x_2)}{x_3 - x_2} = f'(\beta)$$

ここに,$x_1 < \alpha < x_2, x_2 < \beta < x_3$,すなわち $\alpha < \beta$ である.仮定から $f''(x) \geqq 0$ であるから,$f'(x)$ は増加関数である.したがって $f'(\alpha) \leqq f'(\beta)$.ゆえに上の式から下に凸であることを示す不等式 (2.8) が得られる.■

## 2.4 曲線の凹凸と変曲点

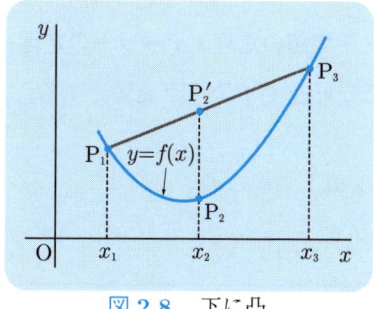

● **より理解を深めるために** ●

図 2.8 下に凸

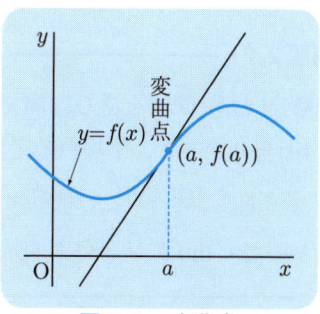

図 2.9 変曲点

**(2.8)の図形的意味** 図 2.8 のように $x_1, x_2, x_3$ に対応するグラフ上の点をそれぞれ $P_1, P_2, P_3$ とし直線 $x_2P_2$ と $P_1P_3$ の交点を $P_2'$ とする．(2.8) は $x_2P_2 < x_2P_2'$，すなわち $x = x_1$ と $x = x_3$ の間ではグラフが直線 $P_1P_3$ の下側にあることと同値である．なぜなら (2.8) を書き直して

$$f(x_2) < \frac{(x_3-x_2)f(x_1)+(x_2-x_1)f(x_3)}{x_3-x_1} \quad (x_1 < x_2 < x_3)$$

としてみると左辺 $= x_2P_2$，右辺 $= x_2P_2'$ (直線 $P_1P_3$ の方程式を求め，$x$ に $x_2$ を代入すると右辺の式が求められる) を示しているからである．

**例 2.16** $y = \log x$ とすると

$$y' = 1/x, \quad y'' = -1/x^2 < 0, \quad x > 0$$

であるから，曲線 $y = \log x$ は $x > 0$ で上に凸である (⇨ 図 2.10)． ∎

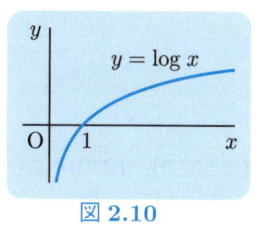

図 2.10

**追記 2.10** 極大・極小を判定するのに，第 2 次導関数の符号を調べる次の定理がある．

**定理 2.12** (極値の $f''(a)$ による判定)　$f'(a) = 0$ で $f''(x)$ が $x = a$ で連続のとき，$f''(a) < 0$ ならば $x = a$ で極大，$f''(a) > 0$ ならば $x = a$ 極小となる．

**問 2.13**[*]　次の関数の増減，極値，凹凸を調べてグラフを書け．

(1) $y = e^{-x} \sin x \quad (0 \leqq x \leqq 2\pi)$ 　　(2) $y = (\log x)/x$

---

[*]「基本演習微分積分」(サイエンス社) p.34 の問題 8.1 (3), (4) 参照．

## 演習問題

---
**例題 2.1** ──────────── 平均値の定理・テーラーの定理 ─

関数 $f(x)$ が点 $a$ を含む区間で 2 回微分可能で $f''(x)$ が連続とする．$f''(a) \neq 0$ のとき，平均値の定理
$$f(a+h) = f(a) + hf'(a+\theta h) \quad (0 < \theta < 1)$$
において，$\displaystyle\lim_{h \to 0} \theta = \frac{1}{2}$ であることを示せ．

---

[解] $f''(x)$ は連続で $f''(a) \neq 0$ であるから $a$ の十分近くの点では $f''(x) \neq 0$ である．p.62 のテーラーの定理 $(n=2)$ から

$$f(a+h) = f(a) + hf'(a) + h^2 f''(a+\theta' h)/2 \quad (0 < \theta' < 1) \qquad (2.9)$$

$f'(x)$ に平均値の定理を用いれば

$$f'(a+\theta h) = f'(a) + \theta h f''(a+\theta''\theta h) \quad (0 < \theta'' < 1)$$

ゆえに
$$\begin{aligned}
f(a+h) &= f(a) + hf'(a+\theta h) \\
&= f(a) + h\{f'(a) + \theta h f''(a+\theta''\theta h)\} \\
&= f(a) + hf'(a) + \theta h^2 f''(a+\theta''\theta h)
\end{aligned} \qquad (2.10)$$

上記 (2.9), (2.10) より

$$f(a) + hf'(a) + h^2 f''(a+\theta' h)/2 = f(a) + hf'(a) + \theta h^2 f''(a+\theta''\theta h)$$

$f''(a+\theta''\theta h) \neq 0$ より

$$\theta = \frac{1}{2} \frac{f''(a+\theta' h)}{f''(a+\theta''\theta h)} \to \frac{1}{2} \quad (h \to 0)$$

---

(解答は章末の p.80 に掲載されています．)

**演習 2.1** $\displaystyle\lim_{x \to \infty} f'(x) = a$ のとき $\displaystyle\lim_{x \to \infty} \{f(x+1) - f(x)\} = a$ を示せ．

**演習 2.2** $f(x)$ は $a, b$ を含む区間で微分可能で $f(a) = f(b) = 0$ とする．任意の実数 $\lambda$ に対して，$f'(c) = \lambda f(c)$ をみたす $c$ $(a < c < b)$ が存在することを示せ ($g(x) = e^{-\lambda x} f(x)$ にロルの定理を用いよ)．

─ 例題 2.2 ──────────────────────── 最大値・最小値 ─

楕円 $\dfrac{x^2}{a^2} + \dfrac{y^2}{b^2} = 1$ の接線が両軸と交わる点を A, B とするとき，線分 AB の長さの最小値を求めよ．

**ヒント** 楕円上の点 P の座標を $(a\cos\theta, b\sin\theta)$ として考えよ．

[解] 楕円上の点 P の座標を上記ヒントのようにとると，接線*の方程式は $x\cos\theta/a + y\sin\theta/b = 1$. このとき $\mathrm{OA} = a/\cos\theta$, $\mathrm{OB} = b/\sin\theta$ であるから，

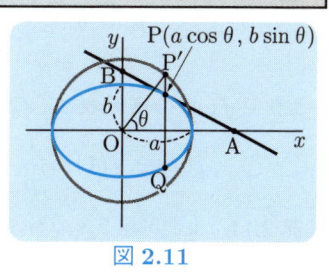

図 2.11

$$\mathrm{AB}^2 = \mathrm{OA}^2 + \mathrm{OB}^2 = \frac{a^2}{\cos^2\theta} + \frac{b^2}{\sin^2\theta} = f(\theta)$$

$$f'(\theta) = 2\left(\frac{a^2\sin\theta}{\cos^3\theta} - \frac{b^2\cos\theta}{\sin^3\theta}\right) = \frac{2a^2\cos\theta}{\sin^3\theta}\left(\tan^4\theta - \frac{b^2}{a^2}\right)$$

グラフの対称性から点 P は第 1 象限の点としてよい．このとき $0 \leqq \theta \leqq \pi/2$ であるから，この範囲で $f(\theta)$ の増減表をつくれば下記のようになる．$\theta = \tan^{-1}\sqrt{b/a}$ のとき，つまり $\tan^2\theta = b/a$ のとき $f(\theta)$ は極小となり，極小値は 1 つである．よって考えている区間で最小となる．いま

| $\theta$ | 0 | $\cdots$ | $\tan^{-1}\sqrt{b/a}$ | $\cdots$ | $\pi/2$ |
|---|---|---|---|---|---|
| $f'(\theta)$ |  | $-$ | 0 | $+$ |  |
| $f(\theta)$ | $\infty$ | ↘ | 最小値 | ↗ | $\infty$ |

$$f(\theta) = a^2\sec^2\theta + b^2\mathrm{cosec}^2\theta = a^2(1+\tan^2\theta) + b^2(1+\cos^2\theta)$$
$$= a^2(1+b/a) + b^2(1+a/b) = (a+b)^2$$

ゆえに AB の最小値は $a+b$ である．

---

**演習 2.3** 一辺の長さが $a$ ($a > 0$) の正方形の四隅から合同な 4 つの正方形を切り取り，その残りの部分を折り曲げてつくった (上部の開いた) 箱の体積を最大にせよ．

────────────────

* 楕円 $\dfrac{x^2}{a^2} + \dfrac{y^2}{b^2} = 1$ 上の点 $(x_1, y_1)$ における接線の方程式は $\dfrac{x_1 x}{a^2} + \dfrac{y_1 y}{b^2} = 1$ である．

## 例題 2.3 ── 増加（減少）関数

$p > 1$, $\dfrac{1}{p} + \dfrac{1}{q} = 1$ のとき $\dfrac{x^p}{p} + \dfrac{1}{q} - x \geqq 0 \ (x \geqq 0)$ を示せ.

[解] $f(x) = \dfrac{x^p}{p} + \dfrac{1}{q} - x$ とおくと,

$$f'(x) = x^{p-1} - 1$$

$x \geqq 0$ で $f(x)$ の増減表は右のようになる. よって

| $x$ | 0 | $\cdots$ | 1 | $\cdots$ |
|---|---|---|---|---|
| $f'(x)$ | | $-$ | 0 | $+$ |
| $f(x)$ | | $\searrow$ | 0 | $\nearrow$ |

$$f(x) \geqq f(1) = \dfrac{1}{p} + \dfrac{1}{q} - 1 = 0$$

**追記 2.11** 上記例題 2.3 の不等式を用いて, 次のヘルダーの不等式を得る.

$$\int_a^b f(x)g(x)dx \leqq \left(\int_a^b f^p(x)dx\right)^{1/p} \left(\int_a^b g^q(x)dx\right)^{1/q} \quad (f(x) \geqq 0, \ g(x) \geqq 0)$$

[証明] $A \geqq 0$, $B \geqq 0$ として, $x = AB^{-1/(p-1)}$ とおき, 上記不等式に代入すると $\dfrac{1}{p}(AB^{-1/(p-1)})^p + \dfrac{1}{q} - AB^{-1/(p-1)} \geqq 0$. この両辺を $B^{-p/(p-1)}$ で割って

$$\dfrac{1}{p}A^p + \dfrac{1}{q}B^{p/(p-1)} - AB^{-1/(p-1) + p/(p-1)} \geqq 0$$

$$\therefore \ \dfrac{1}{p}A^p + \dfrac{1}{q}B^q \geqq AB \tag{2.11}$$

いま $f(x) \geqq 0$, $g(x) \geqq 0$ のとき,

$$P = \left(\int_a^b f^p(x)dx\right)^{1/p}, \quad Q = \left(\int_a^b g^q(x)dx\right)^{1/q}$$

とおき, $A = f(x)/P$, $B = g(x)/Q$ とすると, 上記 (2.11) より

$$\dfrac{f(x)}{P} \cdot \dfrac{g(x)}{Q} \leqq \dfrac{1}{p}\left(\dfrac{f(x)}{P}\right)^p + \dfrac{1}{q}\left(\dfrac{g(x)}{Q}\right)^{1/q}$$

$$\int_a^b \left(\dfrac{f(x)}{P} \cdot \dfrac{g(x)}{Q}\right) dx \leqq \dfrac{1}{p}\int_a^b \left(\dfrac{f(x)}{P}\right)^p dx + \dfrac{1}{q}\int_a^b \left(\dfrac{g(x)}{Q}\right)^{1/q} dx = \dfrac{1}{p} + \dfrac{1}{q} = 1$$

$$\therefore \ \int_a^b f(x)g(x)dx \leqq PQ = \left(\int_a^b f^p(x)dx\right)^{1/p} \left(\int_a^b g^q(x)dx\right)^{1/q} \quad \blacksquare$$

**演習 2.4** 次の関数の増減, 極値, 凹凸を調べてグラフを書け.

(1) $y = x \log x$ 　　　　　(2) $y = e^{-x^2/2}$

演習問題

**例題 2.4** ─────────────────────── マクローリンの定理 ─

マクローリンの定理を用いて次の極限値を求めよ．

(1) $\displaystyle\lim_{x\to 0}\frac{1}{x^2}\left(\frac{1}{\sqrt[3]{1+x}}-1+\frac{1}{3}x\right)$

(2) $\displaystyle\lim_{x\to 0}\left\{\frac{1}{x}-\frac{1}{x^2}\log(1+x)\right\}$

[解] $1/\sqrt[3]{1+x}=(1+x)^{-1/3}$ にマクローリンの定理 (p.64, $n=2$) を適用し第3項まで求める．

$$(1+x)^{-1/3} = 1+\left(-\frac{1}{3}\right)\frac{x}{1!}+\left(-\frac{1}{3}\right)\left(-\frac{4}{3}\right)\frac{x^2}{2!}(1+\theta x)^{(-1/3)-2}$$
$$= 1-\frac{x}{3}+\frac{2}{9}x^2(1+\theta x)^{-7/3} \quad (0<\theta<1)$$

$\therefore\ \displaystyle\lim_{x\to 0}\frac{1}{x^2}\left(\frac{1}{\sqrt[3]{1+x}}-1+\frac{1}{3}x\right) = \lim_{x\to 0}\frac{1}{x^2}\cdot\frac{2}{9}x^2(1+\theta x)^{-7/3}$

$\hspace{5cm} = \displaystyle\lim_{x\to 0}\frac{2}{9}(1+\theta x)^{-7/3} = \frac{2}{9}$

(2) $\log(1+x)$ にマクローリンの定理 (p.64, $n=3$) を適用して第3項まで求めると

$$\log(1+x) = x-\frac{x^2}{2}+\frac{x^3}{3}(1+\theta x)^{-3}\quad (0<\theta<1)$$

$\therefore\ \displaystyle\lim_{x\to 0}\left\{\frac{1}{x}-\frac{1}{x^2}\log(1+x)\right\} = \lim_{x\to 0}\left\{\frac{1}{x}-\frac{1}{x^2}\left(x-\frac{x^2}{2}+\frac{x^3}{3}(1+\theta x)^{-3}\right)\right\}$

$\hspace{5cm} = \displaystyle\lim_{x\to 0}\left\{\frac{1}{x}-\frac{1}{x}+\frac{1}{2}-\frac{x}{3}(1+\theta x)^{-3}\right\}$

$\hspace{5cm} = \displaystyle\lim_{x\to 0}\left\{\frac{1}{2}-\frac{x}{3}(1+\theta x)^{-3}\right\} = \frac{1}{2}$

**演習 2.5** マクローリンの定理を用いて次の極限値を求めよ．

(1) $\displaystyle\lim_{x\to 0}\frac{e^x-e^{-x}}{x}$
(2) $\displaystyle\lim_{x\to 0}\frac{x-\sin x}{x^3}$

## 研究 I 数列や級数の極限 (2)

ここでは第 1 章の数列や級数の極限 (1) に続いて，数列や級数の極限に関する基本的な性質について述べる．

**例 2.17**
(1) $a > 1$ のとき，$a^n \to \infty \ (n \to \infty)$
(2) $|a| < 1 \ (a \neq 0)$ のとき $a^n \to 0 \ (n \to \infty)$
であることを証明せよ．

[証明] (1) $a = 1 + h \ (h > 0)$ とおく．2 項定理により，
$$a^n = (1+h)^n$$
$$= 1 + nh + n(n-1)h^2/2 + \cdots + h^n > nh$$
となる．ここで $n \to \infty$ とすると $a^n \to \infty$.

(2) $-1 < a < 1 \ (a \neq 0)$ のとき $\dfrac{1}{a} = b$ とおくと，$b > 1$ または $b < -1$ であり，(1) より $|b^n| \to \infty \ (n \to \infty)$ である．よって $|a^n| = \dfrac{1}{|b^n|} \to 0 \ (n \to \infty)$ となって，$a^n \to 0 \ (n \to \infty)$ である． ■

**例 2.18** (級数展開の補助定理 (p.67))　任意の実数 $a \ (a \neq 0)$ に対して
$$\lim_{n \to \infty} \frac{a^n}{n!} = 0$$
を示せ．

[証明] $\dfrac{|a|}{N} < \dfrac{1}{2}$ となるような $N$ をとると，
$$n! = N!(N+1)(N+2)\cdots n > N! N^{n-N}$$
となる．これより
$$\frac{|a|^n}{n!} < \frac{|a|^N}{N!}\left(\frac{|a|}{N}\right)^{n-N} < \frac{|a|^N}{N!}\left(\frac{1}{2}\right)^{n-N} = \frac{|a|^N}{N!}\left(\frac{1}{2}\right)^{-N}\left(\frac{1}{2}\right)^n$$
よって上記例 2.17 (2) より $\left(\dfrac{1}{2}\right)^n \to 0 \ (n \to \infty)$. ゆえに $\dfrac{|a|^n}{n!} \to 0 \ (n \to \infty)$ である．すなわち $\dfrac{a^n}{n!} \to 0 \ (n \to \infty)$ である． ■

**例 2.19** $\sum_{n=1}^{\infty} \frac{1}{n^p}$ は $p > 1$ のとき，収束し，$0 < p \leqq 1$ のとき発散することを証明せよ．

[証明]　(i) $p > 1$ のとき $\sum \frac{1}{n^p}$ の項を括弧でくくった級数

$$\frac{1}{1^p} + \left(\frac{1}{2^p} + \frac{1}{3^p}\right) + \left(\frac{1}{4^p} + \frac{1}{5^p} + \frac{1}{6^p} + \frac{1}{7^p}\right) + \cdots + \left(\frac{1}{(2^m)^p} + \cdots + \frac{1}{(2^{m+1} - 1)^p}\right) + \cdots$$

を考える．

$$\frac{1}{2^p} + \frac{1}{3^p} < \frac{2}{2^p} = \frac{1}{2^{p-1}}, \quad \frac{1}{4^p} + \frac{1}{5^p} + \frac{1}{6^p} + \frac{1}{7^p} < \frac{4}{4^p} = \left(\frac{1}{2^{p-1}}\right), \quad \cdots,$$

$$\left(\frac{1}{(2^m)^p} + \cdots + \frac{1}{(2^{m+1} - 1)^p}\right) < \frac{2^m}{(2^m)^p} = \left(\frac{1}{2^{p-1}}\right)^m$$

ゆえに，

$$\sum_{n=1}^{2^{m+1}-p} \frac{1}{n^p} < \sum_{m=1}^{\infty} \left(\frac{1}{2^{p-1}}\right)^m = \frac{2^{p-1}}{2^{p-1} - 1}$$

したがってすべての $n$ に対して $\sum_{k=1}^{n} \frac{1}{k^p} < \frac{2^{p-1}}{2^{p-1} - 1}$ となり，定理 1.14 (p.41) により $\sum \frac{1}{n^p} \ (p > 1)$ は収束する．

(ii) $0 < p \leqq 1$ のときは

$$\left(1 + \frac{1}{2^p}\right) + \left(\frac{1}{3^p} + \frac{1}{4^p}\right) + \cdots + \left(\frac{1}{(2^m + 1)^p} + \cdots + \frac{1}{(2^{m+1})^p}\right) + \cdots$$

を考えると

$$1 + \frac{1}{2^p} \geqq 1 + \frac{1}{2}, \quad \frac{1}{3^p} + \frac{1}{4^p} > \frac{1}{4} + \frac{1}{4} = \frac{1}{2}, \quad \cdots,$$

$$\frac{1}{(2^m + 1)^p} + \cdots + \frac{1}{(2^{m+1})^p} > \frac{1}{2^{m+1}} + \cdots + \frac{1}{2^{m+1}} = \frac{1}{2}$$

ゆえに $\sum_{n=1}^{2^{m+1}} \frac{1}{n^p} > 1 + \frac{m+1}{2} \to \infty \ (m \to \infty)$ であるので $\sum \frac{1}{n^p} \ (0 < p \leqq 1)$ は発散する．■

**追記 2.12** 例 2.19 で $p = 1$ としたときの級数 $1 + \frac{1}{2} + \frac{1}{3} + \cdots + \frac{1}{n} + \cdots$ を調和級数という．調和級数は発散する．

## 研究Ⅱ ニュートン法

閉区間 $[a,b]$ で $f(x)$ は 2 回微分可能な関数で $f''(x)$ は連続とする．いま，$f''(x) > 0$ で，$f(a) > 0$, $f(b) < 0$ とするとき，
(1) 方程式 $f(x) = 0$ は $a$ と $b$ との間にただ 1 つの解 $c$ をもつことを示せ．
(2) $a_1 = a - \dfrac{f(a)}{f'(a)}$, $\cdots$, $a_{n+1} = a_n - \dfrac{f(a_n)}{f'(a_n)}$, $\cdots$
とするとき，$a_n \to c$ $(n \to \infty)$ であることを証明せよ (ニュートン法)．

[証明] (1) $f(x) = 0$ が $a$ と $b$ との間に少なくとも 1 つの解をもつことは，中間値の定理 (p.14) より明らかである．次にただ 1 つの解 $c$ をもつことを示す．

いま 2 つの解 $c_1, c_2$ $(a < c_1 < c_2 < b)$ をもつとする．仮定から $f(x)$ は下に凸であるので p.68 の (2.8) より，

$$0 = \frac{f(c_2) - f(c_1)}{c_2 - c_1} < \frac{f(b) - f(c_2)}{b - c_2} = \frac{f(b)}{b - c_2} \quad (\because \quad f(c_1) = f(c_2) = 0)$$

これは $f(b) < 0$ に反する．したがって，$f(x) = 0$ は $a$ と $b$ との間にただ 1 つの解 $c$ をもつ．

(2) 点 $A(a, f(a))$ における接線 $y - f(a) = f'(a)(x - a)$ と $x$ 軸との交点は (⇨ 図 2.12)，

$$x = a - \frac{f(a)}{f'(a)} \quad (= a_1 とおく) \tag{2.12}$$

いま $n = 2$ のときのテーラーの定理 (p.62) により

$$0 = f(c) = f(a) + f'(a)(c - a) + \frac{f''(d)}{2!}(c - a)^2 \quad (a < d < c) \tag{2.13}$$

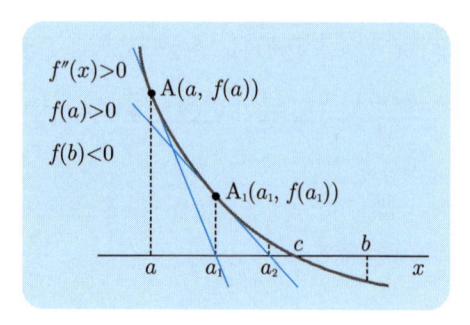

図 2.12

(2.12) より $f'(a)$ を求め，これを (2.13) に代入すると，$f(a) > 0$, $f''(d) > 0$ より

$$\frac{a_1 - c}{a - a_1} = \frac{f''(d)(c-a)^2}{2f(a)} > 0$$

よって $a < a_1 < c$ となる．

同様に $A_1(a_1, f(a_1))$ における接線と $x$ 軸との交点を $a_2$ とし，以下これをくり返して得られる数列は，

$$a_{n+1} = a_n - \frac{f(a_n)}{f'(a_n)} \tag{2.14}$$

すなわち

$$a < a_1 < a_2 < \cdots < a_n < \cdots < c$$

つまりこの数列は単調増加で上に有界である．ゆえに定理 1.14 (p.41) により極限値が存在し，これを $\alpha$ とすると $a_n \to \alpha$ $(n \to \infty)$ で $\alpha \leqq c$ である．

いま (2.14) において $n \to \infty$ とすると，

$$\alpha = \alpha - \frac{f(\alpha)}{f'(\alpha)}$$

となり $f(\alpha) = 0$ である．前半の証明 (1) により $f(x) = 0$ の解は $c$ 以外にないから，$\alpha = c$ である．

$f''(x) < 0$, $f(a) < 0$, $f(b) > 0$ のときも同様に議論できる (⇨ 図 2.13)．■

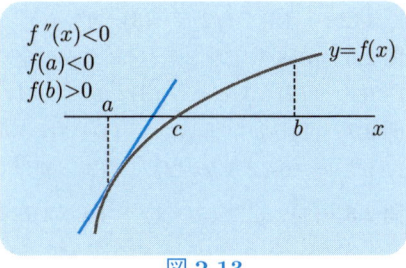

図 2.13

**例 2.20** 方程式 $x^3 - 3x + 1 = 0$ が 0 と 1 の間にただ 1 つの解をもつことを示せ．また $a_1 = 0$ を第 1 近似値として，第 2，第 3 近似値を求めよ．

[**解**] ニュートン法 (p.76) を用いる．

$f(x) = x^3 - 3x + 1$ とおくとき，$f'(x) = 3x^2 - 3$, $f''(x) = 6x$. $(0,1)$ で $f''(x) > 0$, $f(0) = 1 > 0$, $f(1) = -1 < 0$ であるので (1) より方程式 $f(x) = 0$ は 0 と 1 との間にただ 1 つの解をもつ．

次に (2) により，$a_1 = 0$ を第 1 近似値とすると，第 2 近似値 $a_2$，第 3 近似値 $a_3$ は，

$$a_2 = 0 - f(0)/f'(0) = 1/3$$
$$a_3 = 1/3 - f(1/3)/f'(1/3) \fallingdotseq 0.347 \quad ■$$

## 問の解答（第 2 章）

**問 2.1**  $1/2$

**問 2.2**  $\log(e-1)$

**問 2.3**  (1)  $f(x) = e^x$, $g(x) = 1 + x + x^2/2$ とし例 2.2 (p.52) を用いよ．または定理 2.4 (p.52) を 2 度用いてもよい．
(2)  $f(x) = x - \sin x$ とおいて定理 2.4 (p.52) を用いよ．$g(x) = \sin x - (x - x^3/6)$ とおいて，例 2.2 (p.52) を用いよ．

**問 2.4**  (1) 極大値は $f(e) = 1/e$  (2) 極大値は $f(1/3) = 32/27$，極小値は $f(-1) = f(1) = 0$  (3) 極大値は $f(\sqrt{2}) = 2\sqrt{2}$，極小値はなし
(4) 極大値は $f(3/2) = 3\sqrt{3}/4$

**問 2.5**  p.56 の定理 2.6 (ロピタルの定理 $0/0$ 型) を用いる．
(1)  $1/2$  (2)  $1/2$  (3)  $4$

**問 2.6**  p.58 の定理 2.7 (ロピタルの定理 $\infty/\infty$ 型) を用いる．
(1)  $0$  (2)  $1/e$  (3)  $1$  (4)  $1$  (5)  $0$

**問 2.7**  (1)  $y^{(n)} = \alpha(\alpha - 1) \cdots (\alpha - n + 1) x^{\alpha - n}$
(2)  $y^{(n)} = \cos(x + n\pi/2)$  (3)  $y^{(n)} = a^x (\log a)^n$

**問 2.8**  (1)  $y^{(n)} = (-1)^{n-1}(n-1)! \dfrac{1}{(1+x)^n}$
(2)  $y^{(n)} = e^x \{x^2 + (2n+1)x + n^2 + 1\}$

**問 2.9**  数学的帰納法を用いる．

**問 2.10**  仮定より $f^{(n-1)}(x)$ は $[a,b]$ で連続であり，$(b-x)^n$ は $[a,b]$ で連続であるので $F(x)$ は $[a,b]$ で連続である．次に仮定より $f^{(n-1)}(x)$ は $(a,b)$ で微分可能で $(b-x)^n$ も $(a,b)$ で微分可能であるので $F(x)$ は $(a,b)$ で微分可能である．さらに $F(a) = 0$, $F(b) = 0$ である．よって $F(x)$ はロルの定理 (p.48) の条件を満足する．

**問 2.11**  $f(x) = e^x$ とおくと，$f^{(n)}(x) = e^x$ から，$f^{(n)}(0) = 1$．よって
$$e^x = 1 + x + \frac{x^2}{2!} + \cdots + \frac{x^{n-1}}{(n-1)!} + \frac{x^n}{n!} e^{\theta x} \quad (0 < \theta < 1)$$

$f(x) = \sin x$ とおくと，$f^{(n)}(x) = \sin(x + n\pi/2)$．
$$f(0) = 0, \quad f'(0) = 1, \quad f''(0) = 0, \quad f'''(0) = -1, \quad \cdots$$

$$\therefore \quad \sin x = \frac{x}{1!} - \frac{x^3}{3!} + \frac{x^5}{5!} - \cdots + (-1)^{m-1}\frac{x^{2m-1}}{(2m-1)!}$$
$$+ \frac{x^{2m+1}}{(2m+1)!}\sin\left(\theta x + \frac{2m+1}{2}\pi\right) \quad (0 < \theta < 1)$$

同様にして, $\cos x$ を得る.

$f(x) = \log(1+x)$ とおくと, $f^{(n)}(x) = (-1)^{n-1}\dfrac{(n-1)!}{(1+x)^n}$. よって,

$$f(0) = 0, \quad f'(0) = 1, \quad f''(0) = -1, \quad f'''(0) = 2!, \quad \cdots,$$
$$f^{(n)}(0) = (-1)^{n-1}(n-1)!$$

$$\therefore \quad \log(1+x) = x - \frac{x^2}{2} + \frac{x^3}{3} - \cdots + (-1)^{n-2}\frac{x^{n-1}}{n-1} + \frac{(-1)^{n-1}}{n}\left(\frac{x}{1+\theta x}\right)^n$$
$$(0 < \theta < 1)$$

**問 2.12** (1) $\log\dfrac{1+x}{1-x} = 2\left(x + \dfrac{x^3}{3} + \cdots + \dfrac{x^{2n-1}}{2n-1} + \cdots\right) \quad (|x| < 1)$

(2) $\dfrac{1}{\sqrt{1+x}} = 1 + \displaystyle\sum_{n=1}^{\infty}\left(-\dfrac{1}{2}\right)\left(-\dfrac{1}{2}-1\right)\cdots\left(-\dfrac{1}{2}-n+1\right)\dfrac{x^n}{n!} \quad (|x| < 1)$

**問 2.13** (1) $y' = \sqrt{2}e^{-x}\cos(x+\pi/4), \quad y'' = -2e^{-x}\cos x$

| $x$ | 0 | | $\pi/4$ | | $5\pi/4$ | | $2\pi$ |
|---|---|---|---|---|---|---|---|
| $y'$ | 1 | + | 0 | − | 0 | + | $e^{-2\pi}$ |
| $y$ | 0 | ↗ | 極大 | ↘ | 極小 | ↗ | 0 |

| $x$ | 0 | | $\pi/2$ | | $3\pi/2$ | | $2\pi$ |
|---|---|---|---|---|---|---|---|
| $y''$ | −2 | − | 0 | + | 0 | − | $2e^{-2\pi}$ |
| $y$ | | ∩ | 変曲点 | ∪ | 変曲点 | ∩ | |

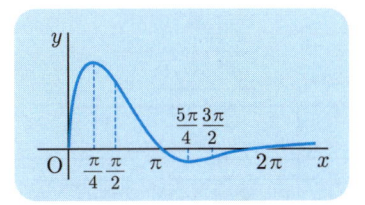

(2) $y' = \dfrac{1 - \log x}{x^2}, \quad y'' = \dfrac{2\log x - 3}{x^3}$

| $x$ | 0 | | $e$ | |
|---|---|---|---|---|
| $y'$ | | + | 0 | − |
| $y$ | | ↗ | $1/e$ | ↘ |

| $x$ | 0 | | $e^{3/2}$ | |
|---|---|---|---|---|
| $y''$ | | − | 0 | + |
| $y$ | | ∩ | 変曲点 | ∪ |

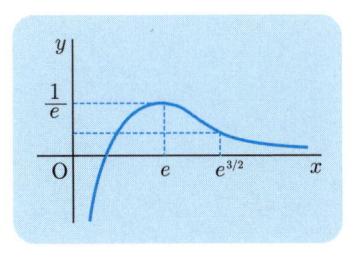

## 演習問題解答（第2章）

**演習 2.1** $x, x+1$ の間で平均値の定理 (p.50) を用いる．

**演習 2.2** $g(x) = e^{-\lambda x} f(x)$ とおくと $g(x)$ は $a, b$ を含む区間で微分可能であり，$g(a) = g(b) = 0$ となる．ゆえにロルの定理 (p.48) から $g'(c) = 0$ となる $c$ が $a$ と $b$ の間に存在する．いま，$g'(c) = -\lambda e^{-\lambda c} + e^{-\lambda c} f'(c)$, $e^{-\lambda c} \neq 0$ であるから $f'(c) = \lambda f(c)$.

**演習 2.3** $2a^3/27$

**演習 2.4** (1) $y' = \log x + 1$, $y'' = 1/x$

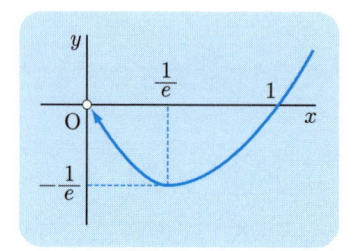

| $x$ | 0 | | $1/e$ | |
|---|---|---|---|---|
| $y'$ | | $-$ | 0 | $+$ |
| $y$ | | ↘ | $-1/e$ | ↗ |

(2) $y' = -xe^{-x^2/2}$, $y'' = e^{-x^2/2}(x^2 - 1)$

| $x$ | | 0 | |
|---|---|---|---|
| $y'$ | $+$ | 0 | $-$ |
| $y$ | ↗ | 1 | ↘ |

| $x$ | | $-1$ | | 1 | |
|---|---|---|---|---|---|
| $y''$ | $+$ | 0 | $-$ | 0 | $+$ |
| $y$ | ∪ | 変曲点 | ∩ | 変曲点 | ∪ |

**演習 2.5** (1) 2 (2) $1/6$

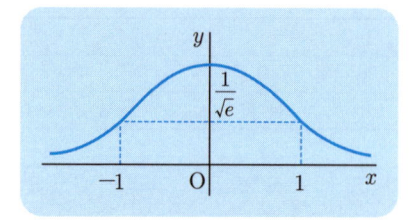

# 第3章

# 積分法

**本章の目的** 　微分の逆の演算として不定積分を定義し，初等関数の不定積分の計算をまとめておく．ついで不定積分をもつような関数について定積分を定義し，面積について考える．

最後に，これまでは閉区間で連続な関数について，定積分を考えたが，区間内にいくつかの不連続点がある場合や，積分区間を無限にした場合の定積分，つまり広義積分に言及する．

---

**本章の内容**

3.1 不定積分
3.2 いろいろな関数の不定積分
3.3 定積分
3.4 広義積分
　　（特異積分と無限積分）
研究　ガンマ関数とベータ関数
　　　の収束

## 3.1 不定積分

**不定積分 (原始関数)** 一般に1つの区間内で関数 $f(x)$ を考えたとき
$$F'(x) = f(x) \tag{3.1}$$
となるような $F(x)$ を $f(x)$ の**不定積分**または**原始関数**といい
$$F(x) = \int f(x)dx \tag{3.2}$$
で表す．すなわち (3.1) と (3.2) は同じことで記法を変えたにすぎない．記号 $\int$ を**積分記号**，$f(x)$ から不定積分 $F(x)$ を求めることを**積分する**という．

**定理 3.1 (積分定数)** $f(x)$ の1つの不定積分を $F(x)$ とすると，$f(x)$ の不定積分は一般に次のように表される．
$$F(x) + C \quad (C \text{ は定数})$$

[証明] $f(x)$ の不定積分が2つ以上あったとして，そのうちの2つを $F(x)$, $G(x)$ とする．つまり
$$F'(x) = f(x), \quad G'(x) = f(x)$$
であるから $F'(x) = G'(x)$，すなわち $G'(x) - F'(x) = 0$ が成り立つ．ゆえに例2.1 (p.51) によって $G(x) = F(x) + C$ と表される．∎

この定数 $C$ を**積分定数**という．不定積分というときは積分定数を無視し，書かないのが普通である．以下でもその慣例に従う．

整式，有理式，無理式，三角関数，指数関数，対数関数をもとにして，四則演算，合成，逆関数をつくることなどの操作を有限回行って得られる関数を一般に**初等関数**といっているが，初等関数の導関数を求めることはすでに学習したことである．しかし初等関数の不定積分はそれが連続な区間では存在するけれども，必ずしも初等関数になるとは限らないのである．

この章では主として初等関数の不定積分のうちやはり初等関数になるようなものの求め方について述べよう．そして関数が連続であるような区間だけでその不定積分を求めることにし，形式的な計算方法を述べるにとどめる (⇨ 例3.1)．

## 3.1 不定積分

● **より理解を深めるために** ●

**例 3.1** $\int \frac{1}{x}dx = \log|x|$ であるが，$\frac{1}{x}$ は $x=0$ を含む区間では $x=0$ は定義されていないので，$x=0$ を含まない区間で考えることにする．

簡単な関数の不定積分は微分の公式をもとにして求めることができる．■

### 不定積分の基本公式

| 関数 $f(x)$ | 不定積分 $\int f(x)dx$ | 関数 $f(x)$ | 不定積分 $\int f(x)dx$ |
|---|---|---|---|
| $(x-a)^\alpha$ ($\alpha \neq -1$, $\alpha$は実数) | $\dfrac{(x-a)^{\alpha+1}}{\alpha+1}$ | $\sqrt{a^2-x^2}$ ($a>0$) | $\dfrac{1}{2}\left(x\sqrt{a^2-x^2}+a^2\sin^{-1}\dfrac{x}{a}\right)$ |
| $(x\pm a)^{-1}$ | $\log|x\pm a|$ | $\sqrt{x^2\pm a^2}$ ($a\neq 0$) | $\dfrac{1}{2}\{x\sqrt{x^2\pm a^2} \pm a^2\log(x+\sqrt{x^2\pm a^2})\}$ |
| $\dfrac{1}{x^2+a^2}$ ($a\neq 0$) | $\dfrac{1}{a}\tan^{-1}\dfrac{x}{a}$ | $\sin x$ | $-\cos x$ |
|  |  | $\cos x$ | $\sin x$ |
| $\dfrac{1}{x^2-a^2}$ ($a\neq 0$) | $\dfrac{1}{2a}\log\left|\dfrac{x-a}{x+a}\right|$ | $\sec^2 x$ | $\tan x$ |
|  |  | $\text{cosec}^2 x$ | $-\cot x$ |
| $\dfrac{1}{\sqrt{a^2-x^2}}$ ($a>0$) | $\sin^{-1}\dfrac{x}{a}$ | $\tan x$ | $-\log|\cos x|$ |
|  |  | $\cot x^\dagger$ | $\log|\sin x|$ |
| $\dfrac{1}{\sqrt{x^2+a}}$ ($a\neq 0$) | $\log|x+\sqrt{x^2+a}|$ | $\sec x^\dagger$ | $\log\left|\tan\left(\dfrac{x}{2}+\dfrac{\pi}{4}\right)\right|$ |
|  |  | $\text{cosec}\,x^\dagger$ | $\log\left|\tan\dfrac{x}{2}\right|$ |
|  |  | $e^x$ | $e^x$ |

$\dagger$  $\sec x = \dfrac{1}{\cos x}$, $\quad \text{cosec}\,x = \dfrac{1}{\sin x}$, $\quad \cot x = \dfrac{1}{\tan x}$

---

(解答は章末 p.117 以降に掲載されています．)

**問 3.1*** 微分することにより，上記「不定積分の基本公式」を確かめよ．

---

*「基本演習微分積分」(サイエンス社) p.38 の問題 1.2 参照．

## 不定積分の基本的な性質

**定理 3.2** (不定積分の線形性)
( i ) $\displaystyle\int \{f(x) \pm g(x)\}dx = \int f(x)dx \pm \int g(x)dx$

(ii) $\displaystyle\int kf(x)dx = k\int f(x)dx$　　($k$ は定数)

[証明] 積分定数は無視するから両辺の導関数は等しい． ■

## 部分積分法

**定理 3.3** (部分積分法)
(iii) $\displaystyle\int f(x)g'(x)dx = f(x)g(x) - \int f'(x)g(x)dx$

(iv) $\displaystyle\int f(x)dx = xf(x) - \int xf'(x)dx$

[証明] $\dfrac{d}{dx}(f(x)g(x)) = f(x)\dfrac{dg(x)}{dx} + g(x)\dfrac{df(x)}{dx}$

$\therefore\ f(x)\dfrac{dg(x)}{dx} = \dfrac{d(f(x)g(x))}{dx} - g(x)\dfrac{df(x)}{dx}$

そこでこの両辺を $x$ で積分すると，

$$\int f(x)\dfrac{dg(x)}{dx}dx = f(x)g(x) - \int g(x)\dfrac{df(x)}{dx}dx$$

次に (iv) を証明する．(iii) で $g'(x) = 1$ とすると，

$$\int 1 \cdot f(x)dx = xf(x) - \int xf'(x)dx \quad ■$$

● **より理解を深めるために** ●

**例 3.2** $f(x) = \log x,\ g'(x) = x$ とおくと，

$$\begin{aligned}\int x\log x\,dx &= \dfrac{1}{2}x^2\log x - \dfrac{1}{2}\int x^2 \cdot \dfrac{1}{x}dx \\ &= \dfrac{1}{2}x^2\log x - \dfrac{1}{2}\cdot\dfrac{1}{2}x^2 = \dfrac{1}{2}x^2\log x - \dfrac{x^2}{4} \quad ■\end{aligned}$$

## 3.1 不定積分

**例 3.3** $\int \dfrac{1}{1-x^2}dx$ を求めよ.

[解] $\int \dfrac{1}{1-x^2}dx = -\int \dfrac{1}{x^2-1}dx = -\dfrac{1}{2}\log\left|\dfrac{x-1}{x+1}\right|$ ■

**例 3.4** $I_1(x) = \displaystyle\int e^{ax}\cos bx\, dx,\ I_2(x) = \int e^{ax}\sin bx\, dx$ のとき

$$\begin{aligned}
I_1(x) &= e^{ax}\cdot\dfrac{1}{b}\sin bx - \int ae^{ax}\cdot\dfrac{1}{b}\sin bx\, dx\\
&= \dfrac{1}{b}e^{ax}\sin bx - \dfrac{a}{b}I_2(x)\\
I_2(x) &= e^{ax}\cdot\left(-\dfrac{1}{b}\cos bx\right) - \int ae^{ax}\cdot\left(-\dfrac{1}{b}\cos bx\right)dx\\
&= -\dfrac{1}{b}e^{ax}\cos bx + \dfrac{a}{b}I_1(x)
\end{aligned}$$

この 2 式を $I_1(x), I_2(x)$ について解くと, 次の公式を得る. ■

$$\int e^{ax}\cos bx\, dx = \dfrac{e^{ax}}{a^2+b^2}(a\cos bx + b\sin bx)$$

$$\int e^{ax}\sin bx\, dx = \dfrac{e^{ax}}{a^2+b^2}(a\sin bx - b\cos bx)$$

---

**問 3.2**$^*$　次の関数を積分せよ.

(1) $2e^x + 3\cos x$　　(2) $\dfrac{5}{4x^2+3}$　　(3) $\dfrac{3}{\sqrt{5x^2+4}}$

(4) $\dfrac{4}{\sqrt{3x^2-6}}$　　(5) $\dfrac{1}{\sqrt{16-9x^2}}$

**問 3.3**$^{**}$　部分積分法により次の関数を積分せよ.

(1) $x^2\cos x$　　　　　　　　(2) $\cos x \log\sin x$

---

$^*$「基本演習微分積分」(サイエンス社) p.38 の問題 1.1 (5), p.39 の例題 2 (1) 〜(4) 参照.

$^{**}$「基本演習微分積分」(サイエンス社) p.41 の例題 4 (2), 問題 4.1 (1) 参照.

**置換積分法** $f(x)$ の不定積分が求めにくいときでも，$x$ を他の変数 $g(t)$ と置きかえると簡単に積分できることがある．

**定理 3.4** (置換積分法)

(v) $x = g(t)$ のとき
$$\int f(x)dx = \int f(g(t))g'(t)dt$$

(vi) $\int \dfrac{f'(x)}{f(x)}dx = \log|f(x)|$

[証明] (v) $f(x)$ の原始関数を $F(x)$ とするとき，$F(x) = F(g(t))$ は $t$ の関数であり，
$$\frac{d}{dt}F(x) = \frac{d}{dx}F(x) \cdot \frac{dx}{dt} = f(x) \cdot g'(t) = f(g(t))g'(t)$$
すなわち $F(g(t))$ は $f(g(t))g'(t)$ の原始関数である．よって
$$\int f(g(t))g'(t)dt = F(g(t)) = F(x) = \int f(x)dx$$

(vi) $f(x) = t$ とおくと $f'(x)dx = dt$ となる．ゆえに
$$\int \frac{f'(x)}{f(x)}dx = \int \frac{dt}{t} = \log|t| = \log|f(x)| \quad \blacksquare$$

**注意 3.1** $\dfrac{dx}{dt} = g'(t)$ であるから，これを形式的に $dx = g'(t)dt$ と書けば，この置換積分の公式は，$f(x)$ を $f(g(t))$，$dx$ を $g'(t)dt$ と書きかえればよい．

● **より理解を深めるために** ●

**例 3.5** (1) $\int \dfrac{x}{1+x^2}dx$ では $\dfrac{2x}{1+x^2}$ が $\dfrac{f'(x)}{f(x)}$ の形である．したがって
$$\int \frac{x}{1+x^2}dx = \int \frac{1}{2} \cdot \frac{2x}{1+x^2}dx = \frac{1}{2}\log(1+x^2)$$

(2) $I = \int (ax+b)^n dx \ (n \neq -1)$ では $ax+b = t$ とおくと $dx = \dfrac{dt}{a}$，
$$I = \int t^n \frac{dt}{a} = \frac{1}{a}\int t^n dt = \frac{1}{a}\frac{t^{n+1}}{n+1} = \frac{(ax+b)^{n+1}}{a(n+1)} \quad \blacksquare$$

## 3.1 不定積分

**例 3.6** $x = 2\sin t$ と置換することにより $\sqrt{4-x^2}$ の不定積分を求めよ.

[解] $x = 2\sin t \left(-\dfrac{\pi}{2} \leqq t \leqq \dfrac{\pi}{2}\right)$ とおく. $dx = 2\cos t\, dt$ となるから,

$$I = \int \sqrt{4 - 4\sin^2 t}\, 2\cos t\, dt$$

いま, $-\dfrac{\pi}{2} \leqq t \leqq \dfrac{\pi}{2}$ であるので, $\sqrt{\cos^2 t} = \cos t$ である. ゆえに

$$I = 4\int \cos^2 t\, dt = 2\int (1 + \cos 2t)dt = 2\left(t + \dfrac{\sin 2t}{2}\right)$$

これを $x$ で表すには,

$$t = \sin^{-1}\dfrac{x}{2}, \quad \sin 2t = 2\sin t \cos t = x\sqrt{1 - \dfrac{x^2}{4}}$$

を上式に代入して,

$$I = 2\sin^{-1}\dfrac{x}{2} + \dfrac{1}{2}x\sqrt{4-x^2} \quad \blacksquare$$

**例 3.7** (1) $\displaystyle\int \tan x\, dx = \int \dfrac{\sin x}{\cos x}dx = -\int \dfrac{(\cos x)'}{\cos x}dx$
$= -\log|\cos x|$

(2) $\displaystyle\int \dfrac{dx}{\sin x} = \dfrac{1}{2}\int \dfrac{dx}{\sin\dfrac{x}{2}\cos\dfrac{x}{2}} = \dfrac{1}{2}\int \dfrac{\sec^2\dfrac{x}{2}}{\tan\dfrac{x}{2}}dx = \int \dfrac{\left(\tan\dfrac{x}{2}\right)'}{\tan\dfrac{x}{2}}dx$

$= \log\left|\tan\dfrac{x}{2}\right| \quad \blacksquare$

---

**問 3.4**<sup>*</sup> 次の関数を積分せよ.

(1) $\dfrac{1}{(4-x^2)^{3/2}}$

(2) $\dfrac{3x}{\sqrt{1-x^4}}$

(3) $\dfrac{x^2}{x^6 - 1}$

---

\* それぞれ次のようにおいて置換積分法を用いよ.
(1) $x = 2\sin t$ (2) $x^2 = t$ (3) $x^3 = t$
「基本演習微分積分」(サイエンス社) p.40 の問題 3.1 (2), (3), (4) 参照.

## 3.2 いろいろな関数の不定積分

この節では特別な形の関数についてその不定積分の計算方法を説明する．電子技術の発展にともない，次節で述べる定積分の数値計算だけでなく，不定積分までコンピュータで計算できることになった．しかしその計算の基本事項については学んでおく必要があると考える．

**有理関数の部分分数展開**（⇨ 例 3.8） $P(x), Q(x)$ を $x$ の多項式とする．有理関数 $P(x)/Q(x)$ において，分子の $P(x)$ の次数が分母の $Q(x)$ の次数よりも高いときは割り算を行って

$$\frac{P(x)}{Q(x)} = R(x)\ (x \text{の多項式}) + \frac{S(x)}{Q(x)}\ (S(x) \text{の次数} < Q(x) \text{の次数})$$

の形にすることができる (⇨ 式 (3.3))．

$Q(x)$ は 1 次式と虚数解をもつ 2 次式の積に因数分解できる．$Q(x)$ の分解に応じて $S(x)/Q(x)$ は次のような形をもつ分数式で表せることが知られている．

$$\frac{A}{(x-a)^k}, \quad \frac{Bx+C}{\{(x-p)^2+q^2\}^m} \quad (q>0)$$

このことを**部分分数展開**という (⇨ 式 (3.4), 式 (3.5))．

**有理関数の積分** 部分分数展開により，有理関数の積分は多項式の積分と

$$(\text{i}) \int \frac{A}{(x-a)^k}dx \quad (\text{ii}) \int \frac{Bx+C}{\{(x-p)^2+q^2\}^m}dx \quad (q>0)$$

の形の積分に帰着される．さらに (ii) は $x-p=u$ とおくことによって，

$$(\text{iii}) \int \frac{u}{(u^2+q^2)^m}du \quad (\text{iv}) \int \frac{du}{(u^2+q^2)^m}$$

に帰着される．(i) と (iii) はそれぞれ $t=x-a$, $t=u^2+q^2$ と置換することにより，すでに学んだ積分 $\int \frac{1}{t^k}dt$ になる．以上のことから，

(iv) $\int \frac{du}{(u^2+q^2)^m}$ の形の積分が計算できれば，有理関数の積分はすべて求めることができる．この形の積分は p.90 で行う．

## 3.2 いろいろな関数の不定積分

● **より理解を深めるために** ●

**例 3.8** 次の有理関数を部分分数に展開せよ．
$$\frac{x^4 - 3x^2 + 3x - 7}{(x+2)(x-1)^2}$$

[解] 分子の次数が分母の次数より高いので割り算を行って

$$\frac{x^4 - 3x^2 + 3x - 7}{(x+2)(x-1)^2} = x + \frac{x-7}{(x+2)(x-1)^2} \tag{3.3}$$

の形に直すことができる．有理関数の項は分母の形から

$$\frac{x-7}{(x+2)(x-1)^2} = \frac{A}{x+2} + \frac{B}{x-1} + \frac{C}{(x-1)^2}$$

とおく．定数 $A, B, C$ を求めよう．両辺に $(x+2)(x-1)^2$ をかけて

$$A(x-1)^2 + B(x-1)(x+2) + C(x+2) = x - 7$$

この式はすべての $x$ について成り立つ．よって両辺の $x^2$ の係数，$x$ の係数，定数項を比べて次の連立1次式方程式を得る．

$$A + B = 0, \quad -2A + B + C = 1, \quad A - 2B + 2C = -7$$

これから，$A = -1, B = 1, C = -2$．よって

$$\frac{x-7}{(x+2)(x-1)^2} = \frac{-1}{x+2} + \frac{1}{x-1} - \frac{2}{(x-1)^2} \tag{3.4}$$

$$\therefore \quad \frac{x^4 - 3x^2 + 3x - 7}{(x+2)(x-1)^2} = x + \frac{-1}{x+2} + \frac{1}{x-1} - \frac{2}{(x-1)^2} \quad \blacksquare \tag{3.5}$$

**問 3.5*** 次の有理関数を部分分数に展開せよ．

(1) $\dfrac{1}{x^3 + 1}$

(2) $\dfrac{x^3 + 1}{x(x-1)^3}$

(3) $\dfrac{2x}{(x+1)(x^2+1)^2}$

---

* (3) は $\dfrac{2x}{(x+1)(x^2+1)^2} = \dfrac{A}{x+1} + \dfrac{Bx+C}{(x^2+1)^2} + \dfrac{Dx+E}{x^2+1}$ とおいて例 3.8 のように分母を払い，$A, B, C, D, E$ を求めよ．「基本演習微分積分」(サイエンス社) p.44 の問題 7.1 (4), (2), 例題 7 参照．

**$I_n = \int \dfrac{dx}{(x^2+a^2)^n}$ ($a>0$, $n=2,3,\cdots$) の計算法**　　$I_n$ については部分積分法を用いて，次のような漸化式が得られる．

$$I_n = \int \frac{dx}{(x^2+a^2)^n} = \frac{1}{2(n-1)a^2}\left\{\frac{x}{(x^2+a^2)^{n-1}} + (2n-3)I_{n-1}\right\}$$

($a > 0, n = 2, 3, \cdots$) であることを示せ．

[証明]　$I_{n-1} = \displaystyle\int 1 \cdot \frac{1}{(x^2+a^2)^{n-1}} dx$ に部分積分法を用いると，

$$\begin{aligned}
I_{n-1} &= x \cdot \frac{1}{(x^2+a^2)^{n-1}} - \int x \cdot \left\{-\frac{2(n-1)x}{(x^2+a^2)^n}\right\} dx \\
&= \frac{x}{(x^2+a^2)^{n-1}} + 2(n-1)\int \frac{x^2}{(x^2+a^2)^n} dx \\
&= \frac{x}{(x^2+a^2)^{n-1}} + 2(n-1)\int \frac{x^2+a^2-a^2}{(x^2+a^2)^n} dx \\
&= \frac{x}{(x^2+a^2)^{n-1}} + 2(n-1)I_{n-1} - 2(n-1)a^2 I_n
\end{aligned}$$

したがって，

$$2(n-1)a^2 I_n = \frac{x}{(x^2+a^2)^{n-1}} + (2n-3)I_{n-1}$$

$$\therefore\ I_n = \frac{1}{2(n-1)a^2}\left\{\frac{x}{(x^2+a^2)^{n-1}} + (2n-3)I_{n-1}\right\} \quad\blacksquare$$

**有理関数の積分**　　上記漸化式によって，$I_n$ を $I_{n-1}$ で表すことができたから，これをくり返し用いることによって $I_n$ の積分は結局

$$I_1 = \int \frac{1}{x^2+a^2} dx$$

に帰着される．この $I_1$ は p.83 の公式より，

$$I_1 = \int \frac{1}{x^2+a^2} dx = \frac{1}{a}\tan^{-1}\frac{x}{a}$$

となるので，p.88 で述べたこととあわせて，一般の有理関数の不定積分はこのような方法により求めることができる．

## 3.2 いろいろな関数の不定積分

● **より理解を深めるために** ●

**例 3.9** 左頁の漸化式を用いて $I_2 = \int \dfrac{dx}{(x^2+a^2)^2}$ を求めよ．

[解] $I_2 = \dfrac{1}{2a^2}\left\{\dfrac{x}{x^2+a^2} + I_1\right\}$

$= \dfrac{1}{2a^2}\left\{\dfrac{x}{x^2+a^2} + \dfrac{1}{a}\tan^{-1}\dfrac{x}{a}\right\}$ ■

**例 3.10** $\int \dfrac{x^4 - 3x^2 + 3x - 7}{(x+2)(x-1)^2} dx$ を求めよ．

[解] p.89 の式 (3.5) より

$$\int \dfrac{x^4 - 3x^2 + 3x - 7}{(x+2)(x-1)^2} dx = \int x\,dx - \int \dfrac{dx}{x+2} + \int \dfrac{dx}{x-1} - \int \dfrac{2dx}{(x-1)^2}$$

$$= \dfrac{x^2}{2} - \log|x+2| + \log|x-1| + \dfrac{2}{x-1}$$

$$= \dfrac{x^2}{2} + \log\left|\dfrac{x-1}{x+2}\right| + \dfrac{2}{x-1} \quad ■$$

**例 3.11** $\int \dfrac{x^3+1}{x(x-1)^3} dx$ を p.89 の問 3.5 (2) の結果を用いて計算せよ．

[解] $\int \dfrac{x^3+1}{x(x-1)^3} dx = \int \left\{\dfrac{-1}{x} + \dfrac{2}{x-1} + \dfrac{1}{(x-1)^2} + \dfrac{2}{(x-1)^3}\right\} dx$

$= \log \dfrac{(x-1)^2}{|x|} - \dfrac{1}{x-1} - \dfrac{1}{(x-1)^2}$ ■

---

**問 3.6**\* 次の積分を計算せよ．

(1) $\dfrac{1}{x^3+1}$　(p.89 の問 3.5 (1) 参照)

(2) $\dfrac{x^5+x^4-8}{x^3-4x}$

(3) $\dfrac{2x}{(x+1)(x^2+1)^2}$　(p.89 の問 3.5 (3) 参照)

---

\*「基本演習微分積分」(サイエンス社) p.44 の問題 7.1 (4), (1), 例題 7 参照．

**三角関数の積分法**

$$\frac{1+\sin x}{\sin x(1+\cos x)},\quad \frac{1}{2\sin x + \cos x}$$

のように $\cos x$ と $\sin x$ の有理関数 $f(\cos x,\sin x)$ の積分について考える．

（ i ） $\tan\dfrac{x}{2}=t$ とおくと，

$$\cos x = \frac{1-t^2}{1+t^2},\quad \sin x = \frac{2t}{1+t^2},\quad \frac{dx}{dt}=\frac{2}{1+t^2}$$

であるから

$$\int f(\cos x,\sin x)dx = \int f\left(\frac{1-t^2}{1+t^2},\frac{2t}{1+t^2}\right)\frac{2}{1+t^2}dt$$

となり，これは $t$ の有理関数の積分になる（⇨ 例 3.13 (1)）．

次に $u$ の有理関数 $f(u)$ に対して，

（ii） $\displaystyle\int f(\sin x)\cos x\,dx,\quad \int f(\cos x)\sin x\,dx$

はそれぞれ $\sin x = t$, $\cos x = t$ と置換することにより $t$ の有理関数の積分になる（⇨ 例 3.12）．

**指数関数の積分法**　有理関数 $f(u)$ に対して，$f(e^{ax})$ の積分は $e^{ax}=t$ とおけば $dx=\dfrac{1}{at}dt$ となるから

$$\int f(e^{ax})dx = \frac{1}{a}\int \frac{f(t)}{t}dt$$

となり有理関数の積分に帰着される（⇨ 例 3.13 (2)）．

● **より理解を深めるために** ●

**例 3.12**　$\int \tan^3 x\,dx$ を積分せよ．

[解] $\displaystyle I = \int \tan^3 x\,dx = \int \frac{\sin^3 x}{\cos^3 x}dx = \int \frac{1-\cos^2 x}{\cos^3 x}\sin x\,dx$

これより $\cos x = t$ とおくと，$-\sin x\,dx = dt$

$$I = \int \frac{1-t^2}{t^3}(-dt) = \int \frac{1}{t}dt - \int \frac{1}{t^3}dt = \log|t| + \frac{1}{2}\frac{1}{t^2}$$

$$= \log|\cos x| + \frac{1}{2}\frac{1}{\cos^2 x}\quad\blacksquare$$

## 3.2 いろいろな関数の不定積分

**例 3.13** 次の不定積分を計算せよ.

(1) $\displaystyle\int \frac{1+\sin x}{\sin x(1+\cos x)}dx$  (2) $\displaystyle\int \frac{dx}{e^{2x}-2e^x}$

[解] (1) $\tan\dfrac{x}{2}=t$ とおくと,

$$\int \frac{1+\sin x}{\sin x(1+\cos x)}dx = \int \frac{1+\dfrac{2t}{1+t^2}}{\dfrac{2t}{1+t^2}\left(1+\dfrac{1-t^2}{1+t^2}\right)}\frac{2}{1+t^2}dt$$

$$= \int \frac{1+t^2+2t}{2t}dt = \frac{1}{2}\int\left(\frac{1}{t}+t+2\right)dt$$

$$= \frac{1}{2}\left(\log|t|+\frac{t^2}{2}+2t\right)$$

$$= \frac{1}{2}\left(\log\left|\tan\frac{x}{2}\right|+\frac{1}{2}\tan^2\frac{x}{2}+2\tan\frac{x}{2}\right)$$

(2) $e^x=t$ とおくと, $x=\log t$, $dx=\dfrac{dt}{t}$

$$\therefore\ I=\int\frac{dx}{e^{2x}-2e^x}=\int\frac{1}{t^2-2t}\cdot\frac{1}{t}dt=\int\frac{dt}{t^2(t-2)}$$

$\dfrac{1}{t^2(t-2)}=\dfrac{A}{t}+\dfrac{B}{t^2}+\dfrac{C}{t-2}$ とおくと, $A=-\dfrac{1}{4}$, $B=-\dfrac{1}{2}$, $C=\dfrac{1}{4}$.

$$I=\frac{1}{4}\int\left(\frac{-1}{t}-\frac{2}{t^2}+\frac{1}{t-2}\right)dt$$

$$=\frac{1}{4}\log\left|\frac{t-2}{t}\right|+\frac{1}{2t}$$

$$=\frac{1}{4}\log\left|\frac{e^x-2}{e^x}\right|+\frac{1}{2e^x}\quad\blacksquare$$

---

**問 3.7*** 次の積分を計算せよ.

(1) $\dfrac{1}{2\sin x+\cos x}$  (2) $\dfrac{\sin x}{1+\sin x}$  (3) $\dfrac{\sin^2 x}{\cos^3 x}$  (4) $\dfrac{1}{(e^x+e^{-x})^4}$

* 「基本演習微分積分」(サイエンス社) p.46 の例題 8 (1), 問題 8.1 (2), p.47 の問題 9.1 (1), p.51 の例題 12 (1) 参照.

**無理関数の積分法** $f(u,v)$ は $u,v$ の有理関数であり，$n$ は正の整数とする．無理関数は次のような置換を行うことによって有理関数の積分にすることができる．

| 被積分関数 | 置換法 |
|---|---|
| (i) $f(x, \sqrt[n]{ax+b})$<br>$a \neq 0$ | $\sqrt[n]{ax+b} = t$ とおく．<br>$x = \dfrac{1}{a}(t^n - b), \quad dx = \dfrac{n}{a}t^{n-1}dt$ |
| (ii) $f\left(x, \sqrt[n]{\dfrac{ax+b}{cx+d}}\right)$<br>$ad - bc \neq 0$ | $\sqrt[n]{\dfrac{ax+b}{cx+d}} = t$ とおく． |
| (iii) $f(x, \sqrt{ax^2+bx+c})$<br>$D = b^2 - 4ac \neq 0,$<br>$a \neq 0$ | $a > 0$ のとき，<br>$\sqrt{ax^2+bx+c} = t - \sqrt{a}x$ とおく．<br>$a < 0, D > 0$ のとき，<br>$ax^2+bx+c = a(x-\alpha)(x-\beta)$<br>$(\alpha < \beta)$ とし<br>$\sqrt{\dfrac{x-\alpha}{\beta-x}} = t$ とおく． |
| (iv) $f(x, \sqrt{a^2-x^2})$<br>$a > 0$ | $x = a\sin t$ とおく．<br>$\left(-\dfrac{\pi}{2} \leqq t \leqq \dfrac{\pi}{2}\right)$ |
| (v) $f(x, \sqrt{x^2-a^2})$<br>$a > 0$ | $x = a\sec t = \dfrac{a}{\cos t}$ とおく．<br>$\left(0 \leqq t \leqq \pi, \ t \neq \dfrac{\pi}{2}\right)$ |
| (vi) $f(x, \sqrt{x^2+a^2})$<br>$a > 0$ | $x = a\tan t$ とおく．<br>$\left(-\dfrac{\pi}{2} < t < \dfrac{\pi}{2}\right)$ |

● **より理解を深めるために** ●

**例 3.14** 次の関数を積分せよ.

(1) $\dfrac{\sqrt{x^2+4x}}{x^2}$ (2) $\dfrac{1}{\sqrt{(x-1)(2-x)}}$

[解] (1) 左頁の (iii) の $a>0$ の場合の置換法を用いる.
$\sqrt{x^2+4x}=t-x$ とおくと, $x^2+4x=t^2-2tx+x^2$, $x=\dfrac{t^2}{2(t+2)}$,

$$\sqrt{x^2+4x}=\dfrac{t^2+4t}{2(t+2)}, \quad \dfrac{dx}{dt}=\dfrac{t^2+4t}{2(t+2)^2}$$

$$\begin{aligned}
I &= \int \dfrac{\sqrt{x^2+4x}}{x^2}dx = \int \dfrac{4(t+2)^2}{t^4}\cdot\dfrac{t^2+4t}{2(t+2)}\cdot\dfrac{t^2+4t}{2(t+2)^2}dt \\
&= \int \dfrac{(t+4)^2}{t^2(t+2)}dt = \int\left(\dfrac{8}{t^2}+\dfrac{1}{t+2}\right)dt = \dfrac{-8}{t}+\log|t+2| \\
&= \dfrac{-8}{\sqrt{x^2+4x}+x}+\log|\sqrt{x^2+4x}+x+2|
\end{aligned}$$

(2) 左頁の (iii) の $a<0$ の場合の置換法を用いる. $\alpha=1$, $\beta=2$ である.
$\sqrt{\dfrac{x-1}{2-x}}=t$ とおくと, $x=2-\dfrac{1}{t^2+1}$ となり, $dx=\dfrac{2t}{(t^2+1)^2}dt$.

$$\begin{aligned}
\sqrt{(x-1)(2-x)} &= (2-x)\sqrt{\dfrac{x-1}{2-x}}=2t-\left(2-\dfrac{1}{t^2+1}\right)\cdot t \\
&= \dfrac{t}{t^2+1}
\end{aligned}$$

$$\begin{aligned}
\therefore\quad I &= \int \dfrac{dx}{\sqrt{(x-1)(2-x)}} = \int \dfrac{t^2+1}{t}\cdot\dfrac{2t}{(t^2+1)^2}dt \\
&= \int \dfrac{2dt}{t^2+1} = 2\tan^{-1}t = 2\tan^{-1}\sqrt{\dfrac{x-1}{2-x}} \quad\blacksquare
\end{aligned}$$

---

**問 3.8*** 次の関数を積分せよ.

(1) $\dfrac{x}{\sqrt{2-x-x^2}}$ (2) $\dfrac{1}{(x-1)\sqrt{x^2-4x-2}}$ (3) $\dfrac{1}{(x-1)\sqrt{2+x-x^2}}$

---
*「基本演習微分積分」(サイエンス社) p.50 の問題 11.1 (2), (3), (4) 参照.

## 3.3 定積分

**定積分の定義** 関数 $f(x)$ が不定積分をもつとき,関数 $f(x)$ に対して,その不定積分 $F(x)$ は定数だけしか違わない.すなわち

$$F'(x) = f(x),\ G'(x) = f(x) \quad \text{ならば} \quad G(x) = F(x) + C$$

よって,考えている区間内の 2 点 $a, b$ に対して

$$\begin{aligned} G(b) - G(a) &= (F(b) + C) - (F(a) + C) \\ &= F(b) - F(a) \end{aligned}$$

となり,この値は不定積分のとり方によらない.この値を

$$\int_a^b f(x)dx$$

で表し,関数 $f(x)$ の $a$ から $b$ までの**定積分**といい,$f(x)$ を被積分関数という.またこの値 $F(b) - F(a)$ を $[F(x)]_a^b$ とも表す.すなわち,

$$\int_a^b f(x)dx = [F(x)]_a^b \quad (F(x) \text{ は } f(x) \text{ の不定積分の 1 つ})$$

**定積分の基本的な性質** 定積分の定義から直ちに次の性質が成り立つ.

---

**定理 3.5**(定積分の基本的な性質)

(i) $\displaystyle\int_a^a f(x)dx = 0,\quad \int_a^b f(x)dx = -\int_b^a f(x)dx$

(ii) $\displaystyle\int_a^b f(x)dx = \int_a^c f(x)dx + \int_c^b f(x)dx$
 ($a, b, c$ の大小に関係なく成立する.)

(iii) $\displaystyle\int_a^b \{f(x) \pm g(x)\}dx = \int_a^b f(x)dx \pm \int_a^b g(x)dx$

(iv) $k$ を定数とするとき,

$$\int_a^b kf(x)dx = k\int_a^b f(x)dx$$

(iii), (iv) を定積分の**線形性**という.

## 3.3 定積分

● より理解を深めるために ●

**注意 3.2** 定積分は $f(x)$ と $[a,b]$ によって定まる実数であり, $x$ の関数ではない. $x$ の代わりに他の文字を使用しても意味は同じである. たとえば

$$\int_a^b f(x)dx = \int_a^b f(t)dt$$

**注意 3.3** 定積分 $I = \int_a^b f(x)dx$ を定義するときに, $a, b$ の大小は問わない. $a > b$, $a = b$, $a < b$ のいずれでもよい.

**例 3.15**
$$\int_2^3 \frac{1}{1-x^2}dx = \left[-\frac{1}{2}\log\left|\frac{x-1}{x+1}\right|\right]_2^3$$
$$= -\frac{1}{2}\left(\log\frac{2}{4} - \log\frac{1}{3}\right)$$
$$= -\frac{1}{2}\log\frac{3}{2} \quad \blacksquare$$

**例 3.16**
$$\int_0^{\pi/2}(\sin 2x + \cos 2x)dx = \left[\frac{-\cos 2x}{2} + \frac{\sin 2x}{2}\right]_0^{\pi/2}$$
$$= 1 \quad \blacksquare$$

**例 3.17**
$$\int_0^{\sqrt{3}/2} \frac{5}{4x^2+3}dx = \left[\frac{5}{2\sqrt{3}}\tan^{-1}\frac{2x}{\sqrt{3}}\right]_0^{\sqrt{3}/2} \quad (\because \text{ p.85 の問 3.2 (2)})$$
$$= \frac{5}{2\sqrt{3}}(\tan^{-1} 1 - \tan^{-1} 0)$$
$$= \frac{5\pi}{8\sqrt{3}} \quad \blacksquare$$

---

**問 3.9*** 次の定積分を計算せよ.

(1) $\int_0^1 \frac{3}{\sqrt{5x^2+4}}dx$  (2) $\int_0^{2/\sqrt{3}} \frac{1}{\sqrt{16-9x^2}}dx$

(3) $\int_0^1 e^{-2x}dx$  (4) $\int_0^{\pi/2} \frac{\cos x}{1+\sin x}dx$

(5) $\int_0^1 \frac{x^2}{\sqrt{x^2+4}}dx$  (分子を $x^2 = x^2 + 4 - 4$ とすること)

---

*「基本演習微分積分」(サイエンス社) p.54 の 例題 14 (2), (3), (4), 問題 14.1 (3), (4) 参照.

**面積とは何か** 長方形の面積は縦と横の長さの積であるが，曲線の囲む部分の面積はどのように考えればよいのであろうか．

図 3.1 のように $[a,b]$ を $a = x_0 < x_1 < \cdots < x_n = b$ のような分点によって $n$ 個の小区間に分割し，$\Delta x_i = x_i - x_{i-1}$ とし，その小区間の中に 1 つずつ $c_i$ をとる．図 3.1 のような $n$ 個の長方形の面積は $f(c_i) \cdot \Delta x_i$ であり，次のような和 $S(\Delta) = \sum_{i=1}^{n} f(c_i) \Delta x_i$ (リーマン和) を考える．

いま，$n$ を十分大きくし，$\Delta x_i \to 0$ とすると，関数 $f(x)$ が連続であれば $S(\Delta)$ は一定値 $S$ に近づくことが証明される．この $S$ を面積というのである．

**定理 3.6** (面積) 関数 $f(x)$ は $[a,b]$ で連続で，$f(x) \geqq 0$ とする．曲線 $f(x)$ と $x$ 軸との間の部分の面積 $S$ は次のような定積分で与えられる．

$$S = \int_a^b f(x)dx$$

[証明] 閉区間 $[a,x]$ $(x \in [a,b])$ で曲線 $f(x)$ と $x$ 軸との間の部分の面積を $S(x)$ とする (⇨図 3.2)．すると $S(a) = 0$, $S(b) = S$ である．次に区間 $[x, x + \Delta x]$ を考え，この区間で曲線と $x$ 軸との間の部分の面積を 2 通りに表す．まず 1 つは，$S(x + \Delta x) - S(x)$ と表すことができる．もう 1 つはこの面積に等しい長方形を考える．すなわち $f(x)$ が連続であることから，図 3.2 のように $x$ と $x + \Delta x$ の間に適当な $x_1$ をとり，この面積を $f(x_1) \cdot \Delta x$ と表せることが知られている．つまり，

$$S(x + \Delta x) - S(x) = f(x_1)\Delta x \quad \therefore \quad \frac{S(x + \Delta x) - S(x)}{\Delta x} = f(x_1)$$

$x_1 \to x$ $(\Delta x \to 0)$ より

$$\lim_{\Delta x \to 0} \frac{S(x + \Delta x) - S(x)}{\Delta x} = \lim_{x_1 \to x} f(x_1)$$

ゆえに，$S'(x) = f(x)$ である．すなわち，$S(x)$ は $f(x)$ の不定積分であり，定積分の定義から

$$\int_a^b f(x)dx = [S(x)]_a^b = S(b) - S(a) = S \quad \blacksquare$$

### より理解を深めるために

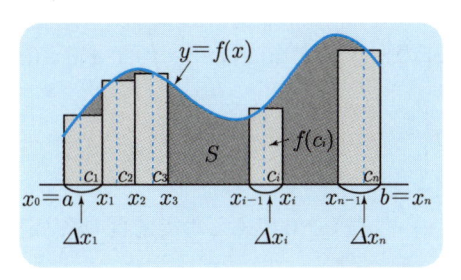

図 3.1　リーマン和

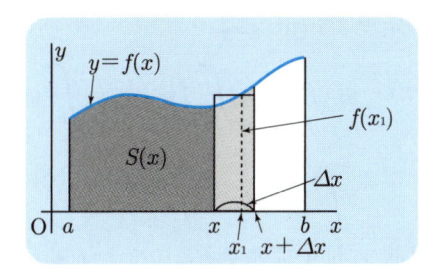

図 3.2

**系 (定理 3.6)**　$f(x)$ が $[a,b]$ で連続で，$f(x) \geqq 0$ ならば
$$\int_a^b f(x)dx \geqq 0$$

**追記 3.1**　$y = f(x)$ のグラフが $[a,b]$ において，$x$ 軸の下側にあるとき (⇨ 図 3.3) 面積は
$$S = -\int_a^b f(x)dx$$
と考える．

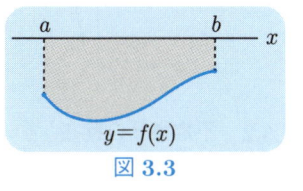

図 3.3

**問 3.10**　$0 \leqq x \leqq \pi$ で $y = \sin x$ と $x$ 軸が囲む部分の面積を求めよ．

**定理 3.7** (定積分と不等式)　$f(x), g(x)$ が $[a,b]$ で連続ならば,

(ⅰ)　$g(x) \leqq f(x)$ のとき, $\displaystyle\int_a^b g(x)dx \leqq \int_a^b f(x)dx \ (a<b)$

(ⅱ)　$\left|\displaystyle\int_a^b f(x)dx\right| \leqq \displaystyle\int_a^b |f(x)|dx \quad (a<b)$

[証明]　(ⅰ)　$f(x) - g(x) \geqq 0$ であるので前頁の系 (定理 3.6) により

$$\int_a^b \{f(x) - g(x)\}dx \geqq 0$$

である. また p.96 の定理 3.5 (ⅲ) により

$$\int_a^b \{f(x) - g(x)\}dx = \int_a^b f(x)dx - \int_a^b g(x)dx$$

であるので

$$\int_a^b g(x)dx \leqq \int_a^b f(x)$$

(ⅱ)　$f(x)$ が閉区間 $[a,b]$ で連続であるので, $|f(x)|$ も閉区間 $[a,b]$ で連続であることは明らかである. よって $|f(x)|$ も $[a,b]$ で定積分が定義できる.

いま, $-|f(x)| \leqq f(x) \leqq |f(x)|$ であるので, 上記 (ⅰ) により,

$$-\int_a^b |f(x)|dx \leqq \int_a^b f(x)dx \leqq \int_a^b |f(x)|dx$$

が成立する. よって,

$$\left|\int_a^b f(x)dx\right| \leqq \int_a^b |f(x)|dx \quad \blacksquare$$

**追記 3.2**　**不定積分の存在**　$y = f(x)$ が $[a,b]$ で連続ならば, 適当な $m$ をとり, $f(x) + m \geqq 0$ とすることができる. 定理 3.6 の証明 (p.98) で述べたように面積を表す関数 $S(x)$ をとると, $S'(x) = f(x) + m$ となる.

よって, $F(x) = S(x) - mx$ とすると $F'(x) = f(x)$ となる. すなわち

$$[a,b] \text{ で連続な関数は不定積分をもつ}$$

ことが示された.

## 3.3 定積分

● **より理解を深めるために** ●

**例 3.18** 次の不等式を証明せよ．

(1) $\log(1+\sqrt{2}) < \int_0^1 \dfrac{1}{\sqrt{1+x^n}}dx < 1 \quad (n > 2)$

(2) $\left|\displaystyle\int_{n\pi}^{(n+1)\pi} \dfrac{\sin x}{x}dx\right| \leqq \log \dfrac{n+1}{n}$

[解] (1) $n > 2, \ 0 < x < 1$ のときは，$x^2 > x^n > 0$ であるから，

$$1+x^2 > 1+x^n > 1 \quad \text{したがって} \quad \dfrac{1}{\sqrt{1+x^2}} < \dfrac{1}{\sqrt{1+x^n}} < 1$$

定理 3.7 ( i ) より

$$\int_0^1 \dfrac{1}{\sqrt{1+x^2}}dx < \int_0^1 \dfrac{1}{\sqrt{1+x^n}}dx < \int_0^1 1 dx$$

ここに，

$$\int_0^1 \dfrac{dx}{\sqrt{1+x^2}} = \Big[\log(x+\sqrt{1+x^2})\Big]_0^1 = \log(1+\sqrt{2}), \quad \int_0^1 1\,dx = [x]_0^1 = 1$$

$$\therefore \quad \log(1+\sqrt{2}) < \int_0^1 \dfrac{1}{\sqrt{1+x^n}}dx < 1$$

(2) $x > 0$ のとき，$|\sin x| \leqq 1$ であるから，

$$\left|\dfrac{\sin x}{x}\right| = \dfrac{|\sin x|}{x} \leqq \dfrac{1}{x}$$

定理 3.7 (ii) より

$$\left|\int_{n\pi}^{(n+1)\pi} \dfrac{\sin x}{x}dx\right| \leqq \int_{n\pi}^{(n+1)\pi} \left|\dfrac{\sin x}{x}\right|dx \leqq \int_{n\pi}^{(n+1)\pi} \dfrac{1}{x}dx$$

$$= [\log x]_{n\pi}^{(n+1)\pi} = \log(n+1)\pi - \log n\pi = \log \dfrac{n+1}{n} \quad \blacksquare$$

**問 3.11**<sup>*</sup> 次の不等式を証明せよ．

(1) $\dfrac{\pi}{2\sqrt{2}} < \displaystyle\int_0^1 \dfrac{dx}{\sqrt{1-x^4}} < \dfrac{\pi}{2}$

(2) $\dfrac{\pi}{2} < \displaystyle\int_0^{\pi/2} \dfrac{dx}{\sqrt{1-(1/2)\sin^2 x}} < \dfrac{\pi}{\sqrt{2}}$

---

\* 「基本演習微分積分」(サイエンス社) p.59 の問題 19.1 (1), (2) 参照.

**定理 3.8** (定積分の置換積分法)　$f(x)$ は $[a,b]$ で連続, $x = g(t)$ は $[\alpha, \beta]$ で微分可能で $g'(t)$ は連続であるとする．このとき $a = g(\alpha)$, $b = g(\beta)$ ならば

$$\int_a^b f(x)dx = \int_\alpha^\beta f(g(t))g'(t)dt$$

[証明]　$f(x)$ は $[a,b]$ で連続であるので，その不定積分を $F(x)$ とすると，

$$\int f(g(t))g'(t)dt = F(g(t)), \quad g(\alpha) = a, \quad g(\beta) = b$$

$$\therefore \quad \int_\alpha^\beta f(g(t))g'(t)dt = [F(g(t))]_\alpha^\beta = F(b) - F(a) = \int_a^b f(x)dx \quad \blacksquare$$

**定理 3.9** (定積分の部分積分法)　$f(x), g(x)$ が $[a,b]$ で微分可能で，$f'(x), g'(x)$ が連続ならば

$$\int_a^b f'(x)g(x)dx = [f(x)g(x)]_a^b - \int_a^b f(x)g'(x)dx$$

[証明]　$\{f(x)g(x)\}' = f'(x)g(x) + f(x)g'(x)$ の両辺を $[a,b]$ で積分すると

$$\begin{aligned}[f(x)g(x)]_a^b &= \int_a^b \{f(x)g(x)\}dx \\ &= \int_a^b f'(x)g(x)dx + \int_a^b f(x)g'(x)dx \quad \blacksquare\end{aligned}$$

(ⅰ)　$f(x)$ が奇関数ならば $\displaystyle\int_{-a}^a f(x)dx = 0$

(ⅱ)　$f(x)$ が偶関数ならば $\displaystyle\int_{-a}^a f(x)dx = 2\int_0^a f(x)dx$

奇関数: $f(-x) = -f(x)$, 偶関数: $f(-x) = f(x)$

$\displaystyle\int_{-a}^a f(x)dx = \int_{-a}^0 + \int_0^a$ において，$x = -t$ と置換して積分すればよい．

## 3.3 定積分

● **より理解を深めるために** ●

**例 3.19** 次の積分を括弧内に示した置換によって求めよ.

(1) $\displaystyle\int_0^{\pi/2} \frac{\sin x}{1+\sin x}dx \quad \left(\tan\frac{x}{2}=t\right)$ (2) $\displaystyle\int_0^{1/\sqrt{2}} \frac{3x\,dx}{\sqrt{1-x^4}} \quad (x^2=t)$

[解] (1) p.93 の問 3.7 (2) の結果を用いる. $\tan(x/2)=t$ と置換するので, 積分する範囲は $x:0\sim\pi/2,\ t:0\sim 1$.

$$\therefore \int_0^{\pi/2}\frac{\sin x}{1+\sin x}dx = 2\int_0^1\left\{\frac{1}{1+t^2}-\frac{1}{(1+t)^2}\right\}dt = 2\left[\tan^{-1}t+\frac{1}{1+t}\right]_0^1$$
$$= 2\left(\frac{\pi}{4}+\frac{1}{2}-1\right)=\frac{\pi}{2}-1$$

(2) p.87 の問 3.4 (2) の結果を用いる. $x^2=t$ と置換するので積分範囲は $x:0\sim 1/\sqrt{2},\ t:0\sim 1/2$.

$$\therefore \int_0^{1/\sqrt{2}}\frac{3x}{\sqrt{1-x^4}}dx = \frac{3}{2}\int_0^{1/2}\frac{1}{\sqrt{1-t^2}}dt = \frac{3}{2}[\sin^{-1}t]_0^{1/2} = \frac{\pi}{4} \quad\blacksquare$$

**例 3.20** 次の定積分を求めよ.

(1) $\displaystyle\int_1^e x\log x\,dx$ (2) $\displaystyle\int_0^{\pi/2} x^2\cos x\,dx$

[解] (1) 部分積分法を用いた p.84 の例 3.2 を参照すると

$$\int_1^e x\log x\,dx = \left[\frac{x^2}{2}\log x - \frac{x^2}{4}\right]_1^e = \frac{e^2}{2}-\frac{e^2}{4}+\frac{1}{4} = \frac{1}{4}(e^2+1)$$

(2) 部分積分法を用いた p.85 の問 3.3 (1) を参照すると

$$\int_0^{\pi/2} x^2\cos x\,dx = [x^2\sin x + 2x\cos x - 2\sin x]_0^{\pi/2} = \frac{\pi^2}{4}-2 \quad\blacksquare$$

---

**問 3.12**[*] 次の定積分を求めよ.

(1) $\displaystyle\int_0^{\pi/2}\frac{dx}{2+\cos x}$ (2) $\displaystyle\int_0^1\frac{\sqrt[4]{x}}{1+\sqrt{x}}dx$ (3) $\displaystyle\int_{-1}^1\frac{dx}{(1+x^2)^2}$

(4) $\displaystyle\int_0^1 xe^x\,dx$ (5) $\displaystyle\int_0^1 x^3\sqrt{1-x^2}\,dx$ (6) $\displaystyle\int_0^{\pi/2} x\sin^2 x\,dx$

---
[*]「基本演習微分積分」(サイエンス社) p.55 の例題 15 (3), 問題 15.1 (1), (5), p.56 の問題 16.1 (1), (3), (4) 参照.

$m, n$ を正の整数とするとき,次式が成り立つ (**三角関数の直交性**).

$$\int_{-\pi}^{\pi} \sin mx \sin nx \, dx = \int_{-\pi}^{\pi} \cos mx \cos nx \, dx = \begin{cases} 0 & (m \neq n) \\ \pi & (m = n) \end{cases}$$

$$\int_{-\pi}^{\pi} \sin mx \cos nx \, dx = 0$$

[証明] (ⅰ) $m \neq n$ のとき

$$\int_{-\pi}^{\pi} \sin mx \sin nx \, dx = \int_{-\pi}^{\pi} \frac{\cos(m-n)x - \cos(m+n)x}{2} dx$$
$$= \frac{1}{2}\left[\frac{\sin(m-n)x}{m-n} - \frac{\sin(m+n)x}{m+n}\right]_{-\pi}^{\pi} = 0$$

$$\int_{-\pi}^{\pi} \cos mx \cos nx \, dx = \int_{-\pi}^{\pi} \frac{\cos(m+n)x + \cos(m-n)x}{2} dx$$
$$= \frac{1}{2}\left[\frac{\sin(m+n)x}{m+n} + \frac{\sin(m-n)x}{m-n}\right]_{-\pi}^{\pi} = 0$$

$$\int_{-\pi}^{\pi} \sin mx \cos nx \, dx = -\frac{1}{2}\left[\frac{\cos(m+n)x}{m+n} + \frac{\cos(m-n)x}{m-n}\right]_{-\pi}^{\pi} = 0$$

(ⅱ) $m = n$ のとき,

$$\int_{-\pi}^{\pi} \sin^2 mx \, dx = \int_{-\pi}^{\pi} \frac{1 - \cos 2mx}{2} dx = \frac{1}{2}\left[x - \frac{\sin 2mx}{2m}\right]_{-\pi}^{\pi} = \pi$$
$$\int_{-\pi}^{\pi} \cos^2 mx \, dx = \int_{-\pi}^{\pi} \frac{1 + \cos 2mx}{2} dx = \frac{1}{2}\left[x + \frac{\sin 2mx}{2m}\right]_{-\pi}^{\pi} = \pi \quad ■$$

**追記 3.3** 関数の内積,直交性,ノルム $f(x), g(x)$ は $[a,b]$ で連続とする.
$$\int_a^b f(x)g(x)dx = \langle f(x), g(x) \rangle$$
を $f(x)$ と $g(x)$ の**内積**という.
$$\langle f(x), g(x) \rangle = 0$$
のとき,$f(x)$ と $g(x)$ は**直交する**といい,
$$\langle f(x), f(x) \rangle = \|f(x)\|^2$$
を $f(x)$ の**ノルム**という.上記の例は $[-\pi, \pi]$ で $\sin mx$ と $\cos nx$ は互いに直交し,ノルムは $\sqrt{\pi}$ であることを示している.このことは**フーリエ級数**の理論で用いられる.

## 3.3 定積分

● **より理解を深めるために** ●

**例 3.21** 次の漸化式を証明せよ．

$$\int_0^{\pi/2} \sin^n x\, dx = \int_0^{\pi/2} \cos^n x\, dx = \begin{cases} \dfrac{n-1}{n}\dfrac{n-3}{n-2}\cdots\dfrac{4}{5}\dfrac{2}{3} & (n \geqq 2,\ \text{奇数}) \\ \dfrac{n-1}{n}\dfrac{n-3}{n-2}\cdots\dfrac{3}{4}\dfrac{1}{2}\dfrac{\pi}{2} & (n \geqq 2,\ \text{偶数}) \end{cases}$$

[証明] $n \geqq 2$ のとき

$$\begin{aligned} I_n &= \int_0^{\pi/2} \sin^n x\, dx = \int_0^{\pi/2} \sin x \cdot \sin^{n-1} x\, dx \\ &= \left[(-\cos x)\sin^{n-1} x\right]_0^{\pi/2} - \int_0^{\pi/2} (-\cos x)\cdot(n-1)\sin^{n-2} x \cdot \cos x\, dx \\ &= (n-1)\int_0^{\pi/2}(1-\sin^2 x)\sin^{n-2} x\, dx = (n-1)I_{n-2} - (n-1)I_n \end{aligned}$$

$$\therefore I_n = \frac{n-1}{n} I_{n-2}$$

さらに

$$I_0 = \int_0^{\pi/2} dx = \frac{\pi}{2},\quad I_1 = \int_0^{\pi/2} \sin x\, dx = 1$$

であるから上の結果をうる．■

**問 3.13**[*] 次の定積分を求めよ．
(1) $\displaystyle\int_0^{1/2} \frac{x^2}{\sqrt{1-x^2}} dx$ (2) $\displaystyle\int_0^1 \frac{1-x^2}{1+x^2} dx$ (3) $\displaystyle\int_{-1}^2 |2-x-x^2|\, dx$

**問 3.14**[**] 次の定積分を括弧内に示した置換によって求めよ．
(1) $\displaystyle\int_0^a x^2 \sqrt{a^2 - x^2}\, dx\ \begin{pmatrix} a > 0 \\ x = a\sin t \end{pmatrix}$ (2) $\displaystyle\int_0^1 \log(1+\sqrt{x})\, dx\quad (\sqrt{x} = t)$
(3) $\displaystyle\int_0^{\pi/2} \frac{\cos x}{1+\sin^2 x} dx\quad (\sin x = t)$ (4) $\displaystyle\int_0^1 \frac{x^2}{(x-2)^2} dx\quad (x - 2 = t)$

---

[*]「基本演習微分積分」(サイエンス社) p.54 の問題 14.1 (5), p.57 の問題 17.1 (1), (6) 参照．
[**]「基本演習微分積分」(サイエンス社) p.55 の例題 15 (2), 問題 15.1 (6), p.57 の問題 17.1 (3), (5) 参照．

## 3.4 広義積分（特異積分と無限積分）

これまで述べたように，$f(x)$ が $[a,b]$ で連続ならば定積分 $\int_a^b f(x)dx$ は定まる．ここでは $f(x)$ が有限個の不連続点をもつ場合や，積分範囲が $[a,\infty)$ のような無限区間の場合に定積分の定義を拡張することを考える．

**特異積分** $f(x)$ が $[a,b)$ で連続であるが，$x=b$ では不連続とする．$\varepsilon > 0$ に対して，$f(x)$ は $[a,b-\varepsilon]$ では連続であるので定積分 $\int_a^{b-\varepsilon} f(x)dx$ が存在する（⇨ 図 3.4）．そこで

$$\lim_{\varepsilon \to +0} \int_a^{b-\varepsilon} f(x)dx$$

が存在するとき，この極限値を $f(x)$ の $[a,b)$ における**特異積分**（**広義積分**）といい

$$\int_a^b f(x)dx$$

で表す．すなわち

$$\int_a^b f(x)dx = \lim_{\varepsilon \to +0} \int_a^{b-\varepsilon} f(x)dx \tag{3.6}$$

このとき，$\int_a^b f(x)dx$ は**収束する**（**存在する**）という．また (3.6) の極限値が存在しないとき，この特異積分は**存在しない**（**発散する**）という．また，このような $b$ を**特異点**という．同様にして，

$f(x)$ が $(a,b]$ で連続な場合は $\int_a^b f(x)dx = \lim_{\varepsilon \to +0} \int_{a+\varepsilon}^b f(x)dx$,

$f(x)$ が $(a,b)$ で連続な場合は $\int_a^b f(x)dx = \lim_{\substack{\varepsilon \to +0 \\ \varepsilon' \to +0}} \int_{a+\varepsilon}^{b-\varepsilon'} f(x)dx$,

$f(x)$ が $[a,b]$ で $x=c$ $(a<c<b)$ を除いて連続な場合は $f(x)$ の $[a,c)$, $(c,b]$ における特異積分がともに存在するとき，

$$\int_a^b f(x)dx = \int_a^c f(x)dx + \int_c^b f(x)dx$$

と定める．

## 3.4 広義積分（特異積分と無限積分）

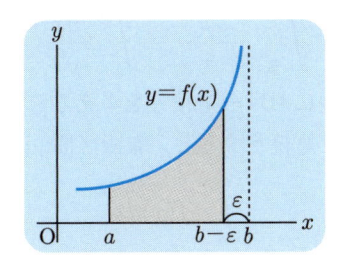

● **より理解を深めるために**

図 3.4　特異積分 ($x = b$ で不連続)

**例 3.22**　$a > 0$, $\lambda$ は正の数とするとき，次を示せ．

$$\int_0^a \frac{dx}{x^\lambda} = \begin{cases} \dfrac{a^{1-\lambda}}{1-\lambda} & (0 < \lambda < 1) \\ 存在しない & (\lambda \geqq 1) \end{cases}$$

[解]　$\lambda \neq 1$ のとき，$x = 0$ が特異点であるので，$\varepsilon > 0$ に対して

$$\int_\varepsilon^a \frac{dx}{x^\lambda} = \left[\frac{x^{1-\lambda}}{1-\lambda}\right]_\varepsilon^a$$

$$= \frac{1}{1-\lambda}(a^{1-\lambda} - \varepsilon^{1-\lambda}) \to \begin{cases} \dfrac{a^{1-\lambda}}{1-\lambda} & (0 < \lambda < 1) \\ \infty & (\lambda > 1) \end{cases} \quad (\varepsilon \to +0)$$

また $\lambda = 1$ のとき，次のようになり結論を得る．

$$\int_\varepsilon^a \frac{dx}{x} = [\log x]_\varepsilon^a = \log a - \log \varepsilon \to \infty \quad (\varepsilon \to +0) \quad \blacksquare$$

**例 3.23**　$I = \displaystyle\int_0^1 \frac{dx}{\sqrt{1-x^2}}$ では被積分関数 $\dfrac{1}{\sqrt{1-x^2}}$ が $x = 1$ で定義されていないので，$x = 1$ が特異点である．そこで，$\varepsilon > 0$ に対して

$$I = \lim_{\varepsilon \to +0} \int_0^{1-\varepsilon} \frac{dx}{\sqrt{1-x^2}} = \lim_{\varepsilon \to +0} [\sin^{-1} x]_0^{1-\varepsilon} = \lim_{\varepsilon \to +0} \sin^{-1}(1-\varepsilon) = \frac{\pi}{2} \quad \blacksquare$$

**問 3.15**[*]　次の広義積分の値を求めよ．

(1) $\displaystyle\int_0^1 x \log x \, dx$　　(2) $\displaystyle\int_0^1 \frac{dx}{\sqrt{x(1-x)}}$　　(3) $\displaystyle\int_{-1}^1 \frac{dx}{1-x^2}$

───────────
[*]「基本演習微分積分」(サイエンス社) p.61 の例題 20 (1), (2), 問題 20.1 (2) 参照．

**無限積分**　いままでは定積分は有限区間で考えたが

$$\int_{-\infty}^{\infty} \frac{dx}{x^2+4}, \quad \int_{1}^{\infty} \frac{dx}{\sqrt{x}}$$

などのように，無限区間における定積分を考えることもできる．

$f(x)$ は $a \leqq x < \infty$ で連続とすると，有限区間 $[a, N]$ における定積分

$$\int_{a}^{N} f(x)dx$$

は存在する．そこでこの積分において $N \to \infty$ のときの極限値を考えて，それが存在するとき ($\Rightarrow$ 図 3.5)

$$\int_{a}^{\infty} f(x)dx = \lim_{N \to \infty} \int_{a}^{N} f(x)dx \tag{3.7}$$

と定める．

$$\int_{-\infty}^{a} f(x)dx, \quad \int_{-\infty}^{\infty} f(x)dx$$

も同様である．これらを**無限積分**(**広義積分**) という．

また (3.7) の右辺の極限の収束，発散に応じて，$\int_{a}^{\infty} f(x)dx$ は**収束する**(**存在する**) または**発散する**という．

**広義積分（特異積分，無限積分）の存在**　広義積分で値は計算できなくても積分の存在を判定する次のような定理がある (証明は省略)．

---

**定理 3.10** (広義積分の存在)
( i )　$f(x)$ は $(a, b]$ で連続とする．もしある $M > 0$ と $\lambda < 1$ に対して

$$|f(x)|(x-a)^{\lambda} \leqq M \quad (a < x < b)$$

が成り立つならば，特異積分 $\int_{a}^{b} f(x)dx$ は存在する．
(ii)　$f(x)$ が $[a, \infty)$ で連続で，ある $M > 0$ と $\lambda > 1$ に対して，

$$x^{\lambda}|f(x)| \leqq M$$

ならば，無限積分 $\int_{a}^{\infty} f(x)dx$ は存在する．

## 3.4 広義積分（特異積分と無限積分）

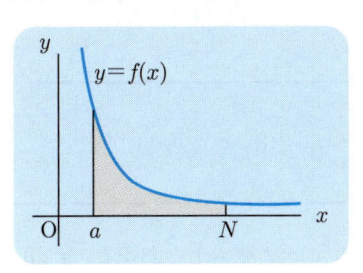

● **より理解を深めるために** ●

図 3.5 無限積分

**例 3.24** $\int_1^\infty \dfrac{1}{x^\alpha} dx \ (\alpha > 0) = \begin{cases} 1/(\alpha-1) & (\alpha > 1) \\ \text{発散} & (1 \geqq \alpha > 0) \end{cases}$ を示せ．

[解] $\alpha \neq 1$ の場合は

$$\int_1^\infty \dfrac{dx}{x^\alpha} = \lim_{N\to\infty} \int_1^N \dfrac{dx}{x^\alpha} = \lim_{N\to\infty} \left[\dfrac{1}{1-\alpha} \dfrac{1}{x^{\alpha-1}}\right]_1^N = \lim_{N\to\infty} \dfrac{1}{1-\alpha} \left(\dfrac{1}{N^{\alpha-1}} - 1\right)$$

よって，$\alpha > 1$ ならば，$\int_1^\infty \dfrac{dx}{x^\alpha} = \dfrac{-1}{1-\alpha} = \dfrac{1}{\alpha-1}$（収束）であり，$0 < \alpha < 1$ ならば発散である．$\alpha = 1$ の場合は，

$$\int_1^\infty \dfrac{dx}{x} = \lim_{N\to\infty} \int_1^N \dfrac{dx}{x} = \lim_{N\to\infty} [\log x]_1^N = \lim_{N\to\infty} \log N = +\infty \ \blacksquare$$

**例 3.25** $0 < p < 1$ のとき，$I = \int_0^1 e^{-x} x^{p-1} dx$ は存在することを示せ．

[解] $f(x) = e^{-x} x^{p-1}$ は $(0,1]$ で連続である．このとき $0 < x < 1$ では

$$|f(x)| x^{1-p} = e^{-x} x^{p-1} \cdot x^{1-p} = e^{-x} < 1$$

であるから，定理 3.10（i）で $M = 1$，$\lambda = 1 - p < 1$ の場合であり，上記 $I$ は存在する． $\blacksquare$

---

**問 3.16**[*]　次の広義積分を求めよ．

(1) $\int_0^\infty \sin x \, dx$　(2) $\int_{-\infty}^\infty \dfrac{dx}{x^2 + 4}$　(3) $\int_0^\infty x e^{-x^2} dx$

---

[*]「基本演習微分積分」（サイエンス社）p.64 の例題 22 (2), (3), 問題 22.1 (2) 参照．

## 演習問題

**例題 3.1** ──────────────── 置換積分法

$I = \displaystyle\int_0^a \dfrac{dx}{(a^2+x^2)^{3/2}}$ $(a>0)$ を求めよ．

[解] $x = a\tan\theta \left(-\dfrac{\pi}{2} < \theta < \dfrac{\pi}{2}\right)$ とおくと，$x : 0 \sim a$ のとき，$\theta : 0 \sim \dfrac{\pi}{4}$ である．

$dx = a\sec^2\theta\, d\theta$, $(a^2+x^2)^{3/2} = a^3\sec^3\theta$ であるので，

$$I = \int_0^a \frac{dx}{(a^2+x^2)^{3/2}} = \int_0^{\pi/4} \frac{1}{a^3\sec^3\theta} a\sec^2\theta\, d\theta$$

$$= \frac{1}{a^2}\int_0^{\pi/4} \cos\theta\, d\theta = \frac{1}{a^2}[\sin\theta]_0^{\pi/4} = \frac{1}{a^2}\left(\frac{1}{\sqrt{2}} - 0\right) = \frac{1}{\sqrt{2}a^2}$$

**例題 3.2** ──────────────── 超越関数の積分

$I = \displaystyle\int \dfrac{(\log x)^n}{x} dx$ $(n \neq -1)$ を求めよ．

[解] $\log x = t$ とおくと，$x = e^t$, $dx = e^t dt$ であるので，

$$I = \int \frac{(\log x)^n}{x} dx = \int \frac{t^n}{e^t} e^t dt = \int t^n dt = \frac{1}{n+1}t^{n+1}$$

$$= \frac{1}{n+1}(\log x)^{n+1}$$

---

(解答は章末 p.119 に掲載されています.)

**演習 3.1** 次の関数を括弧内に示した置換を行うことにより積分せよ．

(1) $\dfrac{1}{(1-x^2)\sqrt{x^2+1}}$ $(x = \tan\theta)$ (2) $\dfrac{1}{(1+x^2)\sqrt{1-x^2}}$ $(x = \sin\theta)$

(3) $\dfrac{1}{x^2\sqrt{x^2-3}}$ $\left(x = \dfrac{1}{t}\right)$ (4) $x(\log x)^2$ $(\log x = t)$

---
**例題 3.3** ──────────────────── 部分積分法 ──

部分積分法により次の関数を積分せよ．
(1) $x^3\sqrt{1-x^2}$ (2) $x\sin^{-1}x$

[解] (1) $x^3\sqrt{1-x^2} = x^2(x\sqrt{1-x^2})$ と書きかえて部分積分法を用いる．

$$\int x^3\sqrt{1-x^2}\,dx = \int x^2(x\sqrt{1-x^2})\,dx$$
$$= x^2\left\{-\frac{1}{3}(1-x^2)^{3/2}\right\} + \frac{1}{3}\int 2x(1-x^2)^{3/2}\,dx$$
$$= -\frac{x^2}{3}(1-x^2)^{3/2} - \frac{1}{3}\times\frac{2}{5}(1-x^2)^{5/2}$$
$$= \frac{1}{15}(1-x^2)^{3/2}(-3x^2-2)$$

(2) $\displaystyle\int x(\sin^{-1}x)\,dx$
$$= \frac{x^2}{2}\sin^{-1}x - \frac{1}{2}\int x^2\frac{1}{\sqrt{1-x^2}}\,dx$$
$$= \frac{x^2}{2}\sin^{-1}x - \frac{1}{2}\int\frac{1-(1-x^2)}{\sqrt{1-x^2}}\,dx$$
$$= \frac{x^2}{2}\sin^{-1}x - \frac{1}{2}\int\frac{1}{\sqrt{1-x^2}}\,dx + \frac{1}{2}\int\sqrt{1-x^2}\,dx$$
$$= \frac{1}{2}x^2\sin^{-1}x - \frac{1}{2}\sin^{-1}x + \frac{1}{4}(x\sqrt{1-x^2}+\sin^{-1}x)$$
$$= \frac{1}{2}x^2\sin^{-1}x - \frac{1}{4}\sin^{-1}x + \frac{1}{4}x\sqrt{1-x^2}$$

---

**演習 3.2** 部分積分法を用いて次の積分を求めよ．

(1) $\displaystyle\int x\tan^{-1}x\,dx$ (2) $\displaystyle\int \frac{x\sin^{-1}x}{\sqrt{1-x^2}}\,dx$

(3) $\displaystyle\int_0^{\pi/2}\frac{x+\sin x}{1+\cos x}\,dx$ (4) $\displaystyle\int_0^a \sin^{-1}\sqrt{\frac{x}{x+a}}\,dx \quad (a>0)$

## 例題 3.4 ― 三角関数の積分 ―

$I = \int \sin^3 x \cos^3 x \, dx$ を求めよ.

[解] $\sin x = t$ とおくと, $\cos x \, dx = dt$ より

$$\int \sin^3 x \cos^3 x \, dx = \int \sin^3 x (1 - \sin^2 x) \cos x \, dx$$
$$= \int t^3 (1 - t^2) dt = \frac{t^4}{4} - \frac{t^6}{6} = \sin^4 x \left( \frac{1}{4} - \frac{1}{6} \sin^2 x \right) \tag{3.8}$$

追記 3.4  $\sin^3 x \cos^3 x = (1/2)^3 (\sin 2x)^3$ であるので $\tan x = t$ とおくと, $\sin 2x = \dfrac{2t}{1+t^2}$, $dx = \dfrac{dt}{1+t^2}$ より

$$\int \sin^3 x \cos^3 x \, dx = \int \frac{t^3}{(1+t^2)^4} dt = \int \left\{ \frac{t}{(1+t^2)^3} - \frac{t}{(1+t^2)^4} \right\} dt$$
$$= -\frac{1}{4(1+t^2)^2} + \frac{1}{6(1+t^2)^3} = -\frac{\cos^4 x}{4} + \frac{\cos^6 x}{6} \tag{3.9}$$

このように $\sin x = t$ とおいたときと, $\tan x = t$ とおいたときとそのおき方によって (3.8), (3.9) のように不定積分の形が違うが, 実は次のように計算すると, この両者は定数 $-1/12$ の差しかない.

$$-\frac{\cos^4 x}{4} + \frac{\cos^6 x}{6} = -\frac{(1 - \sin^2 x)^2}{4} + \frac{(1 - \sin^2 x)^3}{6} = -\frac{1}{12} + \frac{\sin^4 x}{4} - \frac{\sin^6 x}{6}$$

よって, これを微分すると $\sin^3 x \cos^3 x$ となり, 何れも $I$ の不定積分である.

---

**演習 3.3** 次の関数を積分せよ.

(1)* $\cos^2 x$  (2)** $\dfrac{1}{1 + \sin x}$  (3)*** $\dfrac{\tan x}{\sqrt{1 + 5\tan^2 x}}$

---

\* $\cos^2 x = (1 + \cos 2x)/2$ と変形する.

\*\* 分母, 分子に $1 - \sin x$ をかける.

\*\*\* $\tan x = t$ とおく.

┌─ 例題 3.5 ─────────────────────────── 無理関数の積分 ─┐
次の不定積分を求めよ.
(1) $\displaystyle\int \frac{dx}{1+\sqrt[3]{1+x}}$ 　　　　 (2) $\displaystyle\int \frac{1}{x}\sqrt{\frac{1-x}{x}}dx$
└──────────────────────────────────────────┘

[解] (1) p.94 の無理関数の積分法 ( i ) の場合である.
$\sqrt[3]{1+x} = t$ とおくと, $1+x = t^3$ であるので, $x = t^3 - 1$. よって, $dx = 3t^2 dt$.

$$\begin{aligned}
\int \frac{1}{1+\sqrt[3]{1+x}}dx &= \int \frac{1}{1+t}\cdot 3t^2 dt \\
&= 3\int \left\{(t-1) + \frac{1}{1+t}\right\}dt \\
&= 3\left(\frac{t^2}{2} - t + \log|1+t|\right) \\
&= \frac{3}{2}(1+x)^{2/3} - 3(1+x)^{1/3} + 3\log|1+(1+x)^{1/3}|
\end{aligned}$$

(2) p.94 の無理関数の積分法 ( ii ) の場合である.

$\sqrt{\dfrac{1-x}{x}} = t$ とおくと $\dfrac{1-x}{x} = t^2$. これを $x$ について解いて, $x = \dfrac{1}{t^2+1}$.
よって, $dx = -\dfrac{2t}{(t^2+1)^2}dt$

$$\begin{aligned}
\int \frac{1}{x}\sqrt{\frac{1-x}{x}}dx &= \int (t^2+1)\cdot t \cdot \frac{-2t}{(t^2+1)^2}dt \\
&= \int \frac{-2t^2}{t^2+1}dt = \int \left(-2 + \frac{2}{t^2+1}\right)dt \\
&= -2t + 2\tan^{-1} t \\
&= -2\sqrt{\frac{1-x}{x}} + 2\tan^{-1}\sqrt{\frac{1-x}{x}}
\end{aligned}$$

**演習 3.4** 次の不定積分を求めよ.
(1) $\displaystyle\int \sqrt{\frac{x-1}{x+1}}dx$ 　　　　 (2) $\displaystyle\int \frac{dx}{x+\sqrt{x-1}}$

## 例題 3.6 ─────────────────────────── 広義積分

次の解法の誤りを指摘して，正しい結果を述べよ．

$\int_0^1 \dfrac{2x-1}{x^2-x}dx$ は広義積分で特異点は，$x=0,1$ である．よって，

$$\int_0^1 \frac{2x-1}{x^2-x}dx = \lim_{\varepsilon\to +0}\int_\varepsilon^{1-\varepsilon}\frac{2x-1}{x^2-x}dx = \lim_{\varepsilon\to +0}\left[\log|x^2-x|\right]_\varepsilon^{1-\varepsilon}$$
$$= \lim_{\varepsilon\to +0}\{\log|\varepsilon(1-\varepsilon)|-\log|\varepsilon(1-\varepsilon)|\}=0$$

[解] 与えられた積分は広義積分で特異点は $x=0,1$ である．よって，

$$\int_0^1 \frac{2x-1}{x^2-x}dx = \lim_{\substack{\varepsilon\to +0\\ \varepsilon'\to +0}}\int_\varepsilon^{1-\varepsilon'}\frac{2x-1}{x^2-x}dx$$
$$= \lim_{\substack{\varepsilon\to +0\\ \varepsilon'\to +0}}\left[\log|x(x-1)|\right]_\varepsilon^{1-\varepsilon'}$$
$$= \lim_{\substack{\varepsilon\to +0\\ \varepsilon'\to +0}}\{\log\varepsilon'(1-\varepsilon')-\log\varepsilon(1-\varepsilon)\}$$

と計算しなくてはならない．そして右辺は $\varepsilon$ と $\varepsilon'$ が無関係に $0$ に近づくときの極限である．問題は $\varepsilon=\varepsilon'$ という特別の場合の極限を計算しているので誤りである．よって $\varepsilon,\varepsilon'$ が無関係に $0$ に近づく場合は明らかに上の極限は存在しないから，この積分も存在しない．

---

**演習 3.5** 次の定積分の値を求めよ．

(1) $\displaystyle\int_0^3 \frac{x\,dx}{\sqrt[3]{(x^2-1)^2}}$ (2) $\displaystyle\int_0^{3\pi/4}\frac{dx}{\sin x+\cos x}$ (3) $\displaystyle\int_0^\infty \frac{dx}{\sqrt[3]{e^x-1}}$

(4) $\displaystyle\int_0^\infty e^{-ax}dx \quad (a>0)$ (5) $\displaystyle\int_1^\infty \frac{dx}{x(1+x^2)}$

**演習 3.6** 次の解法の誤りを指摘して，正しい結果を述べよ．

$$\int_{-1}^1 \frac{1}{x^2}dx = \left[-\frac{1}{x}\right]_{-1}^1 = -2$$

―― 例題 3.7 ―――――――――――――――――― ガンマ関数とベータ関数 ――

(ⅰ) ガンマ関数 $\Gamma(p) = \int_0^\infty e^{-x} x^{p-1} dx \ (p > 0)$ について,次の等式を示せ.
 (1) $\Gamma(p+1) = p\Gamma(p) \quad (p > 0)$
 (2) $\Gamma(1) = 1, \quad \Gamma(n+1) = n! \quad (n = 1, 2, 3, \cdots)$

(ⅱ) ベータ関数 $B(p,q) = \int_0^1 x^{p-1}(1-x)^{q-1} dx \ (p > 0, \ q > 0)$ について,次の等式を示せ.
 (3) $B(p,q) = B(q,p)$
 (4) $B(p, q+1) = \dfrac{q}{p} B(p+1, q)$

[証明] (1) $p > 0$ であるので,部分積分法により,

$$\begin{aligned}\Gamma(p+1) &= \int_0^\infty e^{-x} x^p dx = \left[-e^{-x} x^p\right]_0^\infty - \int_0^\infty (-e^{-x}) p x^{p-1} dx \\ &= p \int_0^\infty e^{-x} x^{p-1} dx = p\Gamma(p)\end{aligned}$$

(2) $\Gamma(1) = \int_0^\infty e^{-x} dx = \left[-e^{-x}\right]_0^\infty = 1$

$\Gamma(n+1) = n\Gamma(n) = n(n-1)\Gamma(n-1) = n(n-1) \cdots \Gamma(1) = n!$

(3) $t = 1 - x$ とおくと,$dx = -dt$ であるので,

$$\begin{aligned}B(p,q) &= \int_0^1 x^{p-1}(1-x)^{q-1} dx = \int_1^0 (1-t)^{p-1} t^{q-1} (-dt) \\ &= \int_0^1 t^{q-1}(1-t)^{p-1} dt = B(q,p)\end{aligned}$$

(4) $pB(p, q+1) = p \int_0^1 x^{p-1}(1-x)^q dx$

$$\begin{aligned} &= \left[x^p (1-x)^q\right]_0^1 + q \int_0^1 x^p (1-x)^{q-1} dx \\ &= qB(p+1, q)\end{aligned}$$

## 研究 ガンマ関数とベータ関数の収束

**ガンマ関数** $\Gamma(p) = \int_0^\infty e^{-x} x^{p-1} dx \ (p > 0)$ は収束する.

[証明] $p > 0$ であるので $\lim_{x \to \infty} \dfrac{x^{p+1}}{e^x} = 0$ (ロピタルの定理より) である. ゆえに, $c \leqq x$ について $e^{-x} x^{p+1} < 1$ となるような $c$ をとることができる. $\Gamma(p)$ を $I_1 = \int_0^c e^{-x} x^{p-1} dx$ と $I_2 = \int_c^\infty e^{-x} x^{p-1} dx$ に分けて考える.

( i ) $p \geqq 1$ のときは $f(x) = e^{-x} x^{p-1}$ は $[0, c]$ で連続だから $I_1$ は存在する. 次に $0 < p < 1$ のときは $f(x) = e^{-x} x^{p-1}$ は $(0, c]$ で連続で, $x^{1-p} f(x) = e^{-x} < 1$ であり, $0 < 1 - p < 1$ であるから, p.108 の定理 3.10 ( i ) により, $I_1$ は存在する.

(ii) $I_2$ は $e^{-x} x^{p+1}$ を書き直して, $x^2 e^{-x} x^{p-1} = x^2 f(x) < 1$ とすることができる. また, $f(x) = e^{-x} x^{p-1}$ は $[c, \infty)$ で連続であるので, p.108 の定理 3.10 (ii) により $I_2$ は存在する. ∎

**ベータ関数** $B(p, q) = \int_0^1 x^{p-1} (1-x)^{q-1} \ (p > 0, \ q > 0)$ は収束する.

[証明] ( i ) $p \geqq 1, \ q \geqq 1$ のときは, $B(p, q)$ は特異点をもたないから収束性は明らかである. 次に $B(p, q)$ を

$$I_1 = \int_0^{1/2} x^{p-1} (1-x)^{q-1} dx, \quad I_2 = \int_{1/2}^1 x^{p-1} (1-x)^{q-1} dx$$

と 2 つに分けて考える.

(ii) $0 < p < 1$ のとき $I_1$ は $x = 0$ を特異点とする特異積分である. $[0, 1/2]$ での $(1-x)^{q-1} \ (q > 0)$ の最大値を $M$ とすると,

$$x^{1-p} \{ x^{p-1} (1-x)^{q-1} \} < M \quad (0 < x \leqq 1/2)$$

であるので, p.108 の定理 3.10 ( i ) により $I_1$ は存在する.

(iii) $I_2$ で $t = 1 - x$ と置換積分を行うと, $I_1$ の $p$ と $q$ を入れかえたものになるので明らかである.

(iv) $0 < q < 1$ のときも同様に証明することができる. ∎

## 問の解答（第3章）

問 **3.1** 省略

問 **3.2** (1) $2e^x + 3\sin x$ (2) $\dfrac{5}{2\sqrt{3}} \tan^{-1} \dfrac{2x}{\sqrt{3}}$

(3) $\dfrac{3}{\sqrt{5}} \log\left(x + \sqrt{x^2 + \dfrac{4}{5}}\right)$ (4) $\dfrac{4}{\sqrt{3}} \log|x + \sqrt{x^2 - 2}|$

(5) $\dfrac{1}{3} \sin^{-1} \dfrac{3}{4} x$

問 **3.3** (1) $x^2 \sin x + 2x \cos x - 2 \sin x$ (2) $\sin x(\log \sin x - 1)$

問 **3.4** (1) $\dfrac{x}{4\sqrt{4 - x^2}}$ (2) $\dfrac{3}{2} \sin^{-1} x^2$ (3) $\dfrac{1}{6} \log\left|\dfrac{x^3 - 1}{x^3 + 1}\right|$

問 **3.5** (1) $\dfrac{1}{x^3 + 1} = \dfrac{1}{(x+1)(x^2 - x + 1)} = \dfrac{A}{x+1} + \dfrac{Bx + C}{x^2 - x + 1}$ とおく.
$A = \dfrac{1}{3}$, $B = -\dfrac{1}{3}$, $C = \dfrac{2}{3}$.

(2) $\dfrac{x^3 + 1}{x(x-1)^3} = \dfrac{A}{x} + \dfrac{B}{x-1} + \dfrac{C}{(x-1)^2} + \dfrac{D}{(x-1)^3}$ とおく. $A = -1$, $B = 2$, $C = 1$, $D = 2$.

(3) $\dfrac{2x}{(x+1)(x^2 + 1)^2} = \dfrac{A}{x+1} + \dfrac{Bx + C}{(x^2 + 1)^2} + \dfrac{Dx + E}{x^2 + 1}$ とおく. $A = -\dfrac{1}{2}$, $B = C = 1$, $D = \dfrac{1}{2}$, $E = -\dfrac{1}{2}$.

問 **3.6** (1) $\dfrac{1}{3} \log|x+1| - \dfrac{1}{6} \log|x^2 - x + 1| + \dfrac{1}{\sqrt{3}} \tan^{-1} \dfrac{2x - 1}{\sqrt{3}}$

(2) $\dfrac{1}{3} x^3 + \dfrac{1}{2} x^2 + 4x + \log\left|\dfrac{x^2(x - 2)^5}{(x + 2)^3}\right|$ (3) $\dfrac{1}{4} \log \dfrac{x^2 + 1}{(x+1)^2} + \dfrac{1}{2} \dfrac{x - 1}{x^2 + 1}$

問 **3.7** (1) $-\dfrac{1}{\sqrt{5}} \log\left|\dfrac{\tan x/2 - 2 - \sqrt{5}}{\tan x/2 - 2 + \sqrt{5}}\right|$ (2) $x + \dfrac{2}{1 + \tan x/2}$

(3) $\sin x = t$ とおく. $\dfrac{1}{4}\left(\dfrac{2 \sin x}{\cos^2 x} + \log\left|\dfrac{1 - \sin x}{1 + \sin x}\right|\right)$

(4) $e^x = t$ とおく. $\dfrac{1}{2}\left\{\dfrac{1}{3(e^{2x} + 1)^3} - \dfrac{1}{2(e^{2x} + 1)^2}\right\}$

問 **3.8** (1) $\sqrt{\dfrac{x+2}{1-x}} = t$ とおく. $-\tan^{-1}\sqrt{\dfrac{x+2}{1-x}} - \sqrt{2 - x - x^2}$

(2) $\sqrt{x^2-4x-2}=t-x$ とおく. $\dfrac{2}{\sqrt{5}}\tan^{-1}\dfrac{1}{\sqrt{5}}(\sqrt{x^2-4x-2}+x-1)$

(3) $\sqrt{\dfrac{x+1}{2-x}}=t$ とおく. $\dfrac{1}{\sqrt{2}}\log\left|\dfrac{\sqrt{x+1}-\sqrt{2}\sqrt{2-x}}{\sqrt{x+1}+\sqrt{2}\sqrt{2-x}}\right|$

問 **3.9** (1) $\dfrac{3}{\sqrt{5}}\log\dfrac{\sqrt{5}+3}{2}$ (2) $\dfrac{\pi}{9}$ (3) $\dfrac{1}{2}(1-e^{-2})$ (4) $\log 2$

(5) $\dfrac{\sqrt{5}}{2}-2\log\dfrac{1+\sqrt{5}}{2}$

問 **3.10** 2

問 **3.11** (1) $0<x<1$ のとき, $1<1+x^2<2$ となる. したがって,
$$1-x^2<(1-x^2)(1+x^2)=1-x^4<2(1-x^2)$$
$$\therefore\quad \sqrt{1-x^2}<\sqrt{1-x^4}<\sqrt{2}\sqrt{1-x^2}$$
$$\therefore\quad \dfrac{1}{\sqrt{1-x^2}}>\dfrac{1}{\sqrt{1-x^4}}>\dfrac{1}{\sqrt{2(1-x^2)}}$$
この不等式を 0 から 1 まで積分する.

(2) $0<x<\dfrac{\pi}{2}$ で $0<\sin x<1$. したがって $1>1-\dfrac{1}{2}\sin^2 x>\dfrac{1}{2}$. よって,
$$1>\sqrt{1-\dfrac{1}{2}\sin^2 x}>\dfrac{1}{\sqrt{2}}\qquad\therefore\quad 1<\dfrac{1}{\sqrt{1-(\sin^2 x)/2}}<\sqrt{2}$$
この不等式を 0 から $\dfrac{\pi}{2}$ まで積分する.

問 **3.12** (1) $\tan\dfrac{x}{2}=t$ とおく. $\dfrac{\pi}{3\sqrt{3}}$ (2) $-\dfrac{8}{3}+\pi$ (3) $\dfrac{1}{2}+\dfrac{\pi}{4}$

(4) 1 (5) $\dfrac{2}{15}$ (6) $\dfrac{\pi^2}{16}+\dfrac{1}{4}$

問 **3.13** (1) $\dfrac{1}{2}\left(\dfrac{\pi}{6}-\dfrac{\sqrt{3}}{4}\right)$ (2) $\dfrac{\pi}{2}-1$ (3) $\dfrac{31}{6}$

問 **3.14** (1) $\dfrac{\pi a^4}{16}$ (2) $\dfrac{1}{2}$ (3) $\dfrac{\pi}{4}$ (4) $3-4\log 2$

問 **3.15** (1) $-\dfrac{1}{4}$ (2) $\pi$ (3) $+\infty$

問 **3.16** (1) 発散する (2) $\dfrac{\pi}{2}$ (3) $\dfrac{1}{2}$

## 演習問題解答（第3章）

**演習 3.1**　(1)　$-\dfrac{1}{2\sqrt{2}}\log\left|\dfrac{\sqrt{2}x-\sqrt{1+x^2}}{\sqrt{2}x+\sqrt{1+x^2}}\right|$　　(2)　$\dfrac{1}{\sqrt{2}}\tan^{-1}\dfrac{\sqrt{2}x}{\sqrt{1-x^2}}$

(3)　$\dfrac{\sqrt{x^2-3}}{3x}$　　(4)　$\dfrac{1}{4}x^2\{2(\log x)^2-2\log x+1\}$

**演習 3.2**　(1)　$\dfrac{(1+x^2)\tan^{-1}x-x}{2}$　　(2)　$-\sqrt{1-x^2}\sin^{-1}x+x$

(3)　$\dfrac{\pi}{2}$　　(4)　$a\left(\dfrac{\pi}{2}-1\right)$

**演習 3.3**　(1)　$\dfrac{x}{2}+\dfrac{1}{4}\sin 2x$

(2)　$\tan x-\sec x$

(3)　$\dfrac{1}{2}\tan^{-1}\dfrac{\sqrt{1+5\tan^2 x}}{2}$

**演習 3.4**　(1)　$\sqrt{\dfrac{x-1}{x+1}}=t$ とおく．$\log|x-\sqrt{x^2-1}|+\sqrt{x^2-1}$

(2)　$\sqrt{x-1}=t$ とおく．$\log|x+\sqrt{x-1}|-\dfrac{2}{\sqrt{3}}\tan^{-1}\dfrac{2\sqrt{x-1}+1}{\sqrt{3}}$

**演習 3.5**　(1)　$\dfrac{9}{2}$　　(2)　$+\infty$　　(3)　$\dfrac{2\sqrt{3}}{3}\pi$　　(4)　$\dfrac{1}{a}$

(5)　$\dfrac{1}{2}\log 2$

**演習 3.6**　$[-1,1]$ は特異点 $x=0$ を含むから，この区間では問題のようにはできない．まず $\displaystyle\int_{-1}^{1}\dfrac{dx}{x^2}=\int_{-1}^{0}\dfrac{dx}{x^2}+\int_{0}^{1}\dfrac{dx}{x^2}=I_1+I_2$ とわける．

$$I_2=\lim_{\varepsilon\to+0}\int_{\varepsilon}^{1}\dfrac{dx}{x^2}=\lim_{\varepsilon\to+0}\left[-\dfrac{1}{x}\right]_{\varepsilon}^{1}=\lim_{\varepsilon\to+0}\left(-1+\dfrac{1}{\varepsilon}\right)=+\infty$$

$I_1$ も同様である．よって問題の積分は存在しない．

**平面曲線の図** ($a > 0$)

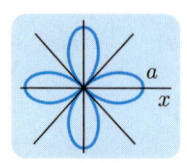

四葉線
$r = a\cos 2\theta$

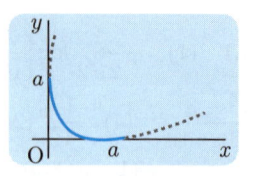

パラボラ (放物線)
$x^{1/2} + y^{1/2} = a^{1/2}$

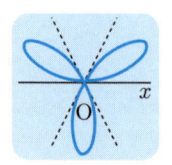

三葉線
$r = a\sin 3\theta$

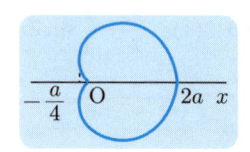

カーディオイド (心臓形)
$r = a(1 + \cos\theta)$

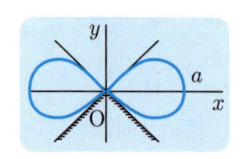

レムニスケート (連珠形)
$r^2 = a^2 \cos 2\theta$
$(x^2 + y^2)^2 = a^2(x^2 - y^2)$

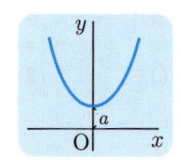

カテナリー
$y = \dfrac{a}{2}(e^{x/a} + e^{-x/a})$

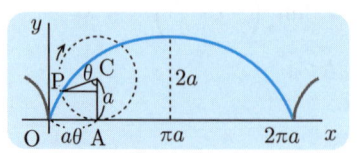

サイクロイド
$\begin{cases} x = a(\theta - \sin\theta) \\ y = a(1 - \cos\theta) \end{cases}$

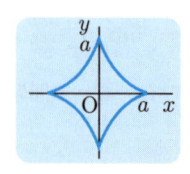

アステロイド (星芒形)
$\begin{cases} x = a\cos^3\theta \\ y = a\sin^3\theta \end{cases}$
$x^{2/3} + y^{2/3} = a^{2/3}$

# 第 4 章

# 定積分の応用と微分方程式の解法

**本章の目的** 前章では定積分の基本を学んだが，本章ではこの応用として，2次元空間 (平面) における図形の面積や曲線の長さを求め，その拡張として，3次元空間 (立体) の体積および回転体の体積・表面積などを求める．

次に定積分の近似計算もコンピュータ時代では不可欠であるので，代表例としてシンプソンの公式を取り上げる．

最後に微分方程式の解法を学習する．微分方程式は数学として重要であることはもちろんであるが，物理学における現象などを処理するのに非常に有効な手段なのである．

---

**本章の内容**

4.1 面積と曲線の弧の長さ
4.2 定積分の近似計算
4.3 立体の体積，回転体の体積と表面積
4.4 微分方程式の解法
研究 I ロンスキーの行列式と基本解
研究 II 定数係数の同次線形微分方程式

## 4.1 面積と曲線の弧の長さ

面積については第 3 章で考えたので,ここではそれらを"まとめ"ておく.

**直角座標の場合**

**定理 4.1** (Ⅰ) $x$ **軸との間の部分の面積** 関数 $f(x)$ が $[a,b]$ で連続で $f(x) \geqq 0$ のとき,この曲線と $x$ 軸との間にある部分の面積 $S$ は次の式で与えられる.
$$S = \int_a^b f(x)dx$$

(Ⅱ) **2 曲線の囲む部分の面積** 関数 $f(x), g(x)$ が $[a,b]$ で連続でつねに $f(x) \geqq g(x)$ とする.この区間内でこの 2 曲線の間にある部分の面積 $S$ は次の式で与えられる.
$$S = \int_a^b \{f(x) - g(x)\}dx$$

(Ⅲ) **媒介変数表示の場合の面積** (Ⅰ) の曲線 $y = f(x)$ $(a \leqq x \leqq b)$ が媒介変数により
$$x = \varphi(t), \quad y = \psi(t) \ (\alpha \leqq t \leqq \beta) \quad \text{ただし} \varphi'(t) > 0$$
と表されているとき,面積 $S$ は次の式で与えられる.
$$S = \int_a^b y\,dx = \int_\alpha^\beta \psi(t)\varphi'(t)dt$$

[証明] (Ⅱ) の証明をする.

(ⅰ) $f(x) \geqq 0$, $g(x) \geqq 0$ のときは明らかである (⇨ 図 4.1).

(ⅱ) 両曲線が $x$ 軸より上にあるとは限らないときは (⇨ 図 4.2) $g(x)$ の最小値を $-m$ $(m > 0)$ として
$$F(x) = f(x) + m, \quad G(x) = g(x) + m$$
とする.$F(x), G(x)$ は $f(x), g(x)$ のグラフを $m$ だけ上方に平行移動したものであるから囲む面積は変わりない.しかも $x$ 軸の上方にあるから (ⅰ) によって $S = \int_a^b \{F(x) - G(x)\}dx = \int_a^b \{f(x) - g(x)\}dx$. ∎

## 4.1 面積と曲線の弧の長さ

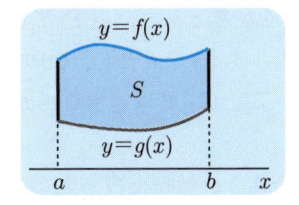

● **より理解を深めるために**

図 4.1　2 曲線の囲む面積

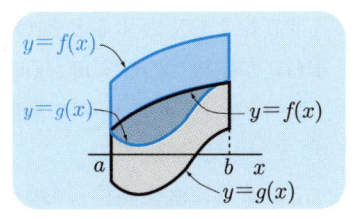

図 4.2　2 曲線が $x$ 軸の上にあるとは限らないとき

**例 4.1**　2 つの曲線 $y = \sin x$, $y = \cos x$ が $[\pi/4, 5\pi/4]$ で囲む面積 (⇨ 図 4.3) は定理 4.1 (Ⅱ) より

$$S = \int_{\pi/4}^{5\pi/4} (\sin x - \cos x)dx = [-\cos x - \sin x]_{\pi/4}^{5\pi/4} = 2\sqrt{2} \quad \blacksquare$$

**例 4.2**　サイクロイド $x = a(t - \sin t)$, $y = a(1 - \cos t)$ $(a > 0, 0 \leqq t \leqq 2\pi)$ と $x$ 軸とで囲む面積 (⇨ 図 4.4) は,定理 4.1 (Ⅲ) より,$\dfrac{dx}{dt} = a(1 - \cos t)$ であるので,求める面積 $S$ は,

$$S = \int_0^{2\pi} a^2 (1 - \cos t)^2 dt = 3\pi a^2 \quad \left(\cos^2 t = \frac{1 + \cos 2t}{2} \text{を用いよ}\right) \quad \blacksquare$$

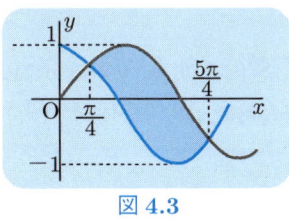

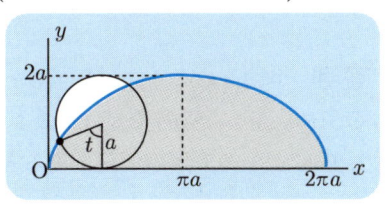

図 4.3

図 4.4　サイクロイド

(解答は章末 p.147 以降に掲載されています.)

**問 4.1**\*　次の面積を求めよ.

(1) 曲線 $y = 1/(x^2 + 1)$ と放物線 $y = x^2/2$ によって囲む部分.
(2) アステロイド $x^{2/3} + y^{2/3} = 1$ の囲む部分 (⇨ 図 4.5).

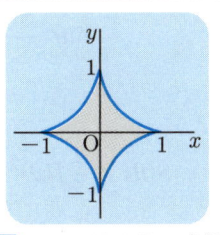

図 4.5　アステロイド

---

\*「基本演習微分積分」(サイエンス社) p.68 の問題 23.1 (2), p.69 の問題 24.1 参照.

**関数が極座標で与えられた場合の面積**　極座標：図 4.6 のように O を始点とする半直線を OX とするとき O を**極**，OX を**始線**という．点 P と O を結ぶ線分 OP が始線とのなす角 (反時計回りを正とする) を $\theta$ とし，OP $= r$ とする．このとき $(r, \theta)$ を点 P の**極座標**という．ここに，$\theta$ は通常 $0 \leqq \theta \leqq 2\pi$ にとり，$r \geqq 0$ とする．

図 4.7 のように直交座標において原点 O を極，$x$ 軸の正の方向の半直線 OX を始線とする極座標を考えると，直交座標 $(x, y)$ と極座標 $(r, \theta)$ の間に次のような関係がある．

$$x = r\cos\theta, \quad y = r\sin\theta$$

**極方程式**：一般に，方程式 $r = f(\theta)$ をみたす点 $(r, \theta)$ の全体は曲線を描く．$r = f(\theta)$ をこの曲線の**極方程式**という．

> **定理 4.2** (極座標で表される図形の面積)　関数 $f(\theta)$ は区間 $\alpha \leqq \theta \leqq \beta$ において連続で $f(\theta) \geqq 0$ とし，曲線 $r = f(\theta)$，直線 $\theta = \alpha$, $\theta = \beta$ によって囲まれた面積 $S$ は
> 
> $$S = \frac{1}{2}\int_\alpha^\beta f(\theta)^2 d\theta$$

[証明]　図 4.8 のように，灰色部分の面積を $S(\theta)$ とする．$\theta$ の増分 $\Delta\theta$ に対して $S(\theta + \Delta\theta) - S(\theta)$ を図 4.9 のように，中心角が $\Delta\theta$ で半径が $f(\theta_1)$ ($\theta \leqq \theta_1 \leqq \theta + \Delta\theta$) の扇形の面積とみると，

$$S(\theta + \Delta\theta) - S(\theta) = \frac{1}{2}f(\theta_1)^2 \cdot \Delta\theta$$

$$\therefore \quad \lim_{\Delta\theta \to 0} \frac{S(\theta + \Delta\theta) - S(\theta)}{\Delta\theta} = \lim_{\theta_1 \to \theta} \frac{1}{2}f(\theta_1)^2 = \frac{1}{2}f(\theta)^2$$

$$\therefore \quad S'(\theta) = \frac{1}{2}f(\theta)^2$$

よって $S(\theta)$ は $\frac{1}{2}f(\theta)^2$ の原始関数であり，

$$\int_\alpha^\beta \frac{1}{2}f(\theta)^2 d\theta = [S(\theta)]_\alpha^\beta = S(\beta) - S(\alpha) = S \quad \blacksquare$$

● **より理解を深めるために**

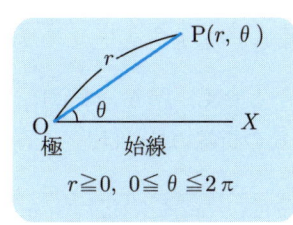

図 4.6 極座標

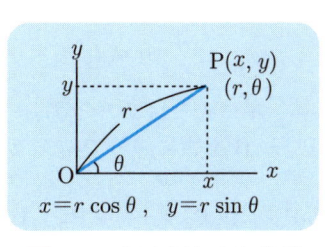

図 4.7 極座標と直角座標

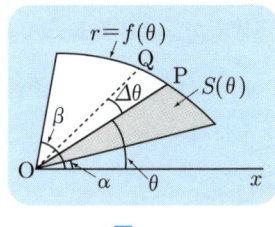

$x = r\cos\theta,\quad y = r\sin\theta$

図 4.8

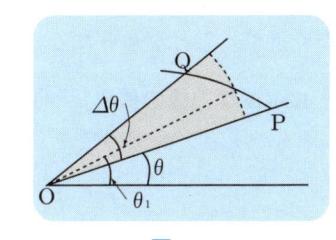

図 4.9

**例 4.3** (1) 円 $x^2 + y^2 = a^2\ (a > 0)$ の極方程式は $r = a$ である.
(2) 円 $x^2 + y^2 - y = 0$ の極方程式は $r = \sin\theta$ である.
(3) 放物線 $y = x^2$ の極方程式は $r = \dfrac{\sin\theta}{\cos^2\theta}$ である. ■

**例 4.4** カーディオイド $r = a(1 + \cos\theta)\ (a > 0,\ 0 \leqq \theta \leqq 2\pi)$ の囲む部分の面積を求めよ (⇨ p.120 の図).

[解] 定理 4.2 を用いる. この曲線は始線に関して対称であるから,

$$S = 2\frac{1}{2}\int_0^\pi a^2(1+\cos\theta)^2 d\theta = a^2\int_0^\pi (1 + 2\cos\theta + \cos^2\theta)d\theta$$
$$= a^2\left[\theta + 2\sin\theta + \frac{1}{2}\left(\theta + \frac{1}{2}\sin 2\theta\right)\right]_0^\pi = \frac{3}{2}\pi a^2 \quad ■$$

**問 4.2**[*] 次の面積を求めよ $(a > 0)$(⇨ p.120 の図).
(1) 三葉線 $r = a\sin 3\theta$ と円 $r = a$ との間にある部分の面積.
(2) レムニスケート $r^2 = a^2\cos 2\theta$ で囲まれた部分の面積.

---

[*]「基本演習微分積分」(サイエンス社) p.70 の問題 25.1 (1), (2) 参照.

**曲線の弧の長さ**　曲線 $x = f(t), y = g(t)$ $(a \leqq t \leqq b)$ が与えられたとき，この弧の長さ $l$ を考える (⇨図 4.10)．区間 $[a,b]$ の**分割**

$$a = t_0 < t_1 < \cdots < t_{n-1} < t_n = b \tag{4.1}$$

を考え，$x_i = f(t_i), y_i = g(t_i), P_i = (x_i, y_i)$ とおく．点 $A = P_0, P_1, P_2, \cdots, P_n = B$ を順に線分で結んでゆくとき，この折線の長さは，

$$P_0P_1 + P_1P_2 + \cdots + P_{n-1}P_n = \sum_{i=0}^{n-1} \sqrt{(x_{i+1} - x_i)^2 + (y_{i+1} - y_i)^2}$$

となる．この値は上記 (4.1) のような分割をさらに細かくすると一定値 $l$ に限りなく近づくことが知られている．この一定値 $l$ が弧 $\widehat{AB}$ の長さである．

**定理 4.3**（曲線の弧の長さ）　曲線 $x = f(t), y = g(t)$ が $[a,b]$ で連続な導関数をもつとき，曲線の長さ $l$ は次の式で与えられる．

$$l = \int_a^b \sqrt{f'(t)^2 + g'(t)^2}\, dt$$

[証明]　$a \leqq t \leqq b$ とし，図 4.11 のように $t = a, t, t + \Delta t$ のときの曲線上の点を順に $A, P, Q$ とする．

曲線の弧 $\widehat{AP}$ の長さを $l(t)$ とすると弧 $\widehat{PQ}$ の長さは，$l(t + \Delta t) - l(t)$ である．点 $Q$ を点 $P$ の近くにとるとき，弧 $\widehat{PQ}$ の長さは線分 $\overline{PQ}$ の長さで近似され，$\Delta t > 0$ のとき

$$\widehat{PQ} = l(t + \Delta t) - l(t)$$
$$\fallingdotseq \sqrt{(f(t + \Delta t) - f(t))^2 + (g(t + \Delta t) - g(t))^2}$$

$$\therefore \quad \frac{l(t + \Delta t) - l(t)}{\Delta t} \fallingdotseq \sqrt{\left(\frac{f(t + \Delta t) - f(t)}{\Delta t}\right)^2 + \left(\frac{g(t + \Delta t) - g(t)}{\Delta t}\right)^2}$$

$\Delta t < 0$ のときも同様である．よって $\Delta t \to 0$ とすると

$$l'(t) = \sqrt{f'(t)^2 + g'(t)^2}$$

となり，$l(t)$ は $\sqrt{f'(t)^2 + g'(t)^2}$ の原始関数であることがわかる．よって

$$\int_a^b \sqrt{f'(t)^2 + g'(t)^2}\, dt = [l(t)]_a^b = l(b) - l(a) = l \quad \blacksquare$$

## 4.1 面積と曲線の弧の長さ

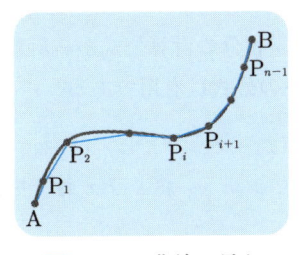

● **より理解を深めるために** ●

図 4.10 曲線の長さ

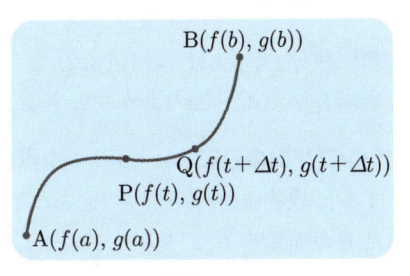

図 4.11

**系 (定理 4.3)** （ⅰ） 曲線 $y = f(x)$ が $[a,b]$ で連続な導関数をもつとき，曲線の長さ $l$ は

$$l = \int_a^b \sqrt{1 + f'(x)^2}\,dx$$

（ⅱ） 曲線 $r = f(\theta)$ が $[\alpha, \beta]$ で連続な導関数をもつとき，曲線の長さ $l$ は

$$l = \int_\alpha^\beta \sqrt{r^2 + \left(\frac{dr}{d\theta}\right)^2}\,d\theta$$

[証明] （ⅰ）は $x = t,\ y = f(x)$ とおき，（ⅱ）は $x = f(\theta)\cos\theta,\ y = f(\theta)\sin\theta$ とおいて，定理 4.3 を用いよ．■

**例 4.5** サイクロイド $x = a(\theta - \sin\theta),\ y = a(1 - \cos\theta)\ (a > 0)$ において，$0 \leqq \theta \leqq 2\pi$ の部分の弧の長さを求めよ．

[解] 図 4.4 (p.123) を参照．定理 4.3 を用いる．

$$\begin{aligned} x'(\theta)^2 + y'(\theta)^2 &= a^2(1 - \cos\theta)^2 + a^2\sin^2\theta = 2a^2(1 - \cos\theta) \\ &= 4a^2\sin^2\frac{\theta}{2} \quad \left(\because\ \cos 2\frac{\theta}{2} = 1 - 2\sin^2\frac{\theta}{2}\right) \end{aligned}$$

$$\therefore\quad l = \int_0^{2\pi} \sqrt{\left(\frac{dx}{d\theta}\right)^2 + \left(\frac{dy}{d\theta}\right)^2}\,d\theta = 2a\int_0^{2\pi}\sin\frac{\theta}{2}\,d\theta = 8a \quad ■$$

**問 4.3**[*] 次の曲線の長さを求めよ (⇨ 図は p.120)．
(1) アステロイド $x^{2/3} + y^{2/3} = 1$ の全長．
(2) カーディオイド $r = a(1 + \cos\theta)\ (a > 0)$ の全長．

---

[*]「基本演習微分積分」(サイエンス社) p.69 の問題 24.1，p.70 の例題 25 参照．

## 4.2 定積分の近似計算

楕円積分 (⇨ p.141 の例題 4.2) 等のように定積分の計算公式から計算できない場合がある．このようなときシンプソンの公式は有用である．

**シンプソンの公式**　$[x_1, x_3]$ の中点を $x_2 = (x_1+x_3)/2$ とし，$x_3-x_1 = 2h$ とする．放物線 $y = ax^2 + bx + c$ と $x = x_1$, $x = x_3$ および $x$ 軸で囲まれる部分の面積を $S$ とすると (⇨ 図 4.12)，

$$S = \int_{x_1}^{x_3} (ax^2 + bx + c)dx = \frac{a(x_3^3 - x_1^3)}{3} + \frac{b(x_3^2 - x_1^2)}{2} + c(x_3 - x_1)$$
$$= \frac{x_3 - x_1}{6} \{(ax_1^2 + bx_1 + c) + (ax_3^2 + bx_3 + c) + a(x_1 + x_3)^2 + 2b(x_1 + x_3) + 4c\}$$

いま，$ax_1^2 + bx_1 + c = y_1$, $ax_3^2 + bx_3 + c = y_3$ であり，

$$a(x_1 + x_3)^2 + 2b(x_1 + x_3) + 4c = 4ax_2^2 + 4bx_2 + 4c = 4y_2$$

となる．よって，面積 $S$ は次の式で与えられる．

$$S = h(y_1 + 4y_2 + y_3)/3 \tag{4.2}$$

以上の準備のもとに，$\int_a^b f(x)dx$ において，区間 $[a,b]$ を $a = x_0, x_2, \cdots, x_{2k}, x_{2k+2}, \cdots, x_{2n} = b$ のように $2n$ 等分し，各小区間の中点を順に $x_1, x_3, \cdots, x_{2k-1}, \cdots, x_{2n-1}$ とする．

次に図 4.13 のように各小区間 $[x_{2k}, x_{2k+2}]$ において，$x = x_{2k}, x_{2k+1}, x_{2k+2}$ における $f(x)$ の値を $y_{2k}, y_{2k+1}, y_{2k+2}$ とし，曲線上の 3 点 $(x_{2k}, y_{2k}), (x_{2k+1}, y_{2k+1}), (x_{2k+2}, y_{2k+2})$ を通る放物線で与えられた曲線を近似する．すると図 4.13 の青色の部分の面積は上記 (4.2) により，$h(y_{2k} + 4y_{2k+1} + y_{2k+2})/3$ となるのでこれを $k = 0, 1, \cdots, n-1$ について加え，次のシンプソンの公式を得る (⇨ 図 4.14)．

$$\int_a^b f(x)dx \fallingdotseq \frac{b-a}{6n}\{y_0 + 4(y_1 + y_3 + \cdots + y_{2n-1}) + 2(y_2 + y_4 + \cdots + y_{2n-2}) + y_{2n}\}$$

## 4.2 定積分の近似計算

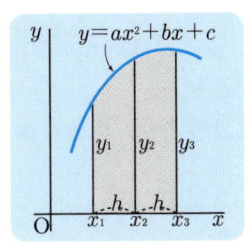

● より理解を深めるために

図 4.12　放物線と $x = x_1$, $x = x_3$ で囲まれた部分の面積

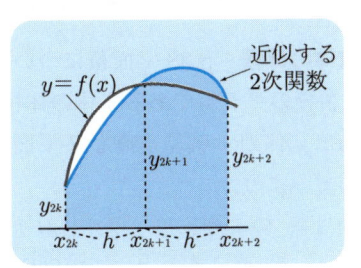

図 4.13　放物線での近似

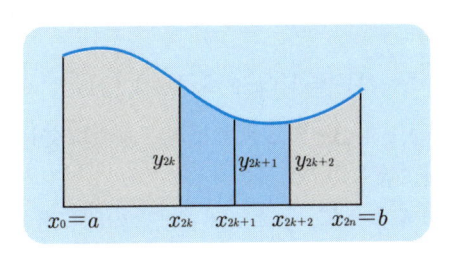

図 4.14　シンプソンの公式

**例 4.6**　区間 $[0, 1]$ を 6 等分して，シンプソンの公式により $\displaystyle\int_0^1 \frac{dx}{1+x}$ を求め，$\log 2$ の近似値を小数第 4 位まで求めよ．

[解]　シンプソンの公式において，$f(x) = \dfrac{1}{1+x}$, $a = 0$, $b = 1$, $2n = 6$ とおく．$y_0 = 1$, $y_6 = 0.5$. よって $y_0 + y_6 = 1.5$.

$y_1 = \dfrac{6}{7} = 0.85714$　　　　　　　　$y_2 = \dfrac{6}{8} = 0.75$

$y_3 = \dfrac{6}{9} = 0.66667$　　　　　　　　$y_4 = \dfrac{6}{10} = 0.6$

$y_5 = \dfrac{6}{11} = 0.54545$　　　　　　　　$\overline{\phantom{y_4 = \dfrac{6}{10} = 0.6}\ 1.35 \times 2 = 5.4}$

$\overline{\phantom{y_5 = \dfrac{6}{11} = 0.54545\ }\ 2.06926 \times 4 = 8.27704}$

$\therefore\ \displaystyle\int_0^1 \frac{dx}{1+x} = \log 2 \fallingdotseq \frac{1}{3} \times \frac{1}{6}(1.5 + 8.27704 + 5.4) \fallingdotseq 0.6932$　■

## 4.3　立体の体積，回転体の体積と表面積

**立体の体積**　p.98 で面積について述べたが，ここでは第 6 章で学習する 2 重積分のモデルである立体の体積について考える．

ある立体の $x$ 軸に垂直な 2 平面 $A, B$ の間にはさまれた部分の体積 $V$ を求めてみよう．

図 4.15 のように 2 平面 $A, B$ が $x$ 軸と垂直に交わる 2 つの点の座標を $a, b\ (a < b)$ とする．次にこの区間内の 1 点を $x$ とし，点 $x$ で $x$ 軸に垂直に交わる平面 $X$ でこの立体を切ったときの切り口の面積を $S(x)$ とする．

2 平面 $A, X$ の間にある立体の体積を $V(x)$ とすると，$x$ の増分 $\Delta x$ に対する $V(x)$ の増分

$$\Delta V = V(x + \Delta x) - V(x)$$

は，$x$ 軸上の座標が $x, x + \Delta x$ の 2 点で $x$ 軸と垂直に交わる 2 平面の間にはさまれた立体の体積に等しい (⇨ 図 4.16)．

図 4.17 からもわかるように，$x$ と $x + \Delta x$ との間にある適当な値 $x_1$ をとれば $\Delta V(x)$ は，

$$\Delta V = S(x_1) \Delta x$$

と表される．ここで $\Delta x \to 0$ とすれば $x_1 \to x$ であるから

$$\begin{aligned} V'(x) &= \lim_{\Delta x \to 0} \frac{\Delta V}{\Delta x} = \lim_{x_1 \to x} S(x_1) \\ &= S(x) \end{aligned}$$

すなわち，$V(x)$ は $S(x)$ の原始関数である．

したがって，

$$\int_a^b S(x) dx = [V(x)]_a^b = V(b) - V(a)$$

$V(x)$ の定義によって，$V(a) = 0$ であり，求める体積 $V$ は $V(b)$ に等しいから，

$$V = \int_a^b S(x) dx \tag{4.3}$$

が得られる．

● **より理解を深めるために**

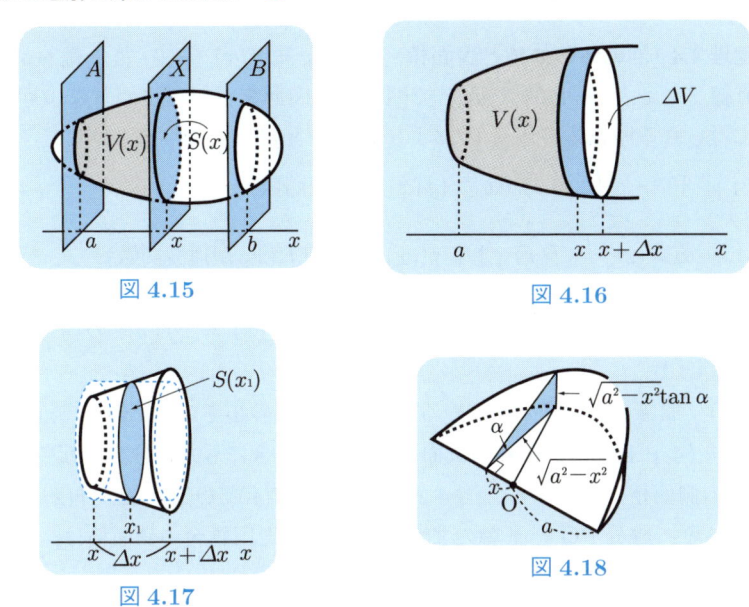

図 4.15

図 4.16

図 4.17

図 4.18

**例 4.7** 底面の半径 $a\ (>0)$ の直円柱から，その底面の直径を通り，底面と $\alpha$ の角をなす平面で切り取った部分の体積を求めよ．ただし，$0<\alpha<\dfrac{\pi}{2}$ とする（⇨ 図 4.18）．

[**解**] 直円柱を $x^2+y^2=a^2$ とする．図 4.18 により，直径の中心 O から距離 $x$ の点を通ってこの直径に垂直な平面で，この求める立体を切るとき，切り口の面積 $S(x)$ は

$$S(x)=\frac{1}{2}(a^2-x^2)\tan\alpha$$

である．したがって求める体積 $V$ は，公式 (4.3) により

$$\begin{aligned}V&=\frac{1}{2}\int_{-a}^{a}(a^2-x^2)\tan\alpha\,dx\\&=\frac{\tan\alpha}{2}\left[a^2x-\frac{x^3}{3}\right]_{-a}^{a}=\frac{2}{3}a^3\tan\alpha\quad\blacksquare\end{aligned}$$

**問 4.4** 底面の半径 $r$，高さ $h$ の直円錐の体積を求めよ．

## 回転体の体積と表面積

**定理 4.4（回転体の体積と表面積）** 曲線 $y = f(x) \ (\geqq 0)$ と $x$ 軸および 2 直線 $x = a, x = b \ (a < b)$ とで囲まれる図形を $x$ 軸のまわりに 1 回転して得られる回転体の体積 $V$ および表面積 $S$ は次式で与えられる．

(i)  $V = \pi \int_a^b f(x)^2 dx \quad (f(x)$ は連続関数$)$

(ii) $S = 2\pi \int_a^b f(x)\sqrt{1 + f'(x)^2} dx \quad (f'(x)$ が連続関数$)$

[証明]（i）体積 $V$ は p.130 の (4.3) で $S(x) = \pi f(x)^2$ の場合である（⇨ 図 4.19）．

（ii）曲線の弧の長さを求めるときに，曲線の小さい弧を線分で近似したように（⇨ p.126），回転体の表面積を求めるときにも，線分を回転させた円錐台の側面積で近似する．図 4.20 で，$P(x, f(x)), Q(x + \Delta x, f(x + \Delta x))$ とすると，線分 $\overline{PQ}$ を $x$ 軸のまわりに回転した円錐台の側面積は，図 4.21 のような展開図により，

$$\text{図形 PQQ'P' の面積} = \frac{1}{2}\left(\widehat{PP'} + \widehat{QQ'}\right) \cdot \overline{PQ}$$
$$= \frac{2\pi f(x) + 2\pi f(x + \Delta x)}{2} \cdot \overline{PQ}$$
$$= \pi(f(x) + f(x + \Delta x)) \cdot \sqrt{(\Delta x)^2 + (f(x + \Delta x) - f(x))^2}$$

となる．図 4.20 において $a$ から $x$ までの部分の表面積を $S(x)$ とすると，上の値は $S(x + \Delta x) - S(x)$ と近似されるので，

$$\frac{S(x + \Delta x) - S(x)}{\Delta x} \fallingdotseq \pi(f(x) + f(x + \Delta x))\sqrt{1 + \left(\frac{f(x + \Delta x) - f(x)}{\Delta x}\right)^2}$$

いま，$\Delta x \to 0$ とすると，$S' = 2\pi f(x)\sqrt{1 + f'(x)^2}$ となる．

これから $y = f(x)$ を $x$ 軸よまわりに 1 回転して生ずる回転体の表面積は次のようになることがわかる．

$$S = \int_a^b 2\pi f(x)\sqrt{1 + f'(x)^2} dx \quad \blacksquare$$

## 4.3 立体の体積，回転体の体積と表面積

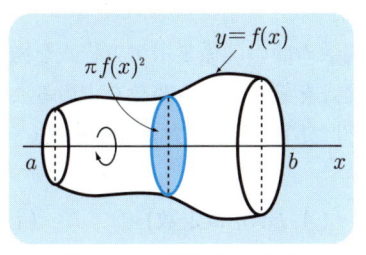

● **より理解を深めるために** ●

図 4.19　回転体の体積

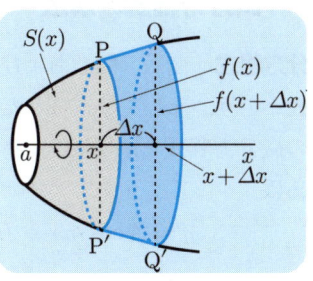

図 4.20　回転体の表面積

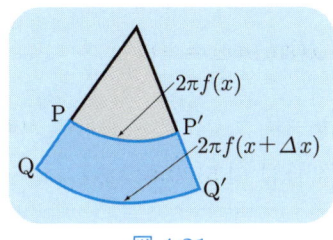

図 4.21

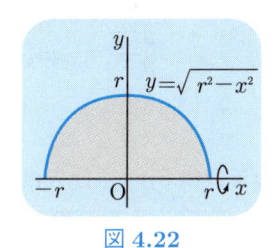

図 4.22

**例 4.8**　半円 $y = \sqrt{r^2 - x^2}$ $(-r \leqq x \leqq r)$ を $x$ 軸のまわりに 1 回転して得られる回転体の体積および表面積を求めよ（⇨ 図 4.22）．

[解]　体積 $V$ を求める．定理 4.4 ( i ) より

$$V = \pi \int_{-r}^{r} y^2 dx = \pi \int_{-r}^{r} (r^2 - x^2) dx = \pi \left[ r^2 x - \frac{x^3}{3} \right]_{-r}^{r} = \frac{4}{3} \pi r^3$$

次に表面積 $S$ を求める．定理 4.4 (ii) より

$$\begin{aligned} S &= 2\pi \int_{-r}^{r} y\sqrt{1 + y'^2}\, dx \\ &= 2\pi \int_{-r}^{r} \sqrt{r^2 - x^2} \sqrt{1 + \frac{x^2}{r^2 - x^2}}\, dx = 4\pi r^2 \quad \blacksquare \end{aligned}$$

**問 4.5**$^*$　楕円 $\dfrac{x^2}{a^2} + \dfrac{y^2}{b^2} = 1$ $(0 < b < a)$ を $x$ 軸のまわりに 1 回転して得られる回転体の体積および表面積を求めよ．

---

$^*$　$\sqrt{1 - b^2/a^2} = e$ とおく．「基本演習微分積分」(サイエンス社) p.71 の例題 26 参照．

## 4.4 微分方程式の解法

**微分方程式** 変数,関数およびその導関数の間の関係を示す方程式を**微分方程式**という.そして与えられた微分方程式を成立させる関数を求めることをその微分方程式を**解く**といい,解いて得た関数を微分方程式の**解**という.たとえば

$$y = A\cos mx + B\sin mx \quad (A, B, m \text{ は定数}) \tag{4.4}$$

$$\frac{dy}{dx} = -Am\sin mx + Bm\cos mx$$

$$\frac{d^2y}{dx^2} = -m^2(A\cos mx + B\sin mx) = -m^2 y$$

$$\therefore \quad \frac{d^2y}{dx^2} + m^2 y = 0 \tag{4.5}$$

したがって,(4.5) は微分方程式であり,(4.4) は (4.5) の解である.

---

**変数分離形** $\dfrac{dy}{dx} = \dfrac{P(x)}{Q(y)}$ の形の微分方程式を**変数分離形**という.

**解法 1** 一般解は $\displaystyle\int Q(y)dy = \int P(x)dx + C$ ($C$ は任意定数).

---

実際,$Q(y)\dfrac{dy}{dx} = P(x)$ と書き直して,両辺を $x$ に関して積分すると,

$$\int Q(y)\frac{dy}{dx}dx = \int P(x)dx + C$$

となり,左辺は $y$ の関数 $Q(y)$ の原始関数 $\displaystyle\int Q(y)dy$ を置換したもの (変数を $x$ に変えたもの) であることから上記の結果が得られる.

---

**同次形** $\dfrac{dy}{dx} = f\left(\dfrac{y}{x}\right)$ の形の微分方程式を**同次形**という.

**解法 2** $y = xu$ とおくと,$\dfrac{du}{dx} = \dfrac{f(u) - u}{x}$ のような変数分離形に帰着する.

● **より理解を深めるために** ●

**例 4.9** 次の微分方程式を解け.

(1) $(1-x^2)y' + xy = 2x$ (2) $xy' = y + \sqrt{x^2+y^2}$

[解] (1) 上の方程式を書き直すと, $(1-x^2)\dfrac{dy}{dx} = x(2-y)$. したがって $y \neq 2$ のとき $\dfrac{1}{y-2}\dfrac{dy}{dx} = \dfrac{x}{x^2-1}$. よって変数分離形 (⇨左頁) であるので解法1により $\displaystyle\int \dfrac{dy}{y-2} = \int \dfrac{x}{x^2-1}dx + C$. したがって

$$\log|y-2| = \frac{\log|x^2-1|}{2} + C$$

いま $C$ は任意定数であるので $C$ の代りに $\log C_1$ と書いて,

$$2\log|y-2| = \log|x^2-1| + 2\log C_1$$

$$\therefore \quad (y-2)^2 = (C_1)^2|x^2-1|$$

また, $y=2$ も明らかにこの微分方程式の解である.

(2) 与えられた微分方程式の両辺を $x$ で割ると $\dfrac{dy}{dx} = \dfrac{y}{x} + \sqrt{1+\left(\dfrac{y}{x}\right)^2}$ となり同次形 (⇨左頁) である. いま, $\dfrac{y}{x} = u$ とおくと $f(u) = u + \sqrt{1+u^2}$. よって $\dfrac{du}{dx} = \dfrac{\sqrt{1+u^2}}{x}$ となり, 変数分離形である.

$$\int \frac{du}{\sqrt{u^2+1}} = \int \frac{dx}{x} + C$$

$$\therefore \quad \log|u + \sqrt{u^2+1}| = \log|x| - \log C$$

よって, $|x| = C|u + \sqrt{u^2+1}|$. 変数をもとにもどして

$$x^2 = C\left(y + \sqrt{x^2+y^2}\right) \quad \blacksquare$$

---

**問 4.6**[*] 次の微分方程式を解け.

(1) $(1+x)y + 2(1-y)x\dfrac{dy}{dx} = 0$

(2) $2xy\dfrac{dy}{dx} = x^2 + y^2$

---

[*]「基本演習微分積分」(サイエンス社) p.74 の問題 28.1 (3), p.75 の問題 29.1 (2) 参照.

**1階線形微分方程式** $P, Q$ が $x$ の関数または定数であるとき微分方程式
$$\frac{dy}{dx} + Py = Q \tag{4.6}$$
を **1階線形微分方程式**という．

（ⅰ） $Q = 0$ のとき，$\dfrac{dy}{dx} + Py = 0$．よって，$\displaystyle\int \frac{dy}{y} = -\int P\,dx$．

$\log|y| = -\displaystyle\int P\,dx + C \quad \therefore \quad y = Ae^{-\int P\,dx} \quad (C = \log A)$

（ⅱ） $Q \neq 0$ のときは $u$ は $x$ の関数とし，$y = ue^{-\int P\,dx}$ とする．
$$\frac{dy}{dx} = e^{-\int P\,dx} \cdot \frac{du}{dx} + e^{-\int P\,dx} \cdot (-P) \cdot u$$
これを (4.6) に代入すると
$$e^{-\int P\,dx} \cdot \frac{du}{dx} + e^{-\int P\,dx}(-P)u + Pue^{-\int P\,dx} = Q$$
したがって
$$\frac{du}{dx} = Qe^{\int P\,dx} \quad \therefore \quad u = \int Qe^{\int P\,dx}\,dx + C \quad (C \text{ は任意定数})$$

---

1階線形微分方程式 (4.6) の一般解は

**解法 3** $\quad y = e^{-\int P\,dx}\left(\displaystyle\int Qe^{\int P\,dx}\,dx + C\right) \quad (C \text{ は任意定数})$

---

**ベルヌーイの微分方程式** $P, Q$ が $x$ の関数で，$\alpha$ を実数とするとき，
$$y' + Py = Qy^{\alpha} \quad (d \neq 0, 1)$$
を**ベルヌーイの微分方程式**という．

**解法 4** 両辺に $(1-\alpha)y^{-\alpha}$ をかけ $u = y^{1-\alpha}$ とおくと，
$$\frac{du}{dx} + (1-\alpha)Pu = (1-\alpha)Q$$
となり $u$ に関する 1 階線形微分方程式となる．

---

このベルヌーイの微分方程式は，$\alpha = 0, 1$ のときは線形である．

## 4.4 微分方程式の解法

● **より理解を深めるために** ●─────────

**例 4.10** $\dfrac{dy}{dx} + y\cos x = \sin x \cos x$ を解け.

[解] 与えられた微分方程式は $P = \cos x$, $Q = \sin x \cos x$ とする 1 階線形微分方程式である. よって解法 3 により

$$\begin{aligned} y &= e^{-\int \cos x\, dx} \left( \int \sin x \cos x\, e^{\int \cos x\, dx} dx + C \right) \\ &= e^{-\sin x} \left( \int \sin x \cos x\, e^{\sin x} dx + C \right) \end{aligned}$$

$\sin x = t$ とおくと, $\cos x\, dx = dt$ であるので

$$\int \sin x \cos x\, e^{\sin x} dx = \int t e^t dt = t e^t - \int e^t dt = (t-1)e^t$$

$$\begin{aligned} \therefore \quad y &= e^{-\sin x} \left\{ (\sin x - 1) e^{\sin x} + C \right\} \\ &= \sin x - 1 + C e^{-\sin x} \quad \blacksquare \end{aligned}$$

**例 4.11** $y' + \dfrac{3}{4x} y = -\dfrac{1}{4} e^x x^3 y^5$ を解け.

[解] $\alpha = 5$ のときのベルヌーイの微分方程式である. 解法 4 により, $u = y^{-4}$ とおくと, $\dfrac{du}{dx} - \dfrac{3u}{x} = e^x x^3$ となる.

これは 1 階線形微分方程式であるから, 解法 3 により,

$$\begin{aligned} \frac{1}{y^4} = u &= e^{\int 3/x\, dx} \left( \int e^x x^3 e^{-\int 3/x\, dx} dx + C \right) \\ &= e^{3\log x} \left( \int e^x x^3 e^{-3\log x} dx + C \right) \\ &= x^3 \left( \int e^x dx + C \right) \\ &= x^3 (e^x + C) \quad \blacksquare \end{aligned}$$

**問 4.7** 次の微分方程式を解け.

(1)*   $y' + (\tan x) y = \sin 2x$    (2)*   $y' + y = x^2$

(3)**   $y' - xy + xy^2 e^{-x^2} = 0$    (4)**   $y' + ay + by^2 = 0$

 * 「基本演習微分積分」(サイエンス社) p.74 の問題 28.2 (1), (3) 参照.
 ** 「演習微分方程式」(サイエンス社) p.15 の問題 5.1 (1), (5) 参照.

**定数係数の線形2階微分方程式** $a, b, c$ を定数とするとき

$$ay'' + by' + cy = f(x) \tag{4.7}$$

のような微分方程式を**定数係数の2階線形微分方程式**という．まず $f(x) = 0$ の場合，つまり次のような**定数係数の同次線形2階微分方程式**について考える．

$$ay'' + by' + cy = 0 \tag{4.8}$$

いま $y = e^{\lambda x}$ の形の解を考える．これを (4.8) に代入すると，

$$(a\lambda^2 + b\lambda + c)e^{\lambda x} = 0$$

が得られる．つまり $\lambda$ は次の2次方程式の解である．

$$at^2 + bt + c = 0 \tag{4.9}$$

(4.9) を (4.8) の**特性方程式**といい，その解を**特性解**という．

---

**定数係数の同次線形2階微分方程式の解法**
**解法 5** 微分方程式 (4.8) の特性解を $\alpha, \beta$ とするとき，(4.8) の解は次のような形になる．ただし，$c_1, c_2$ は任意定数とする．
( i ) $\alpha, \beta$ が相異なる実数のとき，$y = c_1 e^{\alpha x} + c_2 e^{\beta x}$
(ii) $\alpha = \beta$ (実数) のとき，$y = c_1 e^{\alpha x} + c_2 x e^{\alpha x}$
(iii) $\alpha, \beta$ が虚数 $p \pm qi$ のとき，$y = e^{px}(c_1 \cos qx + c_2 \sin qx)$

---

[証明] ( i ), (ii), (iii) について定理 4.5 (p.145) を用いる．
( i ) $y_1 = e^{\alpha x}, y_2 = e^{\beta x}$ とおくと，ロンスキーの行列式は

$$W(y_1, y_2) = e^{\alpha x} \cdot e^{\beta x}(\beta - \alpha) \neq 0$$

である．ゆえに求める解は $y = c_1 e^{\alpha x} + c_2 e^{\beta x}$．
(ii) $y_1 = e^{\alpha x}, y_2 = xe^{\alpha x}$ とおくと，ロンスキーの行列式は $W(y_1, y_2) = (e^{\alpha x})^2 \neq 0$ である．ゆえに求める解は $y = c_1 e^{\alpha x} + c_2 x e^{\beta x}$．
(iii) $y_1 = e^{px} \cos qx, y_2 = e^{px} \sin qx$ とおくと，ロンスキーの行列式は

$$W(y_1, y_2) = (e^{px})^2 q \neq 0$$

である．ゆえに求める解は $y = e^{px}(c_1 \cos qx + c_2 \sin qx)$．■

**注意 4.1** オイラーの公式 $e^{x+iy} = e^x(\cos y + i \sin y)$ を (iii) に適用すると (iii) は ( i ) と同様な形になる．

## 4.4 微分方程式の解法

● **より理解を深めるために** ●

**例 4.12** (1)　$y'' - 3y' + 2y = 0$　（特性方程式が 2 個の実数解をもつ場合）
特性方程式 $t^2 - 3t + 2 = 0$ は相異なる 2 つの実数解 $t = 2, 1$ をもつ．よって求める解は $y = c_1 e^{2x} + c_2 e^x$　($c_1, c_2$ は任意定数)．
(2)　$y'' - 4y' + 4y = 0$　（特性方程式が重複解をもつ場合）
特性方程式 $t^2 - 4t + 4 = 0$ は重複解 $t = 2$ をもつ．よって求める解は
$$y = (c_1 + c_2 x)e^{2x} \quad (c_1, c_2 は任意定数)$$
(3)　$y'' + 4y' + 13y = 0$　（特性方程式が虚数解をもつ場合）
特性方程式 $t^2 + 4t + 13 = 0$ は虚数解 $t = -2 \pm 3i$ をもつ．よって求める解は
$$y = e^{-2x}(c_1 \cos 3x + c_2 \sin 3x) \quad (c_1, c_2 は任意定数) \quad ■$$

**注意 4.2**　微分方程式が 1 階ならば 1 つ，2 階ならば 2 つ，一般に $n$ 階ならば $n$ 個の任意定数を含む解を微分方程式の**一般解**という．一般解の任意定数 (一部または全部) に特殊な数値を与えたものを**特殊解**という．
たとえば上記例 4.12 (1) で $y = c_1 e^{2x} + c_2 e^x$ は与えられた微分方程式 (1) の一般解で $y = e^{2x}$, $y = 2e^x$ 等は特殊解である．

**例 4.13**　次の定数係数の非同次線形微分方程式
$$ay'' + by' + cy = f(x) \tag{4.10}$$
の特殊解を $y_p$ とし，$ay'' + by' + cy = 0$ の一般解を $y_c$ とすると，(4.10) の一般解は $y = y_p + y_c$ である．

[証明]　$y = y_p + y_c$ を (4.10) に代入すると，
$$a(y_p + y_c)'' + b(y_p + y_c)' + c(y_p + y_c)$$
$$= (ay_p'' + by_p' + cy_p) + (ay_c'' + by_c' + cy_c) = f(x) + 0$$
ゆえに $y_p + y_c$ は (4.10) の一般解である．■
この定数係数の非同次線形微分方程式の具体的な解法については例題 4.5 (p.144) を見よ．

**問 4.8**[*]　次の微分方程式を解け．
(1)　$y'' + 2y' = 0$　　(2)　$y'' + 4y' + 4y = 0$　　(3)　$y'' + 2y' + 2y = 0$

---
[*] 「基本演習微分積分」(サイエンス社) p.76 の問題 30.1 (2), (3), (4) 参照．

## 演習問題

---
**例題 4.1** ──────────────────────── 図形の面積 ─

次の面積を求めよ．
(1) $y_1 = \sin 2x$ と $y_2 = \sin x$ が $0 \leqq x \leqq \pi$ において囲む 2 つの部分の面積 $S_1, S_2$ の和．
(2) 曲線 $2x^2 + 2xy + y^2 = 1$ の囲む部分．

---

[解] (1) 与えられた両曲線の交点の $x$ 座標は $x = 0, \pi/3, \pi$ である．$0 \leqq x \leqq \pi/3$ のとき $y_1 - y_2 \geqq 0$ で $\pi/3 \leqq x < \pi$ のとき $y_2 - y_1 \geqq 0$ となるので，

$$S_1 + S_2 = \int_0^{\pi/3} (\sin 2x - \sin x)dx$$
$$+ \int_{\pi/3}^{\pi} (\sin x - \sin 2x)dx$$

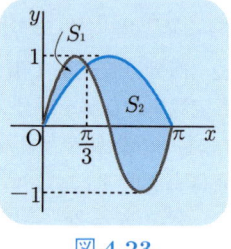

図 4.23

$$= \left[ -\frac{1}{2}\cos 2x + \cos x \right]_0^{\pi/3} + \left[ -\cos x + \frac{1}{2}\cos 2x \right]_{\pi/3}^{\pi} = \frac{5}{2}$$

(2) $y$ について解くと，

$$y = -x \pm \sqrt{1 - x^2} \quad (-1 \leqq x \leqq 1)$$

$y_1 = -x + \sqrt{1 - x^2}$, $y_2 = -x - \sqrt{1 - x^2}$ とおくと，

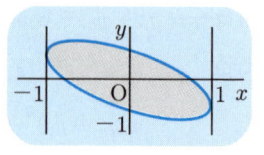

図 4.24

$$S = \int_{-1}^{1} (y_1 - y_2)dx = 2\int_{-1}^{1} \sqrt{1 - x^2}dx$$
$$= 2 \cdot \frac{1}{2}\left[ x\sqrt{1 - x^2} + \sin^{-1} x \right]_{-1}^{1} = \pi$$

---

(解答は章末 p.148 に掲載されています．)

**演習 4.1** 双曲線 $xy + x + y = 1$ と両座標軸の正の部分で囲まれた部分の面積を求めよ．

演習問題　　　　　　　　　　　　141

---例題 4.2---------------------曲線の弧の長さ（第 2 種楕円積分）---

楕円 $\begin{cases} x = a\cos\theta \\ y = b\sin\theta \end{cases}$ の周の長さ $l$ を定積分の形で表せ．

[解]　定理 4.3 (p.126) によって，
$$\left(\frac{dx}{d\theta}\right)^2 + \left(\frac{dy}{d\theta}\right)^2$$
$$= (-a\sin\theta)^2 + (b\cos\theta)^2$$
$$= a^2\left(1 - \frac{a^2 - b^2}{a^2}\cos^2\theta\right)$$

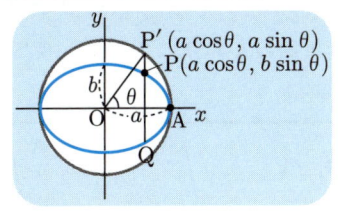

いま，$\dfrac{a^2 - b^2}{a^2} = e^2$ とおくと，
$$l = 4a\int_0^{\pi/2}\sqrt{1 - e^2\cos^2\theta}\,d\theta$$
ここで $\theta = \dfrac{\pi}{2} - t$ とおくと

図 4.25

|注意 4.3|　$\angle \mathrm{AOP}' = \theta$ とすると円 O 上の点 $\mathrm{P}'$ の $x$ 座標は $x = a\cos\theta$，$y$ 座標は $y = a\sin\theta$ である．いま考える楕円は円 O を $b/a$ 倍に縮小したものと考え，$y$ 座標の長さに $b/a$ をかけて，楕円の $y$ 座標 $b\sin\theta$ を得る．

$$l = \int_{\pi/2}^0 \sqrt{1 - e^2\cos^2\left(\frac{\pi}{2} - t\right)}(-dt)$$
$$= 4a\int_0^{\pi/2}\sqrt{1 - e^2\sin^2 t}\,dt$$

となる．

|追記 4.1|　$\sqrt{1 - e^2\sin^2 t}$ の不定積分はこれまで習った関数 (初等関数) では表せないものである．
$$\int \frac{dt}{\sqrt{1 - k^2\sin^2 t}}, \quad \int \sqrt{1 - k^2\sin^2 t}\,dt \quad (0 < k < 1)$$
の形になる積分は初等関数で表すことのできないもので前者を**第 1 種楕円積分**，後者を**第 2 種楕円積分**という．

---

**演習 4.2**　カテナリー $y = \dfrac{a}{2}(e^{x/a} + e^{-x/a})$ $(a > 0)$ の $x = -x_1$ から $x = x_1$ までの弧の長さを求めよ ($\Rightarrow$ p.120 の図)．

## 例題 4.3 ────────────── 回転体の体積・表面積

サイクロイド (⇨ p.120 の図)
$$\begin{cases} x = a(t - \sin t) \\ y = a(1 - \cos t) \end{cases} \quad (a > 0,\ 0 \leqq t \leqq 2\pi)$$
を $x$ 軸のまわりに 1 回転してできる回転体の体積 $V$ と表面積 $S$ を求めよ．

[解] 
$$\begin{aligned}
V &= \pi \int_0^{2\pi a} y^2 dx = \pi \int_0^{2\pi} y^2 \frac{dx}{dt} dt \\
&= \pi \int_0^{2\pi} a^3 (1 - \cos t)^3 dt = 8\pi a^3 \int_0^{2\pi} \sin^6 \frac{t}{2} dt \\
&= 16\pi a^3 \int_0^{\pi} \sin^6 \theta\, d\theta \quad \left(\frac{t}{2} = \theta \text{ とおく}\right) \\
&= 32\pi a^3 \int_0^{\pi/2} \sin^6 \theta\, d\theta = 32\pi a^3 \frac{5}{6} \cdot \frac{3}{4} \cdot \frac{1}{2} \cdot \frac{\pi}{2} \\
&= 5\pi^2 a^3 \quad (\Rightarrow \text{p.105 の例 3.21})
\end{aligned}$$

$$\begin{aligned}
S &= 2\pi \int_0^{2\pi a} y\sqrt{1 + y'^2}\, dx = 2\pi \int_0^{2\pi} y \sqrt{\left(\frac{dx}{dt}\right)^2 + \left(\frac{dy}{dt}\right)^2}\, dt \\
&= 2\pi a^2 \int_0^{2\pi} (1 - \cos t)\sqrt{2(1 - \cos t)}\, dt \\
&= \sqrt{2}\, 2\pi a^2 \int_0^{2\pi} \left(2\sin^2 \frac{t}{2}\right)^{3/2} dt = 16\pi a^2 \int_0^{\pi} \sin^3 \theta\, d\theta \\
&= 32\pi a^2 \int_0^{\pi/2} \sin^3 \theta\, d\theta \quad \left(\frac{t}{2} = \theta \text{ とおく}\right) \\
&= 32\pi a^2 \cdot \frac{2}{3} = \frac{64}{3} \pi a^2 \quad (\Rightarrow \text{p.105 の例 3.21})
\end{aligned}$$

演習 4.3 アステロイド (⇨ p.120 の図)
$$\begin{cases} x = a\cos^3 t \\ y = a\sin^3 t \end{cases} \quad (a > 0,\ 0 \leqq t \leqq 2\pi)$$
を $x$ 軸のまわりに 1 回転してできる回転体の体積と表面積を求めよ．

### 例題 4.4 ─────────── 回転体の体積

$b > r > 0$ のとき，円 $x^2 + (y-b)^2 = r^2$ が $x$ 軸のまわりに 1 回転してできる回転体の体積を求めよ．

[解] この回転体は，半円
$$y = b + \sqrt{r^2 - x^2}$$
が $x$ 軸のまわりに 1 回転してできる回転体 $K_1$ から半円
$$y = b - \sqrt{r^2 - x^2}$$
が $x$ 軸のまわりに 1 回転してできる回転体 $K_2$ を取り去ったものである．

$K_1, K_2$ の体積をそれぞれ $V_1, V_2$ とすれば
$$V_1 = \pi \int_{-r}^{r} (b + \sqrt{r^2 - x^2})^2 dx$$
$$V_2 = \pi \int_{-r}^{r} (b - \sqrt{r^2 - x^2})^2 dx$$

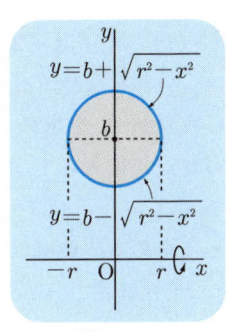

図 4.26

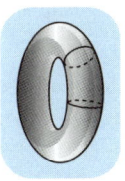

図 4.27

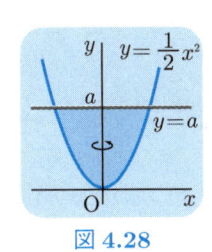

したがって求める体積を $V$ とすれば
$$V = V_1 - V_2 = 4\pi b \int_{-r}^{r} \sqrt{r^2 - x^2} dx$$
$$= 4\pi b \frac{1}{2} \left[ x\sqrt{r^2 - x^2} + r^2 \sin^{-1} \frac{x}{r} \right]_{-r}^{r} = 2\pi^2 r^2 b$$

**追記 4.2** 例題 4.4 の回転体を**円環体（トーラス）**という (⇨ 図 4.27)．

---

**演習 4.4** 次の回転体の体積を求めよ．
(1) $y = \log x$ のグラフの $1 \leqq x \leqq e$ の部分を $x$ 軸のまわりに 1 回転した立体．
(2) $y = \frac{1}{2}x^2$ と $y = a$ で囲まれた部分を $y$ 軸のまわりに 1 回転した立体 (⇨ 図 4.28)．

図 4.28

┌─ 例題 4.5 ─────────────── 定数係数の非同次 2 階線形微分方程式 ─┐
次の微分方程式を解け.
(1) $y'' - 3y' + 2y = 2x + 1$ 　　(2) $y'' + 2y' + y = 4e^x$
(3) $y'' - 2y' + 2y = 5\sin 2x$
└──────────────────────────────────────────────┘

[解] (1) $t^2 - 3t + 2 = 0$ の解は $t = 1, 2$ (異なる実数解). よって一般解は $y_c = c_1 e^x + c_2 e^{2x}$ ($c_1, c_2$ は任意定数).

次に特殊解 $y_p$ を求める. 特殊解を $y_p = Ax + B$ と予想し, 与えられた微分方程式に代入して $A, B$ を求めると $A = 1, B = 2$ となる. したがって $y_p = x + 2$.

ゆえに求める一般解は $y = y_p + y_c = c_1 e^x + c_2 e^{2x} + x + 2$.

(2) $t^2 + 2t + 1 = 0$ の解は $t = -1$ (重解). よって一般解は
$$y_c = (c_1 + c_2 x)e^{-x} \quad (c_1, c_2 は任意定数)$$
次に特殊解 $y_p$ を求める. 特殊解を $y_p = Ae^x$ と予想し, 与えられた微分方程式に代入すると, $A = 1$ となる. したがって $y_p = e^x$.

ゆえに求める一般解は $y = y_p + y_c = (c_1 + c_2 x)e^{-x} + e^x$ である.

(3) $t^2 - 2t + 2 = 0$ の解は, $t = 1 \pm i$ (虚数解). よって一般解は
$$y_c = e^x(c_1 \sin x + c_2 \cos x) \quad (c_1, c_2 は任意定数)$$
次に特殊解 $y_p$ を求める. 特殊解を $y_p = A\sin 2x + B\cos 2x$ と予想し, 与えられた微分方程式に代入すると, $A = -1/2, B = 1$ である. したがって,
$$y_p = (-1/2)\sin 2x + \cos 2x$$
ゆえに求める一般解は
$$y = e^x(c_1 \sin x + c_2 \cos x) + (-1/2)\sin 2x + \cos 2x$$

$y'' + ay' + by = f(x)$ ($a, b$ は定数) の特殊解は次のように予想する.
① $f(x)$ が多項式のとき → 特殊解は多項式
② $f(x)$ が $a + be^{\alpha x}$ のとき → 特殊解は $A + Be^{\alpha x}$
③ $f(x)$ が $a\sin \alpha x + b\cos \alpha x$ のとき → 特殊解は $A\sin \alpha x + B\cos \alpha x$

**演習 4.5** 次の微分方程式を解け.
(1) $y'' - y = x^2$ 　　(2) $y'' + 3y' + 2y = e^x$ 　　(3) $y'' + 3y' + 2y = \cos x$

## 研究 I　ロンスキーの行列式と基本解

2つの $x$ の関数 $y_1(x), y_2(x)$ に対して行列式

$$W(y_1, y_2) = \begin{vmatrix} y_1 & y_2 \\ y_1' & y_2' \end{vmatrix} = y_1 y_2' - y_1' y_2$$

を $y_1, y_2$ の**ロンスキーの行列式**という．微分方程式

$$y'' + ay' + by = 0 \tag{4.11}$$

が $W(y_1, y_2) \neq 0$ のような2つの解をもつとき，$y_1, y_2$ を (4.11) の**基本解**という．

**定理 4.5**　$y_1, y_2$ が (4.11) の基本解ならば，(4.11) の任意の解は

$$y = c_1 y_1 + c_2 y_2 \quad (c_1, c_2\text{は任意定数})$$

と表される．

[証明]　$y_1, y_2$ は (4.11) の解であるから，

$$y_1'' + ay_1' + by_1 = 0 \tag{4.12}$$

$$y_2'' + ay_2' + by_2 = 0 \tag{4.13}$$

$$y'' + ay' + by = 0 \tag{4.14}$$

この3式から $b$ を消去する．(4.12)$\times y_2 -$ (4.13)$\times y_1$ から

$$y_1'' y_2 - y_1 y_2'' + a(y_1' y_2 - y_2' y_1) = 0$$

いま $y_1' y_2 - y_2' y_1 = z$ とおくと，$y_1'' y_2 - y_2'' y_1 = z'$ であり，$z' + az = 0$ から $z = A_1 e^{-ax}$．よって，

$$y_1' y_2 - y_2' y_1 = A_1 e^{-ax} \tag{4.15}$$

同様にして，$y_1' y - y' y_1 = A_2 e^{-ax}$，$y_2' y - y' y_2 = A_3 e^{-ax}$ を得る．

最後の2式から $y'$ を消去すると，$(y_1' y_2 - y_2' y_1) y = (A_2 y_2 - A_3 y_1) e^{-ax}$．$W(y_1, y_2) = y_1' y_2 - y_2' y_1 \neq 0$ であるから

$$y = \frac{A_2 y_2 - A_3 y_1}{y_1' y_2 - y_2' y_1} e^{-ax} = \frac{A_2}{A_1} y_2 - \frac{A_3}{A_1} y_1$$

いま，$-A_3/A_1 = c_1$，$A_2/A_1 = c_2$ とおくと $y = c_1 y_1 + c_2 y_2$ を得る．■

**追記 4.3**　$a = P(x)$，$b = Q(x)$ のときも同様に成立する．

## 研究 II 定数係数の同次線形微分方程式

$$y'' + ay' + by = 0 \quad (a, b \text{ は定数}) \tag{4.16}$$

の特性方程式 $t^2 + at + b = 0$ の解が虚数 $\alpha \pm \beta i$ である場合について考えよう．いま $\alpha = -a/2$, $\beta = \sqrt{4b - a^2}/2$ である．そこで $y = e^{\alpha x} u$ ($u$ は $x$ の関数) とおくと，

$$y' = e^{\alpha x}(\alpha u + u'), \quad y'' = e^{\alpha x}(\alpha^2 u + 2\alpha u' + u'')$$

これを (4.16) に代入すると，

$$y'' + ay' + by = e^{\alpha x}\left\{u'' + (2\alpha + a)u' + (\alpha^2 + a\alpha + b)u\right\}$$

ところが，$2\alpha + a = 0$, $\alpha^2 + a\alpha + b = \dfrac{a^2}{4} - \dfrac{a^2}{2} + b = \dfrac{4b - a^2}{4} = \beta^2$ であるから

$$\frac{d^2 u}{dx^2} + \beta^2 u = 0 \quad (\beta > 0) \tag{4.17}$$

次にこの微分方程式を解く．

$\dfrac{du}{dx} = p$ とおくと，$\dfrac{d^2 u}{dx^2} = \dfrac{dp}{dx} = \dfrac{dp}{du}\dfrac{du}{dx} = p\dfrac{dp}{du}$ となり，(4.17) より $p\dfrac{dp}{du} = -\beta^2 u$ を得る．これは変数分離形であるのでこれを解いて

$$\int p\, dp = -\beta^2 \int u\, du + \frac{C}{2} \quad \therefore \quad p^2 = -\beta^2 u^2 + C$$

これより $C$ は正であるので，$C = \beta^2 c^2$ ($c > 0$) とおくと，$p^2 = \beta^2(c^2 - u^2)$ より

$$\frac{du}{dx} = \pm \beta \sqrt{c^2 - u^2}$$

したがって

$$\pm \int \frac{du}{\sqrt{c^2 - u^2}} = \int \beta\, dx \quad \therefore \quad \pm \sin^{-1} \frac{u}{c} = \beta x + \eta \quad (\eta \text{ は定数})$$

よって

$$\pm u/c = \sin(\beta x + \eta) \quad \therefore \quad u = \pm c \sin(\beta x + \eta)$$

$$u = A \sin(\beta x + \eta) = A \sin \eta \cos \beta x + A \cos \eta \sin \beta x \quad (A = \pm c)$$

ゆえに

$$u = c_1 \cos \beta x + c_2 \sin \beta x \quad (c_1 = A \cos \eta,\ c_2 = A \sin \eta)$$

以上より (4.16) の解は $y = e^{\alpha x}(c_1 \cos \beta x + c_2 \sin \beta x)$ となる．

## 問の解答（第 4 章）

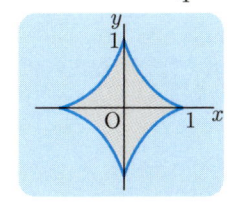

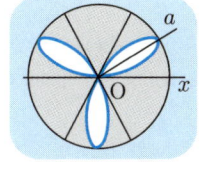

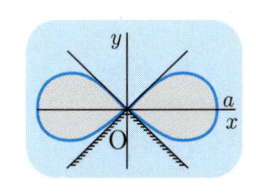

**問 4.1** (1) $\dfrac{\pi}{2} - \dfrac{1}{3}$  (2) $\dfrac{3\pi}{8}$

**問 4.2** (1) $\dfrac{3\pi a^2}{4}$  (2) $a^2$

アステロイド
問 4.1 (2)，問 4.3 (1)

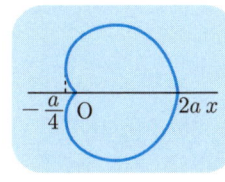

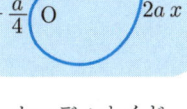

三葉線
問 4.2 (1)

レムニスケート
問 4.2 (2)

カーディオイド
問 4.3 (2)

問 4.4

**問 4.3** (1) 6  (2) $8a$

**問 4.4** 円錐の頂点を原点とし，O から平面 $X$ に下ろした垂線を $x$ 軸とする．上図のように，$x$ 軸上の点 $x$ における $x$ 軸に垂直な平面による円錐の切り口の面積 $S(x)$ を求める．この切り口は半径が $rx/h$ の円であるので，

$$S(x) = \pi \frac{r^2 x^2}{h^2} \quad \therefore \quad V = \int_0^h S(x)dx = \frac{1}{3}\pi r^2 h$$

**問 4.5** 体積 $\dfrac{4}{3}\pi ab^2$，表面積 $2\pi b^2 + \dfrac{2\pi ab}{e}\sin^{-1} e$, $e = \sqrt{1 - \dfrac{b^2}{a^2}}$

**問 4.6** (1) 変数分離形 $ye^{-y} = e^{-x/2}e^{-C}/\sqrt{x}$

(2) $2xy\dfrac{dy}{dx} = x^2 + y^2$, $\dfrac{dy}{dx} = \dfrac{1 + (y/x)^2}{2(y/x)}$．ここで $\dfrac{y}{x} = u$ とおくと変数分離形となる．$y^2 - x^2 = Cx$.

**問 4.7** (1) 1 階線形微分方程式 $y = \cos x(-2\cos x + C)$

(2) 1 階線形微分方程式 $y = x^2 - 2x + 2 + Ce^{-x}$

(3) $u = y^{-1}$ とおいて書き直すと，1階線形微分方程式となる．
$$y(Ce^{-x^2/2} - e^{-x^2}) = 1$$
(4) $u = y^{-1}$ とおいて書き直すと，1階線形微分方程式となる．
$$y = a/(Cae^{ax} - b)$$

**問 4.8** (1), (2), (3) は定数係数の同次線形微分方程式である．
(1) $y = c_1 + c_2 e^{-2x}$
(2) $y = (c_1 + c_2 x)e^{-2x}$．これは $y = u(x)e^{-2x}$ を与えられた微分方程式に代入して $y'' + 4y' + 4 = e^{-2x}u''(x) = 0$．よって $u''(x) = 0$ より $u(x) = c_1 + c_2 x$ が得られると考える．
(3) $y = e^{-x}(c_1 \cos x + c_2 \sin x)$

## 演習問題解答（第4章）

**演習 4.1** $2\log 2 - 1$
**演習 4.2** $a(e^{x_1/a} - e^{-x_1/a})$

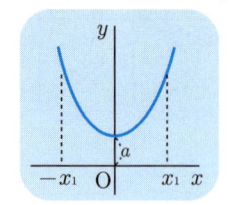

カテナリー，演習 4.2

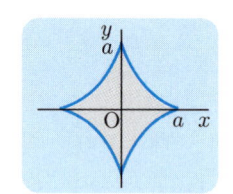

アステロイド，演習 4.3

**演習 4.3** 体積：$\dfrac{32}{105}\pi a^3$，表面積：$\dfrac{12}{5}\pi a^2$
**演習 4.4** (1) $\pi(e-2)$ (2) $\pi a^2$
**演習 4.5** (1) $f(x) = x^2$ であるので特殊解 $y_p = ax^2 + bx + c$ と予想して $y_p$ を求めると $y_p = -x^2 - 2$ となる．よって求める一般解は
$$y = c_1 e^x + c_2 e^{-x} - x^2 - 2$$
(2) $f(x) = e^x$ であるので特殊解 $y_p = Ae^x$ と予想して $y_p$ を求めると，$y_p = e^x/6$ となる．よって求める一般解は $y = c_1 e^{-x} + c_2 e^{-2x} + e^x/6$．
(3) $f(x) = \cos x$ であるので特殊解 $y_p = a\cos x + b\sin x$ と予想して $y_p$ を求めると $y_p = (1/10)\cos x + (3/10)\sin x$ となる．よって求める一般解は $y = c_1 e^{-x} + c_2 e^{-2x} + (1/10)\cos x + (3/10)\sin x$．

# 第 5 章

# 偏微分法

**本章の目的** これまで，我々は1変数の関数の微分法や積分法について考えてきたが，本章では2変数の関数の微分法，つまり偏微分法について学習する．2変数の関数の積分法については第6章で述べる．

1変数の関数は直線上で定義されていて，その関数が表すグラフとして平面上の曲線が考えられた．2変数の関数においてはそれが定義されるところは平面上の領域で，その関数値を，その平面に垂直な方向にとれば，一般にグラフとして曲面が得られる．

つまり，これまではモデルとして平面上の曲線を考えたが，本章では3次元空間の曲面を頭に描いて考察して欲しい．

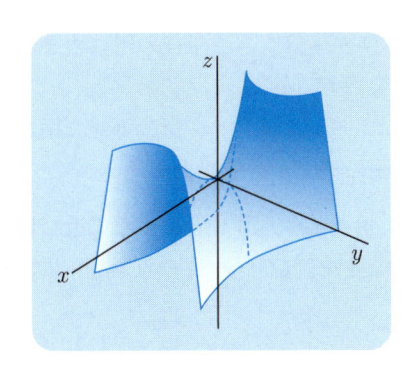

**本章の内容**

- **5.1** 2変数の関数と偏微分
- **5.2** 全微分，合成関数の偏導関数，接平面
- **5.3** 高次偏導関数と2変数のテーラーの定理，極値
- **5.4** 陰関数定理，条件付極値，包絡線
- **研究** 3次元空間における直線や平面の方程式

$$f(x,y) = \frac{x^2}{4} - \frac{y^2}{16}$$

双曲放物面

## 5.1　2変数の関数と偏微分

**2変数の関数**　2つの変数 $x$ と $y$ に1つずつ値を与えると，それに対して $z$ の値がただ1つ決まるとき，$z$ は2変数 $x, y$ の関数であるといって

$$z = f(x, y)$$

で表す (⇨ 図 5.1, 図 5.2).

**開集合，閉集合，境界点**　$D$ を平面の部分集合とする．点 P の近くの点が集合 $D$ に含まれるとき，点 P を集合 $D$ の**内点**という．また，点 P が $D$ の**外点**とは，P が $D^c$（$D$ の補集合）の内点であることをいう．点 P が $D$ の内点でも外点でもないとき，P を $D$ の**境界点**という．$D$ のすべての点が $D$ の内点であるとき，$D$ は**開集合**であるという．$D^c$ が開集合であるとき，$D$ は**閉集合**であるという (⇨ 図 5.3).

**領域，閉領域，有界閉領域**　開集合 $D$ の任意の2点 A, B が $D$ に含まれる連続曲線で結ばれるとき $D$ を**領域**といい，領域にその境界を付け加えたものを**閉領域**という．2変数関数 $z = f(x, y)$ の定義域としては，領域または閉領域を採用することが多い．閉領域 $D$ が十分大きな半径の円に含まれるとき，$D$ を**有界閉領域**という (⇨ 図 5.4, 図 5.6).

1変数の場合と同様に応用上重要なのは，連続な関数や，微分可能な関数である．それを定義するために関数の極限の概念が必要になる．

**2変数の関数の極限**　$xy$ 平面上の点 $(x, y)$ を点 $(a, b)$ にどのように近づけても，関数 $f(x, y)$ の値が $l$ に近づくとき，$l$ を関数 $f(x, y)$ の点 $(a, b)$ における**極限**(値) といい

$$\lim_{(x,y) \to (a,b)} f(x, y) = l$$

のように表す．

|注意 5.1|　1変数の場合は変数 $x$ は直線上を動くので，$x$ が点 $a$ に近づくのは，右からか左からかの2通りしかない (⇨ 図 5.5 上)．しかし2変数だと，点 $(x, y)$ の点 $(a, b)$ への近づき方は無数にあることに注意すること (⇨ 図 5.5 下).

## 5.1　2変数の関数と偏微分

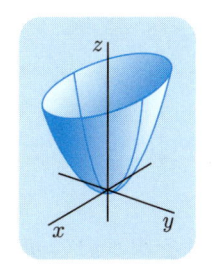

● **より理解を深めるために** ●────

**例 5.1**　$z = \dfrac{1}{4}\left(\dfrac{x^2}{a^2} + \dfrac{y^2}{b^2}\right)$　(⇨ 図 5.1)，　$z = \dfrac{x^4 - 3x^2y^2}{2x^2 + y^2}$　(⇨ 図 5.2)　■

図 5.1　楕円放物面

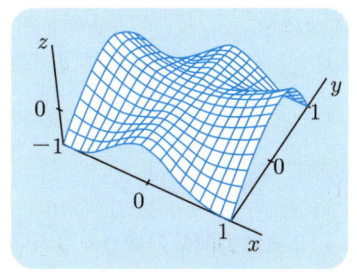

図 5.2　曲面

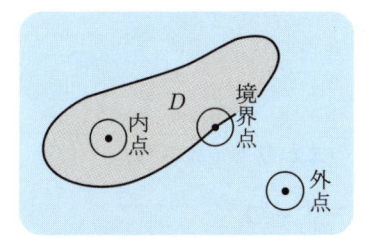

図 5.3　開集合，閉集合，内点，外点，境界点

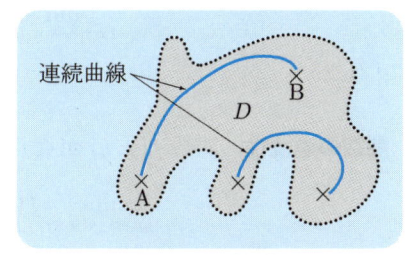

図 5.4　領域

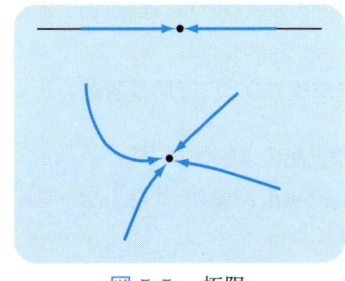

図 5.5　極限

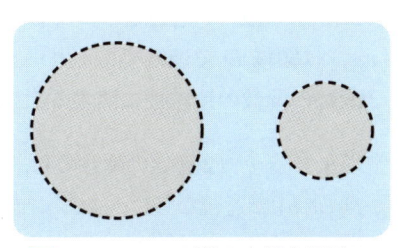

図 5.6　2 つの円の内部を同時に考えた集合は領域でない

(解答は章末 p.183 以降に掲載されています.)

**問 5.1**[*]　$\displaystyle\lim_{(x,y)\to(0,0)} \dfrac{xy}{\sqrt{x^2+y^2}}$ を求めよ ($x = r\cos\theta,\ y = r\sin\theta$ とおけ).

───────
[*]「基本演習微分積分」(サイエンス社) p.81 の問題 2.1 (1) 参照.

次のような 2 変数の関数の極限に関する基本定理が成り立つ (証明は省略).

**定理 5.1 (2 変数の関数の極限に関する基本定理)**
$\lim_{(x,y)\to(a,b)} f(x,y) = l$, $\lim_{(x,y)\to(a,b)} g(x,y) = m$ とすると
(ⅰ) $\lim_{(x,y)\to(a,b)} \{f(x,y) \pm g(x,y)\} = l \pm m$
(ⅱ) $\lim_{(x,y)\to(a,b)} f(x,y)g(x,y) = lm$
(ⅲ) $\lim_{(x,y)\to(a,b)} \dfrac{f(x,y)}{g(x,y)} = \dfrac{l}{m} \quad (m \neq 0)$
(ⅳ) (**2 変数の関数のはさみうちの定理**)  $f(x,y) \leqq h(x,y) \leqq g(x,y)$, $l = m$ ならば
$$\lim_{(x,y)\to(a,b)} h(x,y) = l$$
である.

**関数の連続性**　関数 $f(x,y)$ が点 $(a,b)$ のまわりで定義され,
$$\lim_{(x,y)\to(a,b)} f(x,y) = f(a,b)$$
のとき, この関数は**点 $(a,b)$ で連続**であるという.

また, 領域 $D$ で定義される関数 $f(x,y)$ が $D$ の各点で連続であるとき, $f(x,y)$ は**領域 $D$ で連続**であるという.

2 変数の関数の連続性に関する次の定理が成り立つ (証明は省略).

**定理 5.2**　(ⅰ) (**2 変数の関数の和, 差, 積, 商の連続性**)　$f(x,y)$, $g(x,y)$ が点 $(a,b)$ で連続ならば, $f \pm g$, $fg$, $f/g$ $(g(a,b) \neq 0)$ は点 $(a,b)$ で連続である.
(ⅱ) (**2 変数の合成関数の連続性**)　$f(x,y)$ が連続で, かつ $x = \varphi(u,v)$, $y = \psi(u,v)$ がともに連続ならば合成関数
$$f(\varphi(u,v), \psi(u,v))$$
も連続である.

## 5.1　2変数の関数と偏微分

● より理解を深めるために ●

**例 5.2** $\lim_{(x,y) \to (0,0)} \dfrac{x^2 - y^2}{x^2 + y^2}$ を求めよ．

[解] $y = 0$ に沿った極限を求めると

$$\lim_{(x,y) \to (0,0)} \dfrac{x^2 - y^2}{x^2 + y^2} = \lim_{(x,y) \to (0,0)} \dfrac{x^2}{x^2} = 1$$

また $x = 0$ に沿った極限を求めると

$$\lim_{(x,y) \to (0,0)} \dfrac{x^2 - y^2}{x^2 + y^2} = \lim_{(x,y) \to (0,0)} \dfrac{-y^2}{y^2} = -1$$

よって，2つの直線に沿った極限が異なるので，定義から極限は存在しない．■

**例 5.3** $f(x,y) = \begin{cases} \dfrac{x^2 y}{x^2 + y^2} & (x,y) \neq (0,0) \\ 0 & (x,y) = (0,0) \end{cases}$

の原点における連続性を吟味せよ．

[解] いま，$x = r\cos\theta,\ y = r\sin\theta$ とおくと，

$$0 \leqq |f(x,y)| = |r\cos^2\theta \sin\theta| \leqq r$$

となり，$(x,y) \to (0,0)$ という意味は $\theta$ に無関係に $r \to 0$ ということである．よって

$$\lim_{(x,y) \to (0,0)} f(x,y) = 0 \quad \text{ゆえに} \quad \lim_{(x,y) \to (0,0)} f(x,y) = f(0,0) = 0$$

よって与えられた関数 $f(x,y)$ は定義から $(0,0)$ において連続である．■

---

**問 5.2**[*]　次の関数の極限を調べよ．
(1) $\displaystyle\lim_{(x,y) \to (0,0)} \dfrac{xy}{x^2 + y^2}$ 　　　　(2) $\displaystyle\lim_{(x,y) \to (0,0)} x\sin\dfrac{1}{y} + y\sin\dfrac{1}{x}$

**問 5.3**[*]　次の関数の $(0,0)$ における連続性を吟味せよ．

$$f(x,y) = \begin{cases} \dfrac{xy^2}{x^2 + y^4} & (x,y) \neq (0,0) \\ 0 & (x,y) = (0,0) \end{cases}$$

---

[*]「基本演習微分積分」(サイエンス社) p.80 の問題 1.1 (2), (3), p.81 の例題 2 (2) 参照．

**偏微分係数**　2変数の関数 $z=f(x,y)$ が点 $(a,b)$ のまわりで定義されているとする．$y$ を一定の値 $b$ に固定して，$x$ の関数 $f(x,b)$ を考えたときの $x=a$ における微分係数が存在するとき，$f(x,y)$ は $(a,b)$ において **$x$ について偏微分可能**であるという．このときの微分係数を $f_x(a,b)$ で表し，$(a,b)$ における $x$ についての**偏微分係数**という．すなわち，

$$f_x(a,b) = \lim_{h \to 0} \frac{f(a+h,b) - f(a,b)}{h}$$

これは図 5.7 のように $z=f(x,y)$ の表す曲面を，平面 $y=b$ で切ったときの切り口の曲線上の点 $(a,b,f(a,b))$ における接線の傾きを表す．

同様に，$x=a$ と固定して，$y$ の関数 $f(a,y)$ が $y=b$ で微分可能ならば，$f(x,y)$ は $(a,b)$ において **$y$ について偏微分可能**であるという．そのときの微分係数を $f_y(a,b)$ で表し，$(a,b)$ における $y$ についての**偏微分係数**という．

**偏導関数**　$f(x,y)$ を $y$ を定数と考えて $x$ で微分したものを $f_x(x,y)$ で，また，$f(x,y)$ を $x$ を定数と考えて $y$ で微分したものを $f_y(x,y)$ で表すと，$f_x(x,y)$ および $f_y(x,y)$ は，$x,y$ の関数であるから，

　　　$f_x(x,y)$ を関数 $f(x,y)$ の **$x$ に関する偏導関数**，

　　　$f_y(x,y)$ を関数 $f(x,y)$ の **$y$ に関する偏導関数**

とよぶ．

なお，$f_x(x,y)$ を $\dfrac{\partial f(x,y)}{\partial x}$ または $\dfrac{\partial f}{\partial x}$ で，また $f_y(x,y)$ を $\dfrac{\partial f(x,y)}{\partial y}$ または $\dfrac{\partial f}{\partial y}$ で表すことが多い．

そして関数 $f(x,y)$ の偏導関数を求める算法を**偏微分法**といい，$f(x,y)$ の $x$，または $y$ に関する偏導関数を求めることをそれぞれ $x$ または $y$ について $f(x,y)$ を**偏微分する**という．

1 変数の関数 $f(x)$ が微分可能ならば，その点で連続であることはすでに知っていることであるが (⇨p.18 の定理 1.4)，2 変数の場合には，$f(x,y)$ が偏微分可能とすると，その 1 つずつの変数については (他の変数は定数と考えて) 連続であるが，$(x,y)$ については連続とは限らない (⇨例 5.5)．

## 5.1　2変数の関数と偏微分

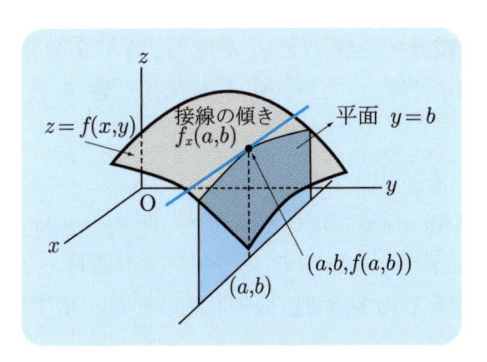

● **より理解を深めるために** ●────

図 5.7　偏微分係数

**例 5.4**　$f(x,y) = e^{2x}\sin y$ のとき，$f_x = 2e^{2x}\sin y$，$f_y = e^{2x}\cos y$ である．次に $(x,y) = (1, \pi/2)$ における偏微分係数を求めると $f_x(1,\pi/2) = 2e^2$，$f_y(1,\pi/2) = 0$ である．■

**例 5.5**　$f(x,y) = \dfrac{x^3 + y^3}{x - y}$ $(x \neq y)$，$f(x,y) = 0$ $(x = y)$ では $f_x(0,0) = f_y(0,0) = 0$ であるが，$(0,0)$ で連続でない．

[解]　$f_x(0,0) = \lim\limits_{\Delta x \to 0} \dfrac{f(\Delta x, 0) - f(0,0)}{\Delta x} = \lim\limits_{h \to 0} \dfrac{\Delta x^3}{\Delta x^2} = 0$

同様に，$f_y(0,0) = 0$．

次に $(0,0)$ で不連続であることを示す．

$y = x - kx^3$ とすると

$$f(x,y) = \frac{2x^3 - 3kx^5 + 3k^2x^7 - k^3x^9}{kx^3} \to \frac{2}{k} \quad (x \to 0)$$

これは $k$ の値によって異なるから定義から不連続．■

─────────────────────────────

**問 5.4**\*　次の関数を偏微分せよ．
(1)　$z = \sqrt{x^2 + y^2}$　　(2)　$z = xy \sin xy$　　(3)　$z = e^{ax}\cos by$
(4)　$z = x^y$ $(x > 0)$　　(5)　$z = \tan^{-1} y/x$

**問 5.5**\*　関数 $f(x,y)$ が集合 $X$ でつねに $f_x = f_y = 0$ (恒等的に) ならば，$f$ は一定値であることを示せ．

───────
\*「基本演習微分積分」(サイエンス社) p.85 の問題 3.2 (1)〜(5)，問題 3.3 参照．

## 5.2 全微分，合成関数の偏導関数，接平面

**全微分可能，全微分** 関数 $f(x,y)$ が点 $(x,y)$ で全微分可能であるとは，$x,y$ の増分 $\Delta x, \Delta y$ に対して $\Delta x, \Delta y$ に無関係な数 $A, B$ ($x,y$ には関係する) が存在して，

$$\Delta f = f(x+\Delta x, y+\Delta y) - f(x,y)$$
$$= A\Delta x + B\Delta y + \varepsilon\sqrt{(\Delta x)^2+(\Delta y)^2} \quad (\varepsilon \to 0 \ (\Delta x \to 0, \Delta y \to 0))$$

となるときである．$df = A\Delta x + B\Delta y$ をその点における $f$ の**全微分**という．いま考えている集合 $X$ の各点で全微分可能のとき，$X$ **で全微分可能である**という．

**定理 5.3**（全微分可能性と偏微分可能性） $f(x,y)$ が点 $(x,y)$ で全微分可能ならば，$f(x,y)$ は偏微分可能である．

[証明] $\rho = \sqrt{(\Delta x)^2+(\Delta y)^2}$ とおくと，$\Delta f = A\Delta x + B\Delta y + \varepsilon\rho$ ($\varepsilon \to 0 \ (\rho \to 0)$) と書くことができる．ここで，$\Delta y = 0$ とおいて，両辺を $\Delta x$ で割って，$\Delta x \to 0$ とすれば $\Delta f/\Delta x \to A$ であることがわかる．すなわち，$A = f_x$ である．同様に $B = f_y$ である．∎

**定理 5.4**（全微分可能性と連続） $f(x,y)$ が点 $(x,y)$ で全微分可能ならば $f(x,y)$ は点 $(x,y)$ で連続である．

[証明] 前定理より $f(x+\Delta x, y+\Delta y) - f(x,y) = f_x(x,y)\Delta x + f_y(x,y)\Delta y + \varepsilon\rho$ ($\varepsilon \to 0 \ (\rho \to 0)$) と書けるから，$\Delta x \to 0, \Delta y \to 0$ のとき右辺は 0 となる．よって，$f(x,y)$ は $(x,y)$ で連続である．∎

**全微分** 全微分 $df = f_x\Delta x + f_y\Delta y$ において，特に $f(x,y) = x$ とおけば $f_x = 1, f_y = 0$ であるから $dx = \Delta x$ となる．$f(x,y) = y$ とおけば同様に $dy = \Delta y$ となるから全微分を $df = f_x dx + f_y dy$ の形に書くことにする．∎

**定理 5.5**（全微分可能性） 関数 $f(x,y)$ が点 $(x,y)$ を含む領域において偏微分可能であり，$f_x(x,y), f_y(x,y)$ が点 $(x,y)$ で連続ならば，$f(x,y)$ は全微分可能である (証明は省略する)．

## 5.2 全微分，合成関数の偏導関数，接平面

● **より理解を深めるために** ●──────

　全微分可能性についてわかったことを図示すると，次のようになる．逆向きの矢印は必ずしも成立しない（最初の矢印の逆が成立しない例は問 5.6 を，2 番目の矢印については例 5.7 を参照せよ）．

$f(x,y)$ が偏微分可能で $f_x, f_y$ が連続 $\Rightarrow$ 全微分可能 $\Rightarrow$ 連続かつ偏微分可能

**例 5.6** $f(x,y) = x^2 e^{xy}$ は全平面で全微分可能である．実際 $f(x,y)$ の偏導関数を求めると
$$f_x(x,y) = 2xe^{xy} + x^2 y e^{xy}, \quad f_y(x,y) = x^3 e^{xy}$$
$f_x, f_y$ は全平面で連続だから，$f$ は平面のすべての点で全微分可能である．■

**例 5.7** $f(x,y) = \sqrt{|xy|}$ について，$f_x(0,0), f_y(0,0)$ を求めよ．また点 $(0,0)$ において全微分可能でないことを示せ．

[解] $f_x(0,0) = \lim_{x\to 0} \dfrac{f(x,0) - f(0,0)}{x} = \lim_{x\to 0} \dfrac{0}{x} = 0$, 同様にして $f_y(0,0) = 0$ である．つまり，$(0,0)$ で偏微分可能である．次に $x, y$ の増分を $h, k$ とすると，
$$f(h,k) - f(0,0) = f_x(0,0)h + f_y(0,0)k + \varepsilon\sqrt{h^2 + k^2}$$
よって，
$$\sqrt{|hk|} = \varepsilon\sqrt{h^2 + k^2} \quad \therefore \quad \varepsilon = \sqrt{|hk|}/\sqrt{h^2 + k^2}$$
ここで $k = mh$ $(m > 0)$ とすると，$\varepsilon = \sqrt{m}/\sqrt{1+m^2}$ となり，$(h,k) \to (0,0)$ のとき $\varepsilon \to 0$ とならない．ゆえに $f(x,y)$ は $(0,0)$ で全微分可能でない．■

**例 5.8** $z = x^3 + xy + y^3$ の全微分を求めると，$z_x = 3x^2 + y$, $z_y = x + 3y^2$ より，$dz = (3x^2 + y)dx + (x + 3y^2)dy$．■

---

**問 5.6** $f(x,y) = \begin{cases} xy\sin 1/\sqrt{x^2+y^2} & (x,y) \neq (0,0) \\ 0 & (x,y) = (0,0) \end{cases}$

で定義される関数について，次の問に答えよ．
(1) $f_x(0,0), f_y(0,0)$ を求めよ．
(2) $f(x,y)$ は $(0,0)$ で全微分可能であることを定義により示せ．
(3) $f_x(x,y)$ $((x,y) \neq (0,0))$ を求め，$f_x(x,y)$ は $(0,0)$ で不連続であることを示せ．

**合成関数の導関数（2変数）**　2変数の合成関数の導関数について述べる．

**定理 5.6**（合成関数の導関数（**2 変数**））　$z$ が $(x,y)$ で全微分可能で $x = x(t), y = y(t)$ が $t$ について微分可能であれば，$z$ の $t$ に関する導関数は
$$\frac{dz}{dt} = \frac{\partial z}{\partial x}\frac{dx}{dt} + \frac{\partial z}{\partial y}\frac{dy}{dt}$$
で与えられる．

[証明]　$z = f(x,y)$ は全微分可能であるから，
$$\Delta z = z_x \Delta x + z_y \Delta y + \varepsilon \rho \quad \rho = \sqrt{(\Delta x)^2 + (\Delta y)^2} \ (\varepsilon \to 0 \ (\rho \to 0))$$
である．この両辺を $\Delta t$ で割って，
$$\frac{\Delta z}{\Delta t} = z_x \frac{\Delta x}{\Delta t} + z_y \frac{\Delta y}{\Delta t} + \varepsilon \cdot \frac{\rho}{\Delta t}$$
ここで，$\Delta t \to 0$ とすれば，$\Delta x, \Delta y, \varepsilon, \rho$ はすべて $\to 0$ であり，
$$\varepsilon \frac{\rho}{\Delta t} = \varepsilon \sqrt{\left(\frac{\Delta x}{\Delta t}\right)^2 + \left(\frac{\Delta y}{\Delta t}\right)^2} \to 0 \quad (\Delta t \to 0)$$
$$\therefore \quad \frac{dz}{dt} = \frac{\partial z}{\partial x}\frac{dx}{dt} + \frac{\partial z}{\partial y}\frac{dy}{dt} \quad \blacksquare$$

**系 (定理 5.6)**　$z = f(x,y)$ が $(x,y)$ で全微分可能で $x, y$ がともに $u, v$ の関数で偏微分可能な関数であるとすると，
$$\frac{\partial z}{\partial u} = \frac{\partial z}{\partial x}\frac{\partial x}{\partial u} + \frac{\partial z}{\partial y}\frac{\partial y}{\partial u}, \quad \frac{\partial z}{\partial v} = \frac{\partial z}{\partial x}\frac{\partial x}{\partial v} + \frac{\partial z}{\partial y}\frac{\partial y}{\partial v}$$

[証明]　$\dfrac{\partial z}{\partial u}$ は $v$ を一定と考え，$z$ は $u$ だけの関数と考えて $u$ で微分したものであるから定理5.6に帰着できる．$z$ を $v$ で偏微分する場合も同様である．$\blacksquare$

**追記 5.1**　系 (定理 5.6) の関係式を行列で表すと右のようになる．右辺の $2 \times 2$ の正方行列をヤコビアンという．
$$\begin{bmatrix} \dfrac{\partial z}{\partial u} \\ \dfrac{\partial z}{\partial v} \end{bmatrix} = \begin{bmatrix} \dfrac{\partial x}{\partial u} & \dfrac{\partial y}{\partial u} \\ \dfrac{\partial x}{\partial v} & \dfrac{\partial y}{\partial v} \end{bmatrix} \begin{bmatrix} \dfrac{\partial z}{\partial x} \\ \dfrac{\partial z}{\partial y} \end{bmatrix}$$

## 5.2 全微分，合成関数の偏導関数，接平面

● **より理解を深めるために** ●

**例 5.9** $z = f(x,y)$, $x = r\cos\theta$, $y = r\sin\theta$ のとき次の式を証明せよ．
$$\left(\frac{\partial z}{\partial x}\right)^2 + \left(\frac{\partial z}{\partial y}\right)^2 = \left(\frac{\partial z}{\partial r}\right)^2 + \frac{1}{r^2}\left(\frac{\partial z}{\partial \theta}\right)^2$$

[解] 系 (定理 5.6) により，
$$\frac{\partial z}{\partial r} = \frac{\partial z}{\partial x}\frac{\partial x}{\partial r} + \frac{\partial z}{\partial y}\frac{\partial y}{\partial r} = \cos\theta\frac{\partial z}{\partial x} + \sin\theta\frac{\partial z}{\partial y},$$
$$\frac{\partial z}{\partial \theta} = \frac{\partial z}{\partial x}\frac{\partial x}{\partial \theta} + \frac{\partial z}{\partial y}\frac{\partial y}{\partial \theta} = -r\sin\theta\frac{\partial z}{\partial x} + r\cos\theta\frac{\partial z}{\partial y}$$

$\therefore \left(\frac{\partial z}{\partial r}\right)^2 + \frac{1}{r^2}\left(\frac{\partial z}{\partial \theta}\right)^2$
$= \left(\cos\theta\frac{\partial z}{\partial x} + \sin\theta\frac{\partial z}{\partial y}\right)^2 + \left(-\sin\theta\frac{\partial z}{\partial x} + \cos\theta\frac{\partial z}{\partial y}\right)^2$
$= (\cos^2\theta + \sin^2\theta)\left(\frac{\partial z}{\partial x}\right)^2 + (\cos^2\theta + \sin^2\theta)\left(\frac{\partial z}{\partial y}\right)^2$
$= \left(\frac{\partial z}{\partial x}\right)^2 + \left(\frac{\partial z}{\partial y}\right)^2 \quad ■$

**例 5.10** 次の関数関係で $z_x, z_y$ を求めよ．
$$z = uv, \quad u = x + y, \quad v = 3x + 2y$$

[解] $\frac{\partial z}{\partial x} = \frac{\partial z}{\partial u}\frac{\partial u}{\partial x} + \frac{\partial z}{\partial v}\frac{\partial v}{\partial x} = v \cdot 1 + u \cdot 3 = 6x + 5y$

$\frac{\partial z}{\partial y} = \frac{\partial z}{\partial u}\frac{\partial u}{\partial y} + \frac{\partial z}{\partial v}\frac{\partial v}{\partial y} = v \cdot 1 + u \cdot 2 = 5x + 4y \quad ■$

**問 5.7**$^*$  $z = f(x,y)$ において，$x = e^u\cos v$, $y = e^u\sin v$ のとき $z_u, z_v$ を $z_x, z_y$ で表せ．

**問 5.8**$^*$ 次の関数関係で $z_x, z_y$ を求めよ．
$$z = \tan^{-1}(u+v), \quad u = 2x^2 - y^2, \quad v = x^2 y$$

---

$^*$「基本演習微分積分」(サイエンス社) p.86 の問題 4.1, 問題 4.2 (3) 参照．

**接平面の定義** 1変数の関数 $y = f(x)$ が微分可能であるとき，曲線上の点 $(a, f(a))$ における接線の方程式は $y = f'(a)(x-a) + f(a)$ であった．ここでは曲面 $z = f(x, y)$ 上の点における接平面を考える（3次元空間における直線や平面については pp.180〜182 の研究を参照）．

曲面 $z = f(x, y)$ 上の点 Q を通る平面 $\pi$ について，曲面上の点 P から平面 $\pi$ におろした垂線の足を H，QP と QH のなす角を $\theta$ とするとき，$\theta \to 0$ (P $\to$ Q) ならば，$\pi$ を点 Q におけるこの曲面の**接平面**という（⇨図 5.8）．

**接平面の方程式** 関数 $z = f(x, y)$ が点 $(a, b)$ で全微分可能のとき，曲面 $z = f(x, y)$ を平面 $y = b$ で切って得られる曲線上の点 $Q(a, b, f(a, b))$ における接線 $l_1$ の傾きは $f_x(a, b)$ で，平面 $x = a$ で切って得られる接線 $l_2$ の傾きは $f_y(a, b)$ である（⇨図 5.9）．このとき接線 $l_1, l_2$ の方程式は

$$l_1 : y = b, \quad \frac{x-a}{1} = \frac{z - f(a,b)}{f_x(a,b)}, \quad u = 1, \quad v = 0, \quad w = f_x(a,b) \quad (5.1)$$

$$l_2 : x = a, \quad \frac{y-b}{1} = \frac{z - f(a,b)}{f_y(a,b)}, \quad u = 0, \quad v = 1, \quad w = f_y(a,b) \quad (5.2)$$

さて点 $Q(a, b, f(a, b))$ における接平面を一般に

$$A(x-a) + B(y-b) + C(z - f(a,b)) = 0 \quad (5.3)$$

と表して，$A, B, C$ を求める．

この接平面は接線 $l_1, l_2$ を含まなくてはならないので，p.182 の (5.40) により $l_1, l_2$ が上記接平面 (5.3) に含まれる条件は (5.1)，(5.2) より

$$A + f_x(a,b) \cdot C = 0 \quad (5.4)$$

$$B + f_y(a,b) \cdot C = 0 \quad (5.5)$$

である．よって，(5.4)，(5.5) を (5.3) に代入して次のような接平面 $\pi$ の方程式を得る．

$$\pi : z = f_x(a,b)(x-a) + f_y(a,b)(y-b) + f(a,b) \quad (5.6)$$

---

**定理 5.7**（接平面の方程式） 関数 $z = f(x, y)$ が点 $(a, b)$ で全微分可能ならば，曲面 $z = f(x, y)$ 上の点 $Q(a, b, f(a, b))$ における接平面の方程式は

接平面 $\qquad z = f_x(a,b)(x-a) + f_y(a,b)(y-b) + f(a,b) \qquad (5.7)$

## 5.2 全微分，合成関数の偏導関数，接平面

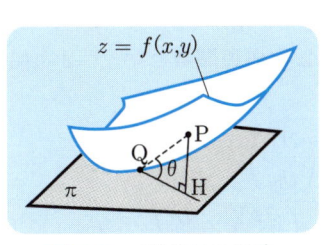

● より理解を深めるために ●

図 5.8 接平面の定義

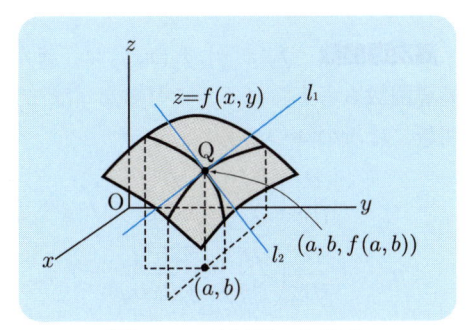

図 5.9 接平面の方程式

**例 5.11** 曲面 $f(x,y) = \log(x^2 + y^2)$ において，点 $(1, 1, \log 2)$ における接平面の方程式を求めよ．

[解] $f_x = \dfrac{2x}{x^2 + y^2}, \quad f_y = \dfrac{2y}{x^2 + y^2}$

であるので，与えられた関数は $(1,1)$ を含む領域において偏微分可能で，

$$f_x(1,1) = 1, \quad f_y(1,1) = 1$$

となる．ゆえに定理 5.7 より，求める接平面の方程式は次のようになる．

$$z - \log 2 = (x - 1) + (y - 1) \quad \blacksquare$$

**追記 5.2** 定理 5.7 で点 $Q(a, b, f(a, b))$ における接平面は (5.7) で表されることがわかった．このとき，点 Q を通り接平面に垂直な直線をこの曲面の点 Q における**法線**という．法線の方程式は，p.182 の (5.41) より

| 法線 | $\dfrac{x - a}{f_x(a,b)} = \dfrac{y - b}{f_y(a,b)} = \dfrac{z - f(a,b)}{-1}$ |
|---|---|

**問 5.9** 次の曲面の与えられた点における接平面の方程式を求めよ．
(1) $z = x^2 + y^2 \quad (1, 1, 2)$
(2)$^*$ $z = xy \sin \dfrac{1}{\sqrt{x^2 + y^2}} \quad \left(1, 1, \sin \dfrac{1}{\sqrt{2}}\right)$

---
$^*$「基本演習微分積分」(サイエンス社) p.85 の例題 3 (1) 参照．

## 5.3 高次偏導関数と2変数のテーラーの定理，極値

**高次導関数** $f_x(x,y), f_y(x,y)$ は，また $x, y$ の関数であるから，これらの偏導関数も考えられる．これらを $f(x,y)$ の **2次偏導関数** という．2次偏導関数には次の4つがある．

$$\frac{\partial}{\partial x}\left(\frac{\partial f}{\partial x}\right) = \frac{\partial^2 f}{\partial x^2} = f_{xx}, \quad \frac{\partial}{\partial y}\left(\frac{\partial f}{\partial x}\right) = \frac{\partial^2 f}{\partial y \partial x} = f_{xy}$$

$$\frac{\partial}{\partial x}\left(\frac{\partial f}{\partial y}\right) = \frac{\partial^2 f}{\partial x \partial y} = f_{yx}, \quad \frac{\partial}{\partial y}\left(\frac{\partial f}{\partial y}\right) = \frac{\partial^2 f}{\partial y^2} = f_{yy}$$

さらに3次，4次…の偏導関数も考えられるが，2次以上の偏導関数をまとめて**高次偏導関数**という．

2次偏導関数は，順序が異なれば，必ずしも一致しない (⇨p.176 の例題 5.3)．しかし次の定理が成り立つ (証明は省略する)．

> **定理 5.8** (偏微分の順序の交換) $f_{xy}(x,y), f_{yx}(x,y)$ がともに連続ならば
> $$f_{xy}(x,y) = f_{yx}(x,y)$$

一般に高次導関数の連続性を仮定すれば，上記定理5.8よりその偏微分の順序は問題にならない．つまり $f(x,y)$ を $x$ に関して $m$ 回，$y$ に関して $n$ 回偏微分すれば，$x, y$ の偏微分の順序に関係なく $\dfrac{\partial^{m+n} f}{\partial y^n \partial x^m}$ と表すことができる．この仮定のもとでは次のように書くことができる．

$$\frac{\partial f}{\partial x} + \frac{\partial f}{\partial y} = \left(\frac{\partial}{\partial x} + \frac{\partial}{\partial y}\right) f$$

$$\frac{\partial^2 f}{\partial x^2} + 2\frac{\partial^2 f}{\partial x \partial y} + \frac{\partial^2 f}{\partial y^2} = \left(\frac{\partial}{\partial x} + \frac{\partial}{\partial y}\right)^2 f$$

$$\cdots\cdots$$

$$\frac{\partial^n f}{\partial x^n} + {}_n\mathrm{C}_1 \frac{\partial^n f}{\partial y \partial x^{n-1}} + \cdots + {}_n\mathrm{C}_r \frac{\partial^n f}{\partial y^r \partial x^{n-r}} + \cdots + \frac{\partial^n f}{\partial y^n}$$
$$= \left(\frac{\partial}{\partial x} + \frac{\partial}{\partial y}\right)^n f$$

● **より理解を深めるために** ●

**例 5.12** 次の関数の 2 次偏導関数を計算せよ．
(1) $z = x^3 y^2$ (2) $z = \dfrac{y}{x}$

[解] (1) $z_x = 3x^2 y^2$, $z_y = 2x^3 y$, $z_{xx} = 6xy^2$, $z_{yy} = 2x^3$, $z_{xy} = z_{yx} = 6x^2 y$

(2) $\dfrac{\partial z}{\partial x} = -\dfrac{y}{x^2}$, $\dfrac{\partial z}{\partial y} = \dfrac{1}{x}$, $\dfrac{\partial^2 z}{\partial x^2} = \dfrac{2y}{x^3}$, $\dfrac{\partial^2 z}{\partial y^2} = 0$, $\dfrac{\partial^2 z}{\partial x \partial y} = -\dfrac{1}{x^2}$ ■

**例 5.13** $f(x,y) = \sqrt{1 - x^2 - y^2}$ $(x^2 + y^2 \neq 1)$ について，$f_{xy} = f_{yx}$ を確かめよ．

[解] $f_x = \dfrac{-x}{\sqrt{1 - x^2 - y^2}}$, $f_{xy} = \dfrac{-xy}{(1 - x^2 - y^2)^{3/2}}$

$f_y = \dfrac{-y}{\sqrt{1 - x^2 - y^2}}$, $f_{yx} = \dfrac{-xy}{(1 - x^2 - y^2)^{3/2}}$

$\therefore \quad f_{xy} = f_{yx}$ ■

**例 5.14** $\left( \dfrac{\partial}{\partial x} + \dfrac{\partial}{\partial y} \right)^2 x^3 y^2 = 6xy^2 + 12x^2 y + 2x^3$ ■

**例 5.15** 関数 $f(x,y)$ について $\Delta f = \dfrac{\partial^2 f}{\partial x^2} + \dfrac{\partial^2 f}{\partial y^2}$ と書いて，演算記号 $\Delta$ をラプラシアンという．$f(x,y) = \tan^{-1} \dfrac{y}{x}$ $(x \neq 0)$ について $\Delta f$ を求めよ．

[解] $\dfrac{\partial f}{\partial x} = \dfrac{-y}{x^2 + y^2}$, $\dfrac{\partial^2 f}{\partial x^2} = \dfrac{2xy}{(x^2 + y^2)^2}$

$\dfrac{\partial f}{\partial y} = \dfrac{x}{x^2 + y^2}$, $\dfrac{\partial^2 f}{\partial y^2} = \dfrac{-2xy}{(x^2 + y^2)^2}$

$\therefore \quad \Delta f = \dfrac{2xy}{(x^2 + y^2)^2} + \dfrac{-2xy}{(x^2 + y^2)^2} = 0$ ■

**問 5.10**[*] $f(x,y) = \tan^{-1} \dfrac{y}{x}$ $(x \neq 0)$ について $f_{xy} = f_{yx}$ を確かめよ．

**問 5.11**[*] $z = f(x,y)$, $x = e^u \cos v$, $y = e^u \sin v$ のとき，$z = g(u,v)$ について，$\Delta g = (x^2 + y^2) \Delta f$ であることを示せ (ただし $\Delta$ はラプラシアンとする)．

---

[*]「基本演習微分積分」(サイエンス社) p.87 の例題 5 (2), 問題 5.4 参照．

**2変数のテーラーの定理** 高次偏導関数をもつ2変数関数について，次のテーラーの定理が成り立つ．

**定理 5.9 (2変数のテーラーの定理)** $f(x, y)$ が $(a, b)$ を含む領域 $X$ で，$n$ 次までの連続な偏導関数をもてば，$(a+h, b+k) \in X$ のとき，次式が成り立つような $\theta$ が存在する．

$$f(a+h, b+k) = \sum_{j=0}^{n-1} \frac{1}{j!} \left( h\frac{\partial}{\partial x} + k\frac{\partial}{\partial y} \right)^j f(a, b)$$
$$+ \frac{1}{n!} \left( h\frac{\partial}{\partial x} + k\frac{\partial}{\partial y} \right)^n f(a+\theta h, b+\theta k) \quad (0 < \theta < 1)$$

[証明] $x = a + ht,\ y = b + kt\ (0 \leqq t \leqq 1)$ とおくと，

$$f(x, y) = f(a+ht, b+kt)$$

そこで，$f(a+ht, b+kt) = F(t)$ とおくと，例 5.16 より，

$$F^{(n)}(t) = \left( h\frac{\partial}{\partial x} + k\frac{\partial}{\partial y} \right)^n f(a+ht, b+kt)$$

そして，1変数のマクローリンの定理 (p.64 の定理 2.10) によると，

$$F(t) = F(0) + tF'(0) + \frac{t^2}{2!}F''(0) + \cdots$$
$$\cdots + \frac{t^{n-1}}{(n-1)!}F^{n-1}(0) + \frac{t^n}{n!}F^{(n)}(\theta t)$$

$$\therefore\ f(a+ht, b+kt) = f(a, b) + t\left( h\frac{\partial}{\partial x} + k\frac{\partial}{\partial y} \right)f(a, b)$$
$$+ \frac{t^2}{2!}\left( h\frac{\partial}{\partial x} + k\frac{\partial}{\partial y} \right)^2 f(a, b) + \cdots$$
$$\cdots + \frac{t^{n-1}}{(n-1)!}\left( h\frac{\partial}{\partial x} + k\frac{\partial}{\partial y} \right)^{n-1} f(a, b)$$
$$+ \frac{t^n}{n!}\left( h\frac{\partial}{\partial x} + k\frac{\partial}{\partial y} \right)^n f(a+\theta ht, b+\theta kt)$$
$$(0 < \theta < 1)$$

したがって，$t = 1$ とおくと定理の展開式を得る．■

## 5.3 高次偏導関数と 2 変数のテーラーの定理，極値

● **より理解を深めるために** ●

**例 5.16** $z = f(x,y)$ が必要な回数だけ連続な偏導関数をもつとする．いま，$x = a + ht$, $y = b + kt$ とおくと，定理 5.6 (p.158) より，

$$\frac{dz}{dt} = \frac{\partial z}{\partial x}\frac{dx}{dt} + \frac{\partial z}{\partial y}\frac{dy}{dt} = \left(h\frac{\partial}{\partial x} + k\frac{\partial}{\partial y}\right)z$$

である．これをさらに $t$ について微分すると，再度定理 5.6 (p.158) を用いて，

$$\begin{aligned}\frac{d^2 z}{dt^2} &= \frac{\partial}{\partial x}\left(h\frac{\partial z}{\partial x}\right)\frac{dx}{dt} + \frac{\partial}{\partial y}\left(h\frac{\partial z}{\partial x}\right)\frac{dy}{dt} \\ &\quad + \frac{\partial}{\partial x}\left(k\frac{\partial z}{\partial y}\right)\frac{dx}{dt} + \frac{\partial}{\partial y}\left(k\frac{\partial z}{\partial y}\right)\frac{dy}{dt} \\ &= h^2 \frac{\partial^2 z}{\partial x^2} + 2hk\frac{\partial^2 z}{\partial y \partial x} + k^2 \frac{\partial^2 z}{\partial y^2} \\ &= \left(h\frac{\partial}{\partial x} + k\frac{\partial}{\partial y}\right)^2 z \end{aligned}$$

……

$$\frac{d^n z}{dt^n} = \left(h\frac{\partial}{\partial x} + k\frac{\partial}{\partial y}\right)^n z \quad \blacksquare$$

**追記 5.3** 左頁の 2 変数のテーラーの定理において，

(i) $n = 1$ とすると次のような **2 変数の平均値の定理**を得る．

$$f(a+h, b+k) = f(a,b) + hf_x(a+\theta h, b+\theta k) + kf_y(a+\theta h, b+\theta k)$$

が成り立つような $\theta\ (0 < \theta < 1)$ が存在する．

(ii) $a = b = 0$, $h = x$, $k = y$ とおいて次の 2 変数のマクローリンの定理を得る．

> **系 (定理 5.9)(2 変数のマクローリンの定理)**
> $$f(x,y) = \sum_{j=0}^{n-1} \frac{1}{j!}\left(x\frac{\partial}{\partial x} + y\frac{\partial}{\partial y}\right)^j f(0,0) + \frac{1}{n!}\left(x\frac{\partial}{\partial x} + y\frac{\partial}{\partial y}\right)^n f(\theta x, \theta y)$$
> $$(0 < \theta < 1)$$

**問 5.12*** $f(x,y) = e^x \log(1+y)$ に $n = 2$ としてマクローリンの定理を適用せよ．

---

* 「演習と応用微分積分」(サイエンス社) p.77 の例題 6 (1) 参照．

**2変数の関数の極値**　関数 $f(x,y)$ を点 $(a,b)$ に近い点で考えたとき，点 $(a,b)$ と異なるすべての点 $(x,y)$ に対して，

$f(a,b) > f(x,y)$ ならば $f(x,y)$ は 点 $(a,b)$ で**極大**

$f(a,b) < f(x,y)$ ならば $f(x,y)$ は 点 $(a,b)$ で**極小**

であるという．このとき $f(a,b)$ をそれぞれ**極大値**，**極小値**といい，2つあわせて**極値**という (⇨図 5.10)．

極値に関して，次の定理が成り立つ．

**定理 5.10** (極値をもつ必要条件)　偏微分可能な関数 $f(x,y)$ が点 $(a,b)$ で極値をとるならば $(a,b)$ は次の連立方程式の解である．

$$f_x(x,y) = 0, \quad f_y(x,y) = 0$$

[証明]　いま $x$ の関数 $f(x,b)$ を考えると，$x = a$ の近くで極大値のときは，$f(x,b) < f(a,b)$ が成り立つので，$f(x,b)$ は $x = a$ で極大値をもつ．よって $a$ における微分係数 $f_x(a,b) = 0$ である．同様に $f_y(a,b) = 0$ がいえる．極小値のときも同様である．■

**注意 5.2**　$f_x(x,y) = 0$, $f_y(x,y) = 0$ の解 $(x,y) = (a,b)$ がすべて極値を与える点とは限らない (⇨例 5.17)．これは1変数関数の場合に，$f'(x) = 0$ の解がすべて極値を与えるとは限らないことに類似している．

次に第2次偏導関数を用いて $f(x,y)$ の極値を判定する定理を述べておく (証明は省略する)．

**定理 5.11** (極値の判定)　関数 $f(x,y)$ が点 $(a,b)$ において連続な2次偏導関数をもち，

$$f_x(a,b) = 0, \quad f_y(a,b) = 0$$

であるとする．

$$D(a,b) = f_{xy}(a,b)^2 - f_{xx}(a,b)f_{yy}(a,b)$$

とおくとき，次のことが成り立つ．

(i)　$D(a,b) < 0, f_{xx}(a,b) > 0$ (または $f_{yy} > 0$) ならば $f(a,b)$ は極小値．
(ii)　$D(a,b) < 0, f_{xx}(a,b) < 0$ (または $f_{yy} < 0$) ならば $f(a,b)$ は極大値．
(iii)　$D(a,b) > 0$ のときは $f(a,b)$ は極値でない．

## 5.3 高次偏導関数と 2 変数のテーラーの定理，極値

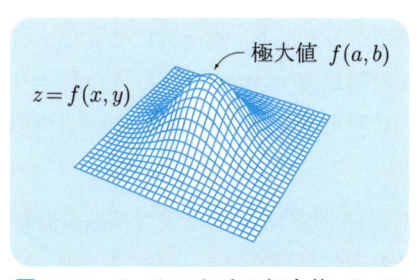

● **より理解を深めるために**

**図 5.10** $(a,b)$ における極大値 $f(a,b)$

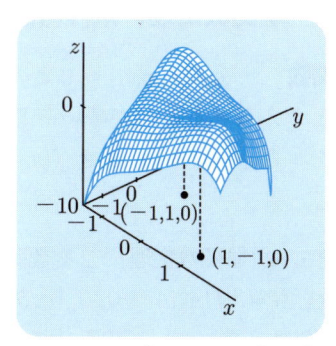

**図 5.11** $z = x^2 - 2xy + y^2 - x^4 - y^4$

**例 5.17** $f(x,y) = x^2 - 2xy + y^2 - x^4 - y^4$ (⇨ 図 5.11) の極値を求めよ．

[解] 
$$\begin{cases} f_x = 2x - 2y - 4x^3 = 0 & (5.8) \\ f_y = -2x + 2y - 4y^3 = 0 & (5.9) \end{cases}$$

を解く．(5.8)+(5.9) より $-4(x^3 + y^3) = 0$．よって，$y = -x$ である．これを (5.8) に代入すると，$4x(1-x^2) = 0$，すなわち $x = 0, 1, -1$．よって $f(x,y)$ が極値をとり得る可能性のある点は $(0,0), (1,-1), (-1,1)$ の 3 点である．いま $f_{xx} = 2 - 12x^2$, $f_{xy} = -2$, $f_{yy} = 2 - 12y^2$ だから

$$D = f_{xy}^2 - f_{xx}f_{yy} = 4 - 4(1-6x^2)(1-6y^2)$$

より

$(1,-1)$ では $D = -96 < 0$, $f_{xx} = -10 < 0$ となり，極大値 2 をとる．
$(-1,1)$ では $D = -96 < 0$, $f_{xx} = -10 < 0$ となり，極大値 2 をとる．

$(0,0)$ では $D = 0$ となりこれだけでは極値の判別はできない．しかしこの場合

$y = x$ とすると，$x \neq 0$ のとき，$f = -2x^4 < 0$
$y = 0$ とすると，$x \neq 0$ で 0 に近いとき，$f = x^2(1-x^2) > 0$

となるから，$f$ は $(0,0)$ で極値をとらない．■

**問 5.13**[*]  関数の極値を調べよ．

(1)　$f(x,y) = xy(x^2 + y^2 - 1)$
(2)　$f(x,y) = x^4 + y^4 - 2x^2 + 4xy - 2y^2$

---

[*]「基本演習微分積分」(サイエンス社) p.90 の例題 6，問題 6.1 (1) 参照．

## 5.4　陰関数定理，条件付極値，包絡線

**陰関数**　$x, y$ に $f(x, y) = 0$ という関係があるとき，局所的には $y$ は $x$ の関数と考えられることが多い．この $x$ の関数 $y = g(x)$ が $f(x, g(x)) = 0$ をみたすとき，$y = g(x)$ を $f(x, y) = 0$ で定義された**陰関数**という（⇨ 例 5.18）．

> **定理 5.12**（陰関数定理）　2 変数関数 $f(x, y)$ が点 $(a, b)$ の近くで連続な偏導関数をもち，$f(a, b) = 0$, $f_y(a, b) \neq 0$ をみたすとき，$b = g(a)$, $f(x, g(x)) = 0$ のような，$x = a$ の近くで微分可能な関数 $y = g(x)$ が存在する．さらに $y = g(x)$ の導関数が次式で与えられる．
> $$g'(x) = -\frac{f_x(x, y)}{f_y(x, y)}$$

[証明]　ここでは陰関数 $y = g(x)$ の存在と連続性について仮定し，微分可能であることを証明する．いま
$$k = g(x + h) - g(x) \tag{5.10}$$
とし，$f(x, g(x)) = 0$, $f(x + h, g(x + h)) = 0$ に注意する．次に，2 変数関数のテーラーの定理 (p.164 の定理 5.9, $n = 1$) により，

$$f(x + h, g(x + h)) - f(x, g(x))$$
$$= h f_x(x + \theta h, g(x) + \theta k) + k f_y(x + \theta h, g(x) + \theta k) = 0 \quad (0 < \theta < 1)$$

ここで $k$ に上記 (5.10) を代入すると，

$$f_x(x + \theta h, g(x) + \theta k) + f_y(x + \theta h, g(x) + \theta k)\{g(x + h) - g(x)\}/h = 0$$

ここで，$h \to 0$ のとき $g(x)$ は連続であるので $k \to 0$．ゆえに $x + \theta h \to x$, $g(x) + \theta k \to g(x)$．したがって $f_x, f_y$ の連続性より，$h \to 0$ のとき，

$$f_x(x + \theta h, g(x) + \theta k) \to f_x(x, g(x))$$
$$f_y(x + \theta h, g(x) + \theta k) \to f_y(x, g(x))$$

$$\therefore \quad g'(x) = \lim_{h \to 0} \frac{g(x + h) - g(x)}{h} = -\frac{f_x(x, g(x))}{f_y(x, g(x))} \quad \blacksquare$$

（陰関数 $y = g(x)$ の存在と連続性の証明は省略する．）

## 5.4 陰関数定理，条件付極値，包絡線

● **より理解を深めるために** ●

**例 5.18** 定理 5.12 の意味を曲線 $f(x,y) = x^3 + y^3 - 3xy = 0$ を例に説明する (⇨ 図 5.12，正葉線).

$f(x,y) = 0$ によって定められる $x$ の関数 $y$ は多価関数であるが，点 $(a,b)$ を曲線の上の点とするとき，点 $(a,b)$ にごく近い曲線の一部分をとって考えると，その上の点の $y$ 座標は $x$ の一価関数であり，さらに微分可能で $y = g(x)$ の形を求めなくても，その導関数を次のように求めることができることを示している．

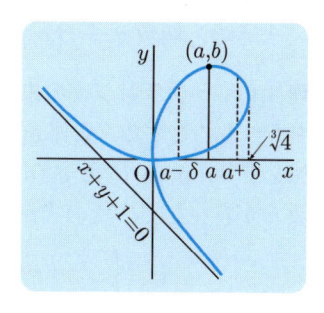

図 5.12　正葉線　$x^3 + y^3 - 3xy = 0$

$$g'(x) = -\frac{f_x(x,y)}{f_y(x,y)} = -\frac{3x^2 - 3y}{3y^2 - 3x} \quad \blacksquare$$

**例 5.19** $\log\sqrt{x^2+y^2} = \tan^{-1}(y/x)$ で定まる $x$ の関数 $y$ の導関数を求めよ．

[解]　$f(x,y) = \log\sqrt{x^2+y^2} - \tan^{-1}(y/x) = 0$ とおく．いま，

$$f_x = \frac{1}{2}\frac{2x}{x^2+y^2} - \frac{-y/x^2}{1+(y/x)^2} = \frac{x+y}{x^2+y^2},$$

$$f_y = \frac{1}{2}\frac{2y}{x^2+y^2} - \frac{1/x}{1+(y/x)^2} = \frac{y-x}{x^2+y^2}$$

ゆえに，$f_y \neq 0$　すなわち，$x \neq y$ のとき，

$$\frac{dy}{dx} = -\frac{f_x}{f_y} = -\frac{x+y}{y-x} \quad \blacksquare$$

---

**問 5.14**\*　次の式で定まる $x$ の関数 $y$ の導関数を求めよ．

(1)　$y = x^y \quad (x > 0)$

(2)　$x^3 + xy + y^2 = a^2 \quad (a > 0)$

**問 5.15**\*\*　$f(x,y) = x^3 + 3xy + 4xy^2 + y^2 + y - 2 = 0$ 上の点 $(1, -1)$ における接線の方程式を求めよ．

---

\*　「基本演習微分積分」(サイエンス社) p.92 の例題 8 (1)，問題 8.1 (1) 参照．

\*\*　定理 5.12 (陰関数の定理) を用いよ．

**条件つきの極値** ここでは，変数 $x$ と $y$ が条件 $g(x,y)=0$ をみたしながら動くときの，関数 $z=f(x,y)$ の極値を考察する．

**定理 5.13**（ラグランジュの未定乗数法） $f(x,y), g(x,y)$ は連続な偏導関数をもつものとする．条件 $g(x,y)=0$ のもとで $z=f(x,y)$ が点 $(a,b)$ で極値をとり，$g_x(a,b)$ と $g_y(a,b)$ の少なくとも一方が $0$ でなければ，ある定数 $k$ が存在して，次の式が成り立つ．

$$\begin{cases} f_x(a,b) - kg_x(a,b) = 0 & (5.11) \\ f_y(a,b) - kg_y(a,b) = 0 & (5.12) \\ g(a,b) = 0 & (5.13) \end{cases}$$

[証明] $g_y \ne 0$ ならば p.168 の陰関数定理により，$g(x,y)=0$ の陰関数 $y=\psi(x)$ が求まるから，$z=f(x,y)=f(x,\psi(x))$ が $x=a$ で極値をとるためには，

$$\frac{dz}{dx} = f_x(a,b) + f_y(a,b)\psi'(a) = 0 \quad (\text{ただし } b=\psi(a)) \quad (5.14)$$

であることが必要である．また陰関数の定義から，$g(x,\psi(x))=0$ だから両辺を $x$ で微分して $(x,y)=(a,b)$ とおくと，

$$g_x(a,b) + g_y(a,b)\psi'(a) = 0 \quad (5.15)$$

となる．(5.14), (5.15) より $\psi'(a)$ を消去して，

$$f_x(a,b) - f_y(a,b)\frac{g_x(a,b)}{g_y(a,b)} = 0 \quad (5.16)$$

そこで

$$\frac{f_y(a,b)}{g_y(a,b)} = k \quad (5.17)$$

とおけば (5.16) より (5.11) を得る．また (5.17) の分母をはらえば (5.12) となり，$g(a,b)=0$ は当然であるから定理が成り立つ．

$g_y(a,b) \ne 0$ のときも同様の議論をすればよい．■

**注意 5.3** この考え方は，定理 5.13 の変数の数が多くても同様である．しかしこの方法は極値の必要条件を与えるものであるから完全とはいえない．問題の性質上極値の存在が明らかなときは有効である．

5.4 陰関数定理，条件付極値，包絡線

● **より理解を深めるために** ●─────────

**例 5.20** $x^3 + y^3 - 3xy = 0$ のとき $f(x,y) = x^2 + y^2$ の極値を求めよ．
[解] ラグランジュの未定乗数法を用いる（⇨ p.169 の図 5.12）．
$u = x^2 + y^2 + k(x^3 + y^3 - 3xy)$ とおく．

$$u_x = 2x + 3k(x^2 - y), \quad u_y = 2y + 3k(y^2 - x), \quad u_x = u_y = 0$$

から $k$ を消去すると，

$$x(y^2 - x) = y(x^2 - y) \quad \text{すなわち} \quad (x - y)(xy + x + y) = 0$$

よって，まず $x - y = 0$ と $x^3 + y^3 - 3xy = 0$ の連立方程式を解くと

$$(x, y) = (0, 0), \quad (x, y) = (3/2, 3/2)$$

次に，$xy + x + y = 0$ と $x^3 + y^3 - 3xy = 0$ の連立方程式を解くと，$(x, y) = (0, 0)$ を得る．よって，$(0, 0), (3/2, 3/2)$ が $f(x, y)$ の条件つきの極値の候補となる点である．$f(x, y) = x^2 + y^2$ を幾何学的に考えると，原点からの距離の平方であるから，極小値は $f(0, 0) = 0$ であり，極大値は $f(3/2, 3/2) = 9/2$ である．

[別解] $y = xt$ とおくと，$x = \dfrac{3t}{1 + t^3}, y = \dfrac{3t^2}{1 + t^3}$ であるから，

$$z = x^2 + y^2 = \frac{9t^2(t^2 + 1)}{(1 + t^3)^2},$$

$$\frac{dz}{dt} = \frac{18t(1 - t)(t^4 + t^3 + 3t^2 + t + 1)}{(1 + t^3)^3}$$

$$t^4 + t^3 + 3t^2 + t + 1 = t^2 \left\{ \left( t + \frac{1}{t} \right)^2 + \left( t + \frac{1}{t} \right) + 1 \right\} > 0$$

よって，右のような増減表をつくると，$t = 0$ のとき，すなわち $x = 0, y = 0$ のとき極小値 $0$，$t = 1$ のとき，すなわち $x = \dfrac{3}{2}, y = \dfrac{3}{2}$ のとき，極大値 $\dfrac{9}{2}$ を得る．■

| $t$ | $-1$ | | $0$ | | $1$ | |
|---|---|---|---|---|---|---|
| $z'$ | | $-$ | | $+$ | | $-$ |
| $z$ | | ↘ | $0$ | ↗ | $9/2$ | ↘ |

───────────────────────────

**問 5.16**[*] 条件 $x + y - 1 = 0$ のとき，$f(x, y) = x^2 + y^2$ の極値を求めよ．

───────────
[*]「基本演習微分積分」(サイエンス社) p.93 の問題 9.1 (1) 参照．

**包絡線** 1つの曲線 $g$ と曲線群 $f(x,y,\alpha)=0$ があって (⇨ 図 5.13) この曲線群に属する曲線はいずれも曲線 $g$ に接し，曲線 $g$ がその接点の軌跡となっているとき，曲線 $g$ を曲線群 $f(x,y,\alpha)=0$ の**包絡線**という．

いま，曲線 $g$ が曲線群
$$f(x,y,\alpha)=0 \tag{5.18}$$
の包絡線であるとすると，$\alpha$ が定まればそれに応じて接点の座標 $(x,y)$ が定まるから $x,y$ は $\alpha$ の関数である．そこで
$$x=\varphi(\alpha), \quad y=\psi(\alpha) \tag{5.19}$$
とすると，(5.19) は包絡線 $g$ が媒介変数 $\alpha$ によって表示されたものである．

そして，点 $(x,y)$ における曲線 (5.18) の接線の傾きは陰関数定理 (p.168 の定理 5.12) より $dy/dx=-f_x/f_y$ $(f_y \neq 0)$ であり，曲線 (5.19) の接点の傾きは p.36 の定理 1.13 より $dy/dx=\psi'(\alpha)/\varphi'(\alpha)$ $(\varphi'(\alpha) \neq 0)$．

したがって，曲線 (5.18) が曲線 (5.19) に点 $(x,y)$ で接するときは
$$-\frac{f_x}{f_y}=\frac{\psi'(\alpha)}{\varphi'(\alpha)}, \quad \text{すなわち} \quad f_x(x,y,\alpha)\varphi'(\alpha)+f_y(x,y,\alpha)\psi'(\alpha)=0 \tag{5.20}$$
となる．さらに，$f\{\varphi(\alpha),\psi(\alpha),\alpha\}=0$ であるから両辺を $\alpha$ で微分すると
$$f_x(x,y,\alpha)\varphi'(\alpha)+f_y(x,y,\alpha)\psi'(\alpha)+f_\alpha(x,y,\alpha)=0$$
したがって (5.20) を用いると，
$$f_\alpha(x,y,\alpha)=0 \tag{5.21}$$

ゆえに，包絡線上の点は (5.18) および (5.21) を満足しなければならない．

次に $f(x,y,\alpha)=0$, $f_\alpha(x,y,\alpha)=0$ を $x,y$ について解いて (5.19) を得たものとすると，$f_x$ と $f_y$, $\varphi'(\alpha)$ と $\psi'(\alpha)$ とが同時に 0 とならない限り，これまでの計算を逆にたどって曲線 (5.18) は曲線 (5.19) と点 $(\varphi(\alpha),\psi(\alpha))$ において接することもわかる．よって次の定理を得る．

**定理 5.14**（包絡線） 曲線群 $f(x,y,\alpha)=0$ が特異点 $(f_x=0, f_y=0$ を同時に満足する点) をもたないときには $f(x,y,\alpha)=0$, $f_\alpha(x,y,\alpha)=0$ より $\alpha$ を消去して得られる曲線が包絡線である．ただし，$\varphi'(\alpha)=0$, $\psi'(\alpha)=0$ である点は別に調べてみなければならない．

## 5.4 陰関数定理，条件付極値，包絡線

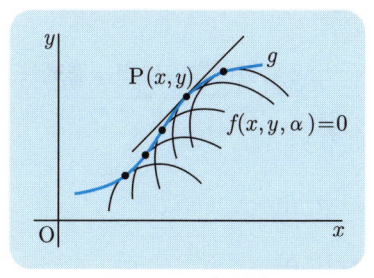

● **より理解を深めるために** ●

図 5.13　包絡線

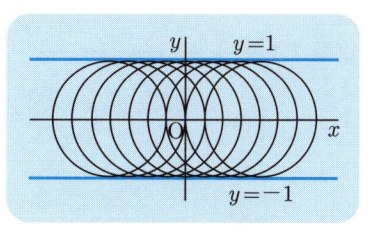

図 5.14　包絡線

**例 5.21** 次の曲線群の包絡線を求めよ．
(1)　$(x-\alpha)^2 + y^2 = 1$　($\alpha$ はパラメータ)
(2)　両端が $x$ 軸，$y$ 軸上にあって，長さが一定 $a$ の線分群 $(a > 0)$．

[解]　(1)　$f(x,y,\alpha) = (x-\alpha)^2 + y^2 - 1 = 0$ とおくと，
$$f_\alpha = -2(x-\alpha) = 0$$
より $\alpha = x$．これを $(x-\alpha)^2 + y^2 - 1 = 0$ に代入して，$y^2 - 1 = 0$．すなわち $y = \pm 1$ が求める包絡線である（⇨ 図 5.14）．

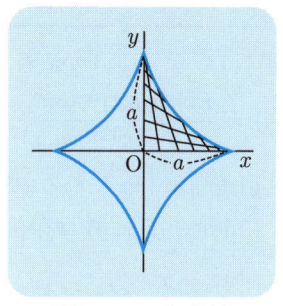

図 5.15　包絡線

(2)　$x$ 軸と線分とのなす角を $\alpha$ とすると，第 1 象限にある直線の方程式は
$$\frac{x}{a\cos\alpha} + \frac{y}{a\sin\alpha} = 1 \tag{5.22}$$
これを $\alpha$ で微分して
$$\frac{x}{a}\frac{\sin\alpha}{\cos^2\alpha} - \frac{y}{a}\frac{\cos\alpha}{\sin^2\alpha} = 0 \tag{5.23}$$
(5.22), (5.23) から $x, y$ を求めると，$x = a\cos^3\alpha$, $y = a\sin^3\alpha$．これから $\alpha$ を消去して $x^{2/3} + y^{2/3} = a^{2/3}$ を得る（⇨ 図 5.15）．■

---

**問 5.17**\*　次の曲線群の包絡線を求めよ．
(1)　$x^3 = \alpha(y+\alpha)^2$　($\alpha$ はパラメータ)
(2)　双曲線 $x^2 - y^2 = a^2$ $(a > 0)$ の上に中心をもち，原点を通る円群．

---
\*「演習と応用微分積分」(サイエンス社) p.84 の問題 11.1 (2), 11.2 (1) 参照．

## 演習問題

---
**例題 5.1** ──────────────────── **2 変数関数の極限，連続性**

(1) $\displaystyle\lim_{(x,y)\to(0,0)} \frac{x^2 - y^2 + x^3 + y^3}{x^2 + y^2}$ を求めよ．

(2) $f(x,y) = \begin{cases} xy\dfrac{x^2 - y^2}{x^2 + y^2} & (x,y) \neq (0,0) \\ 0 & (x,y) = (0,0) \end{cases}$

の原点における連続性を調べよ．

---

[解] (1) 点 $(x,y)$ が直線 $y = mx$ に沿って原点に近づくときを考える．
$f(x,y) = \dfrac{x^2 - (mx)^2 + x^3 + (mx)^3}{x^2 + (mx)^2} = \dfrac{(1-m^2) + x(1+m^3)}{1+m^2}$ であるので
点 $(x,y)$ を $y=mx$ に沿って原点に近づけると，$f(x,y) \to \dfrac{1-m^2}{1+m^2}$ となるので $\displaystyle\lim_{(x,y)\to(0,0)} f(x,y)$ は存在しない．

(2) $\left|\dfrac{x^2-y^2}{x^2+y^2}\right| \leq 1$ であるので $|f(x,y)| = \left|xy\dfrac{x^2-y^2}{x^2+y^2}\right| \leq |xy|$. よって

$$\lim_{(x,y)\to(0,0)} |f(x,y)| = 0 \quad \therefore \quad \lim_{(x,y)\to(0,0)} f(x,y) = 0$$

ゆえに

$$\lim_{(x,y)\to(0,0)} f(x,y) = f(0,0) = 0$$

したがって，$f(x,y)$ は $(0,0)$ で連続である．

---

(解答は章末 p.184 に掲載されています.)

**演習 5.1** $\displaystyle\lim_{(x,y)\to(0,0)} \left(y + x\sin\frac{1}{y}\right)$ を求めよ．

**演習 5.2** $f(x,y) = \begin{cases} \dfrac{x^4 - 3x^2 y^2}{x^2 + y^2} & (x,y) \neq (0,0) \\ 0 & (x,y) = (0,0) \end{cases}$

の $(x,y) = (0,0)$ における連続性を調べよ．

--- 例題 5.2 ─────────────────────────── $n$次の同次関数 ─

関数 $f(x,y)$ が $t$ の任意の正数値に対して常に
$$f(xt, yt) = t^n f(x,y)$$
を満足するとき，$f(x,y)$ は $x, y$ の**$n$次の同次関数**という．
いま，$f(x,y)$ が $x, y$ の $n$ 次の同次関数とすると，
$$\left(x\frac{\partial}{\partial x} + y\frac{\partial}{\partial y}\right)^k f(x,y) = n(n-1)\cdots(n-k+1)f(x,y)$$
である (**オイラーの定理**)．これを証明せよ．

[解] $xt = u, yt = v$ とおくと，$f(x,y)$ は $n$ 次の同次関数なのであるので，$f(u,v) = t^n f(x,y)$ となる．この両辺を $t$ で $k$ 回微分すると，
$$\left(x\frac{\partial}{\partial u} + y\frac{\partial}{\partial v}\right)^k f(u,v) = n(n-1)\cdots(n-k+1)t^{n-k}f(x,y)$$
となる (左辺は p.165 の例 5.16 を用いる)．ここで $t = 1$ とすると，
$$\left(x\frac{\partial}{\partial x} + y\frac{\partial}{\partial y}\right)^k f(x,y) = n(n-1)\cdots(n-k+1)f(x,y)$$
となる．

たとえば $f(x,y) = ax^2 + bxy + cy^2$ について考える．

$f(xt, yt) = t^2(ax^2 + bxy + cy^2)$ であるから 2 次の同次関数である ($n = 2$)．いま $k = 1$ とすると，
$$f_x = 2ax + by, \quad f_y = bx + 2cy$$
であるから，
$$\left(x\frac{\partial}{\partial x} + y\frac{\partial}{\partial y}\right)f = 2ax^2 + 2bxy + 2cy^2 = 2f = nf$$

---

**演習 5.3** $k = 1, k = 2$ のときのオイラーの定理を書き，それが正しいことを次の関数について直接計算によって確かめよ．

(1) $x^2 \tan^{-1}\dfrac{y}{x}$  (2) $\sqrt{x^2 + y^2}$

── 例題 5.3 ──────────────────────────── 2次偏導関数 ──

次の関数 $f(x,y)$ について $f_{xy}(0,0), f_{yx}(0,0)$ を求めよ。

$$f(x,y) = \begin{cases} xy\dfrac{x^2-y^2}{x^2+y^2} & (x,y) \neq (0,0) \\ 0 & (x,y) = (0,0) \end{cases}$$

[解]
$$f_x(0,k) = \lim_{h \to 0} \frac{f(h,k)-f(0,k)}{h}$$
$$f_{xy}(0,0) = \lim_{k \to 0} \frac{f_x(0,k)-f_x(0,0)}{k}$$

のように p.154 の定義にもどって考える．

$$f_x(0,k) = \lim_{h \to 0} \frac{f(h,k)-f(0,k)}{h} = \lim_{h \to 0} \frac{k(h^2-k^2)}{h^2+k^2} = -k$$

$$\therefore \quad f_{xy}(0,0) = \lim_{k \to 0} \frac{f_x(0,k)-f_x(0,0)}{k} = \lim_{k \to 0} \frac{-k}{k} = -1$$

同様にして，

$$f_y(h,k) = \lim_{k \to 0} \frac{f(h,k)-f(h,0)}{k} = \lim_{k \to 0} \frac{h(h^2-k^2)}{h^2+k^2} = h$$

$$\therefore \quad f_{yx}(0,0) = \lim_{h \to 0} \frac{f_y(h,0)-f_y(0,0)}{h} = \lim_{h \to 0} \frac{h}{h} = 1$$

注意 5.4　この問題は，偏微分する順序を変えると得られる偏導関数の値は必ずしも一致しないことを示している．しかし実際には p.162 の定理 5.8 が適用できて $f_{xy} = f_{yx}$ となる場合が多い．

演習 5.4　次の関数について，$f_{xy}(0,0), f_{yx}(0,0)$ を求めよ．

$$f(x,y) = \begin{cases} x^2 \tan^{-1}\dfrac{y}{x} - y^2 \tan^{-1}\dfrac{x}{y} & (xy \neq 0) \\ 0 & (xy = 0) \end{cases}$$

演 習 問 題

──例題 5.4────────────────最大・最小──
平面上に $n$ 個の点 $A_1(a_1, b_1), A_2(a_2, b_2), \cdots, A_n(a_n, b_n)$ がある．これらの点からの距離の平方の和を最小にする点 $G(x, y)$ を求めよ．

[解]　距離の平方の和は，
$$f(x, y) = \{(x-a_1)^2 + (y-b_1)^2\} + \{(x-a_2)^2 + (y-b_2)^2\} \\ + \cdots + \{(x-a_n)^2 + (y-b_n)^2\}$$
で表される．
$$f_x(x, y) = 2(x-a_1) + 2(x-a_2) + \cdots + 2(x-a_n)$$
$$f_y(x, y) = 2(y-b_1) + 2(y-b_2) + \cdots + 2(y-b_n)$$
であるから連立方程式 $f_x(x, y) = 0$, $f_y(x, y) = 0$ の解は，
$$x = \frac{1}{n}(a_1 + a_2 + \cdots + a_n),$$
$$y = \frac{1}{n}(b_1 + b_2 + \cdots + b_n)$$
だけである．

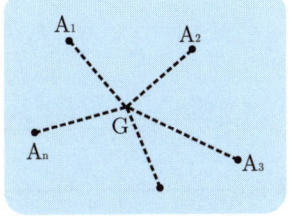

図 5.16

p.166 の定理 5.11 より
$$f_{xy}(x, y) = 0, \quad f_{xx}(x, y) = 2n, \quad f_{yy}(x, y) = 2n$$
であるので，
$$D(x, y) = f_{xy}(x, y)^2 - f_{xx}(x, y)f_{yy}(x, y) = -4n^2 < 0$$
さらに，$f_{xx}(x, y) > 0$ であるので，$f(x, y)$ は極小値となる．ところが負でない連続関数 $f(x, y)$ が極小値を 1 つしかもたないから，この点 $(x, y)$ で $f(x, y)$ は最小となる．

ここで求めた点 $G\left(\dfrac{1}{n}\sum_{k=1}^{n} a_k, \dfrac{1}{n}\sum_{k=1}^{n} b_k\right)$ を，$A_1, A_2, \cdots, A_n$ の重心という．

演習 **5.5**　$x + y + z = a$ ($x, y, z, a$ は正の数) のとき積 $u = xyz$ の最大値を求めよ．

## 例題 5.5 ────────────── 陰関数の第 2 次導関数

$f(x,y)$ が連続な 2 次偏導関数をもち,$f_y(x,y) \neq 0$ とする.いま $f(x,y) = 0$ が定める陰関数 $y = g(x)$ が第 2 次導関数をもつとき,

$$g''(x) = -\frac{f_{xx}(f_y)^2 - 2f_{xy}f_x f_y + f_{yy}(f_x)^2}{(f_y)^3}$$

となることを示せ.

[解] p.168 の定理 5.12 (陰関数定理) により,

$$g'(x) = -f_x/f_y \tag{5.24}$$

$$\therefore \quad g''(x) = \frac{d}{dx}\left(-\frac{f_x}{f_y}\right) = \frac{\partial}{\partial x}\left(-\frac{f_x}{f_y}\right) + \frac{\partial}{\partial y}\left(-\frac{f_x}{f_y}\right)\frac{dy}{dx}$$

$$= -\frac{f_{xx}f_y - f_x f_{xy}}{(f_y)^2} - \frac{f_{xy}f_y - f_x f_{yy}}{(f_y)^2}\left(-\frac{f_x}{f_y}\right)$$

$$= -\frac{(f_y)^2 f_{xx} - 2f_x f_y f_{xy} + (f_x)^2 f_{yy}}{(f_y)^3} \tag{5.25}$$

## 例題 5.6 ────────────── 陰関数の極値

$f(x,y) = 2x^2 + xy + 3y^2 - 1 = 0$ が定める陰関数 $y = g(x)$ の極値を求めよ.

[解] 定理 2.12 (p.69) を用いる.陰関数の形で与えられた関数の極値を求めるにはまず上記 (5.24) により $g'(x) = -f_x/f_y = 0$,すなわち $f_x = 0$.ついでこれを上記 (5.25) に代入すると,

$$g''(x) = -f_{xx}/f_y \tag{5.26}$$

となり,この符号を調べればよい.よって,

$$f = 2x^2 + xy + 3y^2 - 1 = 0, \quad f_x = 4x + y = 0$$

を解いて $x = \pm 1/\sqrt{46}$, $y = \mp 4/\sqrt{46}$ を得る.(5.26) より $g''(x) = -f_{xx}/f_y = -4/(x+6y)$.したがって,$x = 1/\sqrt{46}$ のとき $y = -4/\sqrt{46}$ が極小値,$x = -1/\sqrt{46}$ のとき $y = 4/\sqrt{46}$ が極大値となる.

演習 5.6 次の式で与えられる陰関数 $y = g(x)$ の極値を求めよ.
$$x^4 + 2x^2 + y^3 - y = 0$$

## 例題 5.7 ──────────────────────────── 包絡線

楕円 $\dfrac{x^2}{a^2} + \dfrac{y^2}{b^2} = 1\ (a > b > 0)$ の長軸に垂直な弦を直径とする円群の包絡線を求めよ．

[解] 長軸に垂直な弦の両端を

$$P(a\cos\alpha, b\sin\alpha),$$
$$Q(a\cos\alpha, -b\sin\alpha)$$

とする (この座標の表し方は p.141 の図 4.25，注意 4.3 を見よ)．このとき PQ を直径とする円は，

$$(x - a\cos\alpha)^2 + y^2 = b^2 \sin^2\alpha$$

である．

$$f(x, y, \alpha) = (x - a\cos\alpha)^2 + y^2 - b^2\sin^2\alpha = 0 \qquad (5.27)$$

とおくと，

$$f_\alpha = 2(x - a\cos\alpha)a\sin\alpha - 2b^2\sin\alpha\cos\alpha = 0 \qquad (5.28)$$

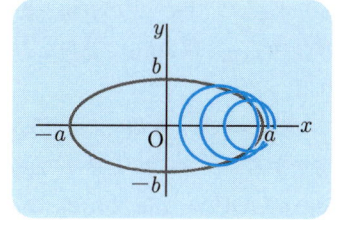

図 5.17

定理 5.14 (p.172) により，(5.27), (5.28) より $\alpha$ を消去して得られる曲線が包絡線である．(5.28) より $\cos\alpha = \dfrac{ax}{a^2 + b^2}$ となる．これを (5.27) に代入して，

$$y^2 = b^2 - \dfrac{b^2}{a^2 + b^2}x^2 \quad \text{すなわち} \quad \dfrac{x^2}{a^2 + b^2} + \dfrac{y^2}{b^2} = 1$$

が求める包絡線である．

---

**演習 5.7** 次の曲線群の包絡線を求めよ．

(1)* $(y - \alpha)^2 = x(x - 1)^2$ ($\alpha$ はパラメータ)

(2) 放物線 $y^2 = 4ax$ 上の点と頂点を結ぶ線分を直径とする円群．

---

\* 特異点すなわち $f_x(x, y, \alpha) = 0$, $f_y(x, y, \alpha) = 0$ を同時に満足する点があるので注意を要する．特異点については解答をみよ．

### 研究　3次元空間における直線や平面の方程式

**直線の方向比**　点 $P_0(x_0, y_0, z_0)$ から図 5.18 のように，ベクトル

$$t = ue_x + ve_y + we_z \quad (5.29)$$

($e_x, e_y, e_z$ は互いに直交する単位ベクトルとする) を引き，この直線上の任意の点 $P(x, y, z)$ に対して適当な $k$ をとれば，

$$\overrightarrow{OP} = \overrightarrow{OP_0} + kt \quad (5.30)$$

が成立する．(5.30) に $\overrightarrow{OP} = xe_x + ye_y + ze_z$, $\overrightarrow{OP_0} = x_0e_x + y_0e_y + z_0e_z$ を代入して，

$$x - x_0 = ku, \quad y - y_0 = kv, \quad z - z_0 = kw \quad (5.31)$$

を得る．よって，

$$(x - x_0) : (y - y_0) : (z - z_0) = u : v : w \quad (5.32)$$

は点 P の位置にかかわらず一定である．これを**直線の方向比**という．

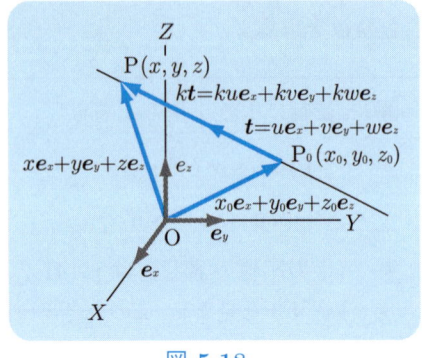

図 5.18

**直線の方向余弦**　前の議論で，ベクトル $t$ として単位ベクトルをとり，

$$t = \lambda e_x + \mu e_y + \nu e_z$$

とおく．この場合 $t$ が $x$ 軸，$y$ 軸，$z$ 軸の正の向きとなす角をそれぞれ，$\alpha, \beta, \gamma$ とすると，

$$\lambda = \cos\alpha, \quad \mu = \cos\beta, \quad \nu = \cos\gamma$$

である．この $\lambda, \mu, \nu$ を**直線の方向余弦**という．上記 (5.29), (5.30), (5.31) で $t$ を単位ベクトルとすれば，$k$ は $P_0$ から P までの距離という意味をもっているから，$k$ の代りに $r$ と書き，$u, v, w$ の代りにそれぞれ $\lambda, \mu, \nu$ と書けば

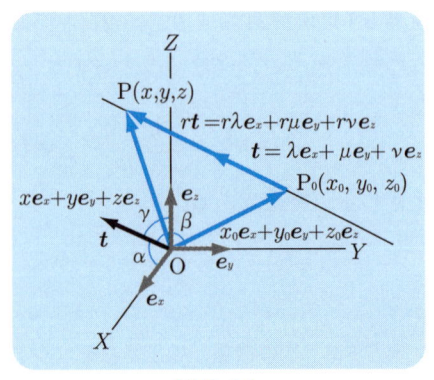

図 5.19

$$x - x_0 = r\lambda, \quad y - y_0 = r\mu, \quad z - z_0 = r\nu$$

すなわち，直線の方向比は方向余弦の比に等しいことがわかる．

研　　究

よって，点 $P_0(x_0, y_0, z_0)$ を通って，方向余弦が $(\lambda, \mu, \nu)$ である**直線の方程式**は次式で与えられる．

**直線の方程式**　　　　　　$\dfrac{x - x_0}{\lambda} = \dfrac{y - y_0}{\mu} = \dfrac{z - z_0}{\nu}$　　　　　　(5.33)

**方向比と方向余弦**　直線の方向比を $u, v, w$，方向余弦を $\lambda, \mu, \nu$ とすると，$u = r\lambda, v = r\mu, w = r\nu \ (r > 0)$ となる $r$ がある．よって

$$u^2 + v^2 + w^2 = r^2(\lambda^2 + \mu^2 + \nu^2) = r^2 \quad \therefore \quad r = \sqrt{u^2 + v^2 + w^2}$$

$$\therefore \quad \lambda = \frac{u}{\sqrt{u^2 + v^2 + w^2}}, \quad \mu = \frac{v}{\sqrt{u^2 + v^2 + w^2}}, \quad \nu = \frac{w}{\sqrt{u^2 + v^2 + w^2}} \quad (5.34)$$

**2直線間の角，直交条件**　2直線 $g_1, g_2$ の方向余弦をそれぞれ，$(\lambda_1, \mu_1, \nu_1), (\lambda_2, \mu_2, \nu_2)$ とする．図 5.20 のように $g_1, g_2$ と同じ向きに平行な単位ベクトルを $\boldsymbol{t}_1, \boldsymbol{t}_2$ とし，$g_1, g_2$ のなす角を $\theta$ とする．$\boldsymbol{t}_1 = \lambda_1 \boldsymbol{e}_x + \mu_1 \boldsymbol{e}_y + \nu_1 \boldsymbol{e}_z$, $\boldsymbol{t}_2 = \lambda_2 \boldsymbol{e}_x + \mu_2 \boldsymbol{e}_y + \nu_2 \boldsymbol{e}_z$ であって，しかも $\boldsymbol{t}_1$ と $\boldsymbol{t}_2$ の内積 $(\boldsymbol{t}_1, \boldsymbol{t}_2) = \cos\theta$ であるので，

$$\cos\theta = \lambda_1\lambda_2 + \mu_1\mu_2 + \nu_1\nu_2 \quad (5.35)$$

よって，$g_1$ と $g_2$ の**直交条件**は次の通りである．

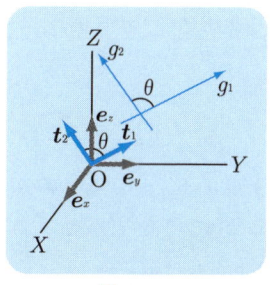

図 5.20

**2直線の直交条件**　　　　　　$\lambda_1\lambda_2 + \mu_1\mu_2 + \nu_1\nu_2 = 0$　　　　　　(5.36)

**平面の方程式**　図 5.21 のように空間に1つの平面が与えられた場合，原点からこの平面へ垂線 OH を下して，OH に沿う単位ベクトルを $\boldsymbol{t}$，その方向余弦を $(\lambda, \mu, \nu)$ とし $\mathrm{OH} = p$ とすると，

$$\boldsymbol{t} = \lambda \boldsymbol{e}_x + \mu \boldsymbol{e}_y + \nu \boldsymbol{e}_z$$

他方，この平面上の点を $P(x, y, z)$ とすれば，$\overrightarrow{\mathrm{OP}} = x\boldsymbol{e}_x + y\boldsymbol{e}_y + z\boldsymbol{e}_z$ となる．$\overrightarrow{\mathrm{OP}}$ と $\boldsymbol{t}$ の内積 $(\overrightarrow{\mathrm{OP}}, \boldsymbol{t}) = p$ であるので，次のような平面の方程式を得る．

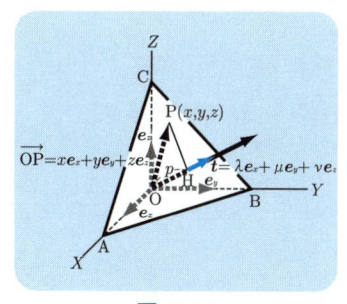

図 5.21

| 平面の方程式 (標準形) | $\lambda x + \mu y + \nu z = p$ | (5.37) |

一般に，1次方程式は $Ax + By + Cz + D = 0$ は平面を表すが，これを標準形に直すには $D$ を右辺に移項した式の両辺を右辺が正または 0 になるように $\pm\sqrt{A^2 + B^2 + C^2}$ で割って

$$\pm\frac{A}{\sqrt{A^2+B^2+C^2}}x \pm \frac{B}{\sqrt{A^2+B^2+C^2}}y \pm \frac{C}{\sqrt{A^2+B^2+C^2}}z$$
$$= \mp\frac{D}{\sqrt{A^2+B^2+C^2}} \tag{5.38}$$

とすればよい．よって，$x, y, z$ の係数が平面の方向余弦を与える．

**直線と平面のなす角**　　直線

$$g: \frac{x-x_0}{u} = \frac{y-y_0}{v} = \frac{z-z_0}{w}$$

と平面

$$\pi: Ax + By + Cz + D = 0$$

のなす角 $\theta$ は $g$ と $\pi$ への垂線 $h$ とのなす角の余角で与えられる．ところが直線 $g$ の方向余弦は前頁の (5.34) で与えられ，平面 $\pi$ の方向余弦は (5.38) で与えられるから，$\theta$ は (5.35) より，

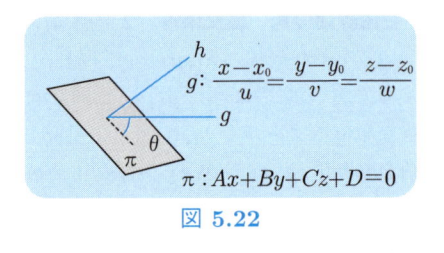

図 5.22

$$\cos\left(\frac{\pi}{2}-\theta\right) = \sin\theta = \pm\frac{uA+vB+wC}{\sqrt{u^2+v^2+w^2}\sqrt{A^2+B^2+C^2}} \tag{5.39}$$

となる．よって $g$ と $\pi$ が**平行条件** ($g$ が $\pi$ に含まれる条件)，垂直条件は次の通りである．

| 直線と平面の平行条件 | $uA+vB+wC = 0$ | (5.40) |
| 直線と平面の垂直条件 | $\dfrac{u}{A} = \dfrac{v}{B} = \dfrac{w}{C}$ | (5.41) |

## 問の解答（第 5 章）

**問 5.1**　0

**問 5.2**　(1)　$y = mx\ (m \neq 0)$ に沿って $(x,y)$ を $(0,0)$ に近づける．極限値なし．
(2)　$|\sin(1/y)| \leqq 1,\ |\sin(1/x)| \leqq 1$ を用いる．極限値は 0．

**問 5.3**　$y^2 = mx$ に沿って原点に近づける．極限値がないので原点で不連続．

**問 5.4**　(1)　$z_x = x/\sqrt{x^2+y^2},\ z_y = y/\sqrt{x^2+y^2}$
(2)　$z_x = y(\sin xy + xy \cos xy),\ z_y = x(\sin xy + xy \cos xy)$
(3)　$z_x = ae^{ax} \cos by,\ z_y = -be^{ax} \sin by$　(4)　$z_x = x^{y-1} y,\ z_y = x^y \log x$
(5)　$z_x = -y/(x^2+y^2),\ z_y = x/(x^2+y^2)$

**問 5.5**　$f_x(x,y) = 0$ であるので $f(x,y) = f(c_1, y)$．また，$f_y(c_1, y) = 0$ であるから $f(x,y) = f(c_1, c_2) = $ 一定．

**問 5.6**　(1)　$f_x(0,0) = f_y(0,0) = 0$
(2)　$\varepsilon = \left| hk \sin \dfrac{1}{\sqrt{h^2+k^2}} \right/ \sqrt{h^2+k^2} \right| \to 0\quad (h \to 0,\ k \to 0)$ を示せ．
(3)　$f_x = y \sin \dfrac{1}{\sqrt{x^2+y^2}} - \dfrac{x^2 y}{\sqrt{(x^2+y^2)^3}} \cos \dfrac{1}{\sqrt{x^2+y^2}}$ より $(0,0)$ で不連続．

**問 5.7**　$z_u = z_x \cdot x + z_y \cdot y,\ z_v = z_x \cdot (-y) + z_y \cdot x$

**問 5.8**　$\dfrac{\partial z}{\partial x} = \dfrac{4x + 2xy}{1 + (2x^2 - y^2 + x^2 y)^2},\quad \dfrac{\partial z}{\partial y} = \dfrac{x^2 - 2y}{1 + (2x^2 - y^2 + x^2 y)^2}$

**問 5.9**　(1)　$2x + 2y - z = 2$　(2)　$z = \left( \sin \dfrac{1}{\sqrt{2}} - \dfrac{1}{2\sqrt{2}} \cos \dfrac{1}{\sqrt{2}} \right) (x - 1) + \left( \sin \dfrac{1}{\sqrt{2}} - \dfrac{1}{2\sqrt{2}} \cos \dfrac{1}{\sqrt{2}} \right) (y - 1) + \sin \dfrac{1}{\sqrt{2}}$

**問 5.10**　$f_{xy}, f_{yx}$ を計算せよ．

**問 5.11**　ラプラシアン $\Delta f = \dfrac{\partial^2 f}{\partial x^2} + \dfrac{\partial^2 f}{\partial y^2}$ を用いる．

**問 5.12**　$n = 2$ のときのマクローリンの定理を用いよ．

$$e^x \log(1+y) = y + \dfrac{e^{\theta x}}{2!} \left\{ x^2 \log(1 + \theta y) + 2xy \dfrac{1}{1 + \theta y} - y^2 \dfrac{1}{(1+\theta y)^2} \right\}$$

**問 5.13**　(1)　$(1/2, 1/2)$ で極小値 $-1/8$．$(-1/2, -1/2)$ で極大値 $1/8$．$(1/2, -1/2)$ で極大値 $1/8$．$(-1/2, -1/2)$ で極小値 $-1/8$．$(0,0), (\pm 1, 0), (0, \pm 1)$ の各点では極値をもたない．
(2)　$(\sqrt{2}, -\sqrt{2}), (-\sqrt{2}, \sqrt{2})$ で極小となり，極小値は $-8$．$(0,0)$ では $D(0,0) = 0$ となり判定できない．$x = y \neq 0$ としたり，$x = 0,\ \sqrt{2} < y < \sqrt{2},\ y \neq 0$ としたりすることにより $f(0,0)$ は極値でないことがわかる．

**問 5.14** (1) $y\log x = 1$ の上の点を除いて，$\dfrac{dy}{dx} = \dfrac{y^2}{x(1-y\log x)}$

(2) $x+2y=0$ の点を除いて，$\dfrac{dy}{dx} = -\dfrac{3x^2+y}{x+2y}$.

**問 5.15** $f(x,y)=0$ の定める陰関数を $y=g(x)$ とすると，$g'(1) = -f_x(1,-1)/f_y(1,-1) = 2/3$，接線の方程式：$y+1 = (2/3)(x-1)$

**問 5.16** ラグランジュの未定乗数法を用いる．$f(1/2, 1/2) = 1/2$ が極値で，図形的に考えると極小値となる．

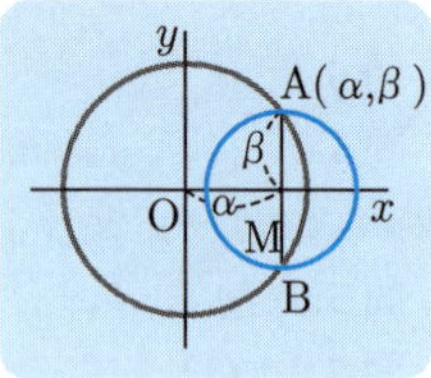

**問 5.17** (1) $27x^3 + 4y^3 = 0$, $x=0$ は特異点の軌跡である．
(2) $(x^2+y^2)^2 = 4a^2(x^2-y^2)$

問 5.17(2)

## 演習問題解答（第 5 章）

**演習 5.1** 不等式 $|\sin(1/y)| \leqq 1 \ (y \neq 0)$ を用いよ．0．

**演習 5.2** $x = r\cos\theta, \ y = r\sin\theta$ とおいて考える．$(0,0)$ で連続である．

**演習 5.3** $k=1$ のとき $x\dfrac{\partial f}{\partial x} + y\dfrac{\partial f}{\partial y} = nf$，$k=2$ のとき $x^2\dfrac{\partial^2 f}{\partial x^2} + 2xy\dfrac{\partial^2 f}{\partial x \partial y} + y^2\dfrac{\partial^2 f}{\partial y^2} = n(n-1)f$

(1) $f(x,y) = x^2\tan^{-1}(y/x)$ は 2 次の同次関数 $(n=2)$
(2) $f(x,y) = \sqrt{x^2+y^2}$ は 1 次の同次関数 $(n=1)$

**演習 5.4** $f_{xy}(0,0) = -1, \ f_{yx}(0,0) = 1$

**演習 5.5** $x=y=z=a/3$ のとき最大となり，最大値は $u=(a/3)^3$．

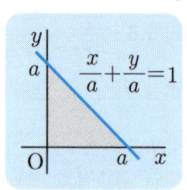

演習 5.5

**演習 5.6** $x=0$ で極小値 $y=0$, $x=0$ で極大値 $y=\pm 1$ をとる．

**演習 5.7** (1) $f(x,y,\alpha) = (y-\alpha)^2 - x(x-1)^2$ とおいて，$f=0, \ f_\alpha = 0$ を解くと，(i) $x=0, \ y=\alpha$
(ii) $x=1, \ y=\alpha$ となる．(i) のときは $x=0$ が包絡線で ($f_x \neq 0$ より特異点はない)，(ii) のときは $f_x = 0, \ f_y = 0$ となり特異点となる．直線 $x=1$ は結節点の軌跡である．

(2) 包絡線は $x^3 + (x+a)y^2 = 0$.

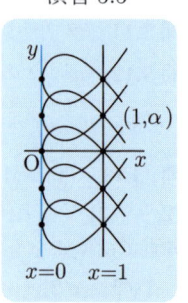

演習 5.7(1)

# 第 6 章

# 2重積分とその応用

**本章の目的** 　第3章で1変数の関数 $f(x)$ についての定積分を扱ったが，ここでは2変数の関数 $f(x,y)$ についての定積分，つまり2重積分について考える．1変数の関数の定積分の場合には図形の面積を1つのモデルとしたが，2変数の関数の2重積分の場合には空間の曲面と $xy$ 平面の間に生ずる体積をモデルとするのである．

最初に2重積分の導入とその計算に関する基本事項について述べる．次に有限個の点で連続性を失う場合や，無限領域の場合における，2重積分を定義する．

さらに，これまでの基礎理論の応用として，体積や曲面積を求める．また，全く類似の形である3変数の積分，つまり3重積分に言及する．最後に応用の多い線積分とグリーンの定理に触れる．

---

**本章の内容**

- 6.1 立体の体積
- 6.2 2重積分と変数変換
- 6.3 広義の2重積分
- 6.4 2重積分の応用（体積，曲面積），3重積分
- 6.5 線積分とグリーンの定理
- 研究　ガンマ関数とベータ関数の関係

## 6.1 立体の体積

**長方形上の曲面の場合** 第 4 章 4.3 節 (p.130) では，立体の体積 $V$ を切り口の面積 $S(x)$ を用いて表すことを学んだ．つまり，図 6.1 のように，立体 $K$ と $x$ 軸があり，$x$ 軸と座標が $x$ の点で垂直に交わる平面 $X$ でこの立体を切ったときの切り口の面積が $S(x)$ のとき，体積 $V$ は次式で与えられた．

$$V = \int_a^b S(x)dx$$

そこで，曲面 $z = f(x,y)$ と $xy$ 平面上の長方形の閉領域

$$D = \{(x,y); a \leqq x \leqq b,\ c \leqq y \leqq d\}$$

との間にある体積 $V$ を $f(x,y)$ を用いて表すことを考える．ここに，$f(x,y)$ は $D$ 上で連続で，$f(x,y) \geqq 0$ とする (⇨ 図 6.2 左)．

このとき，$x$ 軸上の点 $x$ において $x$ 軸に垂直な平面による切り口の面積は次のように表される．

$$S(x) = \int_c^d f(x,y)dy$$

すなわち，$x$ を固定して $f(x,y)$ を $y$ の関数と考え，これを $[c,d]$ で積分した値である (⇨ 図 6.2 右)．

すると，$V = \int_a^b S(x)dx$ であるので，

$$V = \int_a^b \left\{ \int_c^d f(x,y)dy \right\} dx \tag{6.1}$$

となることがわかる．

$x, y$ を入れかえた場合にも同じような結果が得られる．

---

**定理 6.1** $D = \{(x,y); a \leqq x \leqq b,\ c \leqq y \leqq d\}$ 上の曲面 $z = f(x,y)$ と $D$ との間にある部分の体積は，

$$V = \int_a^b \left\{ \int_c^d f(x,y)dy \right\} dx = \int_c^d \left\{ \int_a^b f(x,y)dx \right\} dy \tag{6.2}$$

で与えられる．ただし関数 $z = f(x,y)\ (\geqq 0)$ は $D$ 上で連続とする．

## 6.1 立体の体積

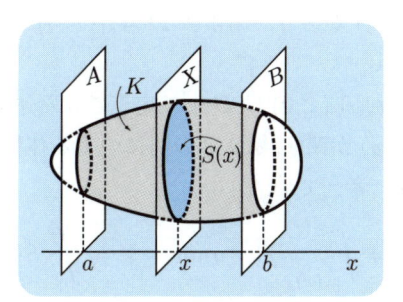

● **より理解を深めるために** ●

図 **6.1** 立体の体積

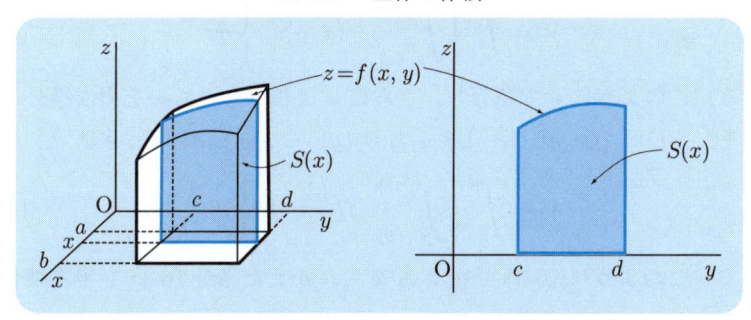

図 **6.2** 曲面 $z = f(x, y)$ と平面上の長方形の閉領域との間にある体積

**例 6.1** 長方形の閉領域 $D = \{(x, y); 0 \leq x \leq 1,\ 0 \leq y \leq 1\}$ 上の曲面 $z = x^2 y$ と $D$ との間にある部分の体積 $V$ を求めよ.

[**解**] 定理 6.1 により

$$V = \int_0^1 \left\{ \int_0^1 x^2 y\, dy \right\} dx$$
$$= \int_0^1 \frac{1}{2} x^2 dx = \left[ \frac{1}{2} \cdot \frac{x^3}{3} \right]_0^1 = \frac{1}{6}$$

あるいは, $x$ と $y$ を入れかえて,

$$V = \int_0^1 \left\{ \int_0^1 x^2 y\, dx \right\} dy$$
$$= \int_0^1 \frac{1}{3} y\, dy = \left[ \frac{1}{3} \cdot \frac{y^2}{2} \right]_0^1 = \frac{1}{6} \quad \blacksquare$$

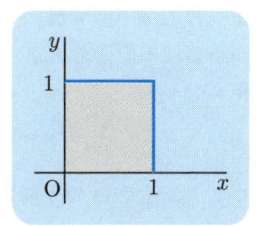

図 **6.3** 長方形の閉領域

**累次積分（一般の閉領域上の曲面の場合）** $xy$ 平面上に連続関数 $\varphi_1(x)$, $\varphi_2(x)$ $(\varphi_1(x) \leqq \varphi_2(x))$ があり，閉領域 $D = \{(x,y); a \leqq x \leqq b,\ \varphi_1(x) \leqq y \leqq \varphi_2(x)\}$ を考える．

また，関数 $z = f(x,y)$ $(\geqq 0)$ は $D$ 上で定義された連続関数とする．この場合の曲面 $z = f(x,y)$ が閉領域 $D$ との間につくる体積 $V$ は長方形の閉領域の場合と同じように考えて（⇨図 6.4）

$$S(x) = \int_{\varphi_1(x)}^{\varphi_2(x)} f(x,y)dy, \quad V = \int_a^b S(x)dx$$

から

$$V = \int_a^b \left\{ \int_{\varphi_1(x)}^{\varphi_2(x)} f(x,y)dy \right\} dx \tag{6.3}$$

を得る．このように $y$ で積分し，さらに $x$ で積分したものを**累次積分**という．また，$D = \{(x,y); \psi_1(y) \leqq x \leqq \psi_2(y),\ c \leqq y \leqq d\}$ のときは，

$$V = \int_c^d \left\{ \int_{\psi_1(y)}^{\psi_2(y)} f(x,y)dx \right\} dy \tag{6.4}$$

となる．このように (6.3) で $x$ と $y$ を入れかえた積分 (6.4) も**累次積分**という．

|追記 **6.1 体積とは何か**　 p.130 では体積という量を自明のものとして扱ったが，実は体積は定義されるものである．

まず，$D$ を図 6.5 左のような $xy$ 平面上で 1 つの曲線に囲まれた閉領域とし，関数 $z = f(x,y)$ $(\geqq 0)$ は $D$ で定義された連続関数とする．

いま，$D$ を $x$ 軸，$y$ 軸に平行な直線で小領域に分ける．次に点 $(x_k, y_l)$ を頂点にもつ小領域の面積を $S_{kl}$ とするとき，図 6.5 右のようにつくった小直方体の体積の和

$$\sum_{k,l} f(x_k, y_l) S_{kl} \quad (\text{これを\textbf{リーマン和}という}) \tag{6.5}$$

をつくる．ここで $D$ の分割を細かくしていくと (6.5) の値はある一定値 $V$ に限りなく近づくことが知られている．これが**体積**である．このように体積という概念が定まれば，あとは p.130 のようにして次の体積の公式が導かれる．

$$V = \int_a^b S(x)dx$$

## 6.1 立体の体積

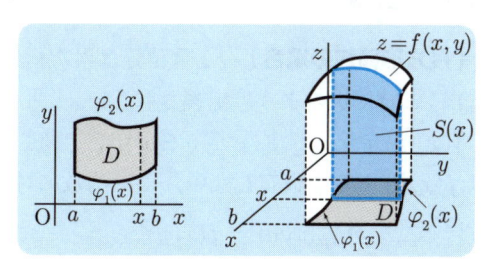

● **より理解を深めるために** ●

**図 6.4** $z=f(x,y)$ が $D$ との間につくる体積

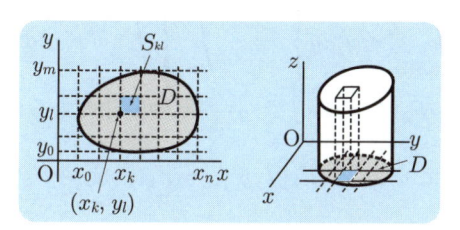

**図 6.5** 体積の定義

**例 6.2** 半球面 $z=\sqrt{a^2-x^2-y^2}\ (a>0)$ の体積を求めよ (⇨図 6.6 左, 右).

[解] $\dfrac{V}{4} = \displaystyle\int_0^a \left\{ \int_0^{\sqrt{a^2-x^2}} \sqrt{a^2-x^2-y^2}\,dy \right\} dx$

$= \displaystyle\int_0^a \dfrac{1}{2}\left[ y\sqrt{a^2-x^2-y^2} + (a^2-x^2)\sin^{-1}\dfrac{y}{\sqrt{a^2-x^2}} \right]_0^{\sqrt{a^2-x^2}} dx$

$= \dfrac{1}{2}\displaystyle\int_0^a \dfrac{\pi}{2}(a^2-x^2)dx = \dfrac{\pi}{4}\left[a^2x - \dfrac{1}{3}x^3\right]_0^a = \dfrac{\pi}{6}a^3 \quad \therefore\ V = \dfrac{2}{3}\pi a^3$ ∎

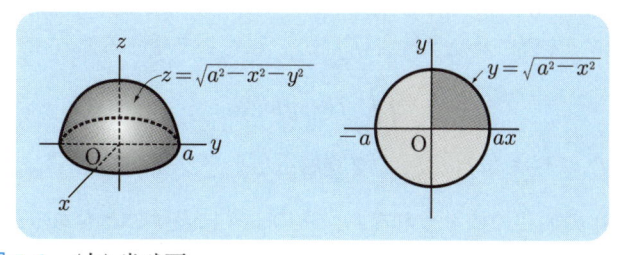

**図 6.6** (左) 半球面
(右) 閉領域 $D = \{(x,y): 0 \leqq x \leqq a,\ 0 \leqq y \leqq \sqrt{a^2-x^2}\}$

## 6.2　2重積分と変数変換

**2重積分の定義（長方形領域の場合）**　2重積分は累次積分 (1 変数の関数の積分のくり返し) によって次のように定義される．

$f(x,y)$ を $D = \{(x,y); a \leqq x \leqq b,\ c \leqq y \leqq d\}$ で定義された連続な関数とする．ここでは $f(x,y) \geqq 0$ を仮定しない．この関数に対して，

$$F_{xy}(x,y) = f(x,y)$$

となる関数 $F(x,y)$ を用いて次式を計算してみよう．

$$\int_a^b \left\{ \int_c^d f(x,y)dy \right\} dx,\quad \int_c^d \left\{ \int_a^b f(x,y)dx \right\} dy$$

$y$ の関数として，$F_x(x,y)$ は $f(x,y)$ の原始関数であるから，

$$\int_c^d f(x,y)dy = [F_x(x,y)]_c^d = F_x(x,d) - F_x(x,c)$$

$$\therefore\ \int_a^b \left\{ \int_c^d f(x,y)dy \right\} dx = [F(x,d) - F(x,c)]_a^b$$

$$= F(b,d) - F(a,d) - F(b,c) + F(a,c)$$

$\int_c^d \left\{ \int_a^b f(x,y)dx \right\} dy$ についても全く同様で，結局は次のようになる．

---

**2 重積分の定義 (長方形領域の場合)**

$$\int_a^b \left\{ \int_c^d f(x,y)dy \right\} dx = \int_c^d \left\{ \int_a^b f(x,y)dx \right\} dy \tag{6.6}$$

つまり，$D$ で定義された連続関数 $f(x,y)$ について定まる値 (6.6) のことを

$$\iint_D f(x,y)dxdy \tag{6.7}$$

で表し，$D$ における $f(x,y)$ の **2 重積分**という．

---

また (6.6) の両辺の値をそれぞれ，次のように表すこともある．

$$\int_a^b dx \int_c^d f(x,y)dy,\quad \int_c^d dy \int_a^b f(x,y)dx$$

## 6.2 2重積分と変数変換

● **より理解を深めるために**

**例 6.3**（微分と積分の順序の交換） $D = \{(x,y); a \leqq x \leqq b, c \leqq y \leqq d\}$ において，$f(x,y), f_y(x,y)$ が連続とすると次の等式が成り立つことを示せ．

$$\frac{d}{dy}\int_a^b f(x,y)dx = \int_a^b \frac{\partial}{\partial y}f(x,y)dx$$

[証明] $y \in [c,d]$ とすると，左頁の (6.6) により，

$$\int_c^y dy \int_a^b f_y(x,y)dx = \int_a^b dx \int_c^y f_y(x,y)dy = \int_a^b [f(x,y)]_c^y dx$$
$$= \int_a^b f(x,y)dx - \int_a^b f(x,c)dx$$

この両辺を $y$ で微分する．$\int_a^b f(x,c)dx$ は定数であることに注意して，

$$\int_a^b f_y(x,y)dx = \frac{d}{dy}\int_a^b f(x,y)dx \quad \blacksquare$$

**例 6.4** 次の 2 重積分を計算せよ．

$$\iint_D (2x-y)dxdy, \quad D = \{(x,y); 0 \leqq x \leqq 1, 0 \leqq y \leqq 1\}$$

[解]
$$\iint_D (2x-y)dxdy = \int_0^1 dx \int_0^1 (2x-y)dy$$
$$= \int_0^1 \left[2xy - \frac{1}{2}y^2\right]_0^1 dx$$
$$= \int_0^1 \left(2x - \frac{1}{2}\right)dx$$
$$= \left[x^2 - \frac{1}{2}x\right]_0^1 = \frac{1}{2} \quad \blacksquare$$

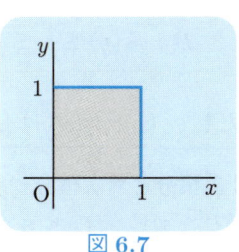

図 6.7

(解答は章末 p.222 に掲載されています.)

**問 6.1**[*] 次の 2 重積分を計算せよ．

$$\iint_D xy(x-y)dxdy, \quad D: 0 \leqq x \leqq 2, 0 \leqq y \leqq 1$$

---

[*]「基本演習微分積分」(サイエンス社) p.97 の問題 1.1 (3) 参照.

**2重積分の定義（一般の有界閉領域の場合）**　積分領域 $D$ が長方形でなく，一般の有界閉領域のときは，図 6.8 のように，$D$ を内部に含む長方形領域 $D_0$ を考える．また $D'$ は $D_0$ から $D$ を除いた部分とする．

いま，$f(x,y)$ は $D$ で連続で，$f_0(x,y)$ を次のように定義する．

$$f_0(x,y) = \begin{cases} f(x,y) & (x,y) \in D \\ 0 & (x,y) \in D' \end{cases}$$

次に，p.190 で述べた長方形の閉領域における 2 重積分の定義を用いて，

$$\iint_{D_0} f_0(x,y)dxdy$$

をつくる．これを改めて

$$\iint_D f(x,y)dxdy \tag{6.8}$$

で表して，一般の有界閉領域 $D$ における $f(x,y)$ の **2 重積分** という．

**単純な領域**　次のような領域を単純な領域という．

$$D : a \leqq x \leqq b,\ \varphi_1(x) \leqq y \leqq \varphi_2(x) \cdots \boldsymbol{x} \text{ に関して単純な領域}$$

(⇨ 図 6.9)

$$D : \psi_1(y) \leqq x \leqq \psi_2(y),\ c \leqq y \leqq d \cdots \boldsymbol{y} \text{ に関して単純な領域}$$

(⇨ 図 6.10)

ただし $\varphi_1(x), \varphi_2(x)$ は $[a,b]$ で連続で，$\psi_1(y), \psi_2(y)$ は $[c,d]$ で連続とする．

**2重積分と累次積分**　$f(x,y)$ は考える領域 $D$ で連続とする．$x$ に関して単純な領域を $D$ とするとき，

$$\iint_D f(x,y)dxdy = \int_a^b \left\{ \int_{\varphi_1(x)}^{\varphi_2(x)} f(x,y)dy \right\} dx \tag{6.9}$$

$y$ に関して単純な領域を $D$ とするとき，

$$\iint_D f(x,y)dxdy = \int_c^d \left\{ \int_{\psi_1(y)}^{\psi_2(y)} f(x,y)dx \right\} dy \tag{6.10}$$

**注意 6.1**　領域 $D$ で $f(x,y) \geqq 0$ のときは $\iint_D f(x,y)dxdy$ は曲面 $z = f(x,y)$ が平面上の $D$ との間につくる立体の体積を表す．

## 6.2　2重積分と変数変換

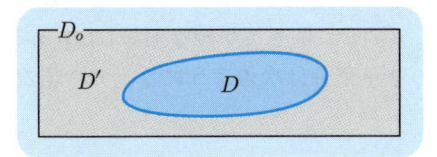

● より理解を深めるために ●

図 6.8

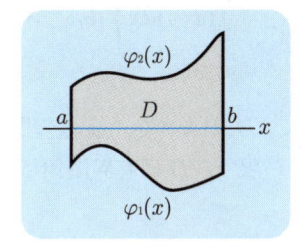

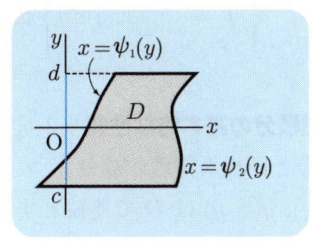

図 6.9　$x$ に関して単純な領域

図 6.10　$y$ に関して単純な領域

**例 6.5**　次の2重積分を求めよ.

$$\iint_D xy\,dxdy, \quad D: x^2 + y^2 \geqq 1,\ x - y + 2 \geqq 0,\ 0 \leqq x \leqq 1,\ y \geqq 0$$

[解]
$$I = \iint_D xy\,dxdy = \int_0^1 \left\{ \int_{\sqrt{1-x^2}}^{x+2} xy\,dy \right\} dx$$

$$= \int_0^1 \left[ \frac{1}{2}xy^2 \right]_{\sqrt{1-x^2}}^{x+2} dx$$

$$= \frac{1}{2} \int_0^1 \{ x(x+2)^2 - x(1-x^2) \}\,dx$$

$$= \frac{1}{2} \left[ \frac{1}{2}x^4 + \frac{4}{3}x^3 + \frac{3}{2}x^2 \right]_0^1 = \frac{5}{3} \quad \blacksquare$$

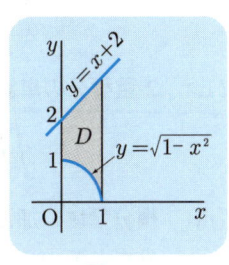

図 6.11

---

**問 6.2**$^*$　次の2重積分を計算せよ.

(1)　$\displaystyle\iint_D \sqrt{x}\,dxdy, \quad D: x^2 + y^2 \leqq x$

(2)　$\displaystyle\int_1^2 dx \int_1^x \log\frac{x}{y^2}\,dy$

---
$^*$「基本演習微分積分」(サイエンス社) p.98 の問題 2.1 (2), (4) 参照.

**積分の順序交換**　領域 $D = \{(x,y); a \leqq x \leqq b, \varphi_1(x) \leqq y \leqq \varphi_2(x)\}$ ($x$ に関して単純な領域)(⇨ 図 6.12) であり，また見方をかえて，$\{(x,y); \psi_1(y) \leqq x \leqq \psi_2(y), c \leqq y \leqq d\}$ ($y$ に関して単純な領域) でもあるとき (⇨ 図 6.13)，$D$ 上で連続な関数の 2 重積分は次のように 2 通りの累次積分で表すことができる．

**積分の順序交換**
$$\int_a^b \left\{ \int_{\varphi_1(x)}^{\varphi_2(x)} f(x,y) dy \right\} dx = \int_c^d \left\{ \int_{\psi_1(y)}^{\psi_2(y)} f(x,y) dx \right\} dy \quad (6.11)$$

**2 重積分の基本的な性質**　2 重積分について，次のような 1 変数の関数の定積分と同様な定理が成り立つ．特に断らない限り，$D$ は有界閉領域とし，$f(x,y), g(x,y)$ は $D$ で連続とする．

**定理 6.2 (2 重積分の基本的な性質)**
(ⅰ)　**2 重積分の線形性**　定数 $\alpha, \beta$ に対して，
$$\iint_D \{\alpha f(x,y) + \beta g(x,y)\} dx dy$$
$$= \alpha \iint_D f(x,y) dx dy + \beta \iint_D g(x,y) dx dy \quad (6.12)$$

(ⅱ)　**2 重積分の単調性**　$f(x,y) \leqq g(x,y)$ ならば
$$\iint_D f(x,y) dx dy \leqq \iint_D g(x,y) dx dy \quad (6.13)$$

(ⅲ)　**積分領域の加法性**　$D$ が共通点をもたない 2 つの閉領域 $D_1, D_2$ に分かれているとき，
$$\iint_D f(x,y) dx dy$$
$$= \iint_{D_1} f(x,y) dx dy + \iint_{D_2} f(x,y) dx dy \quad (6.14)$$

(ⅳ)　$\left| \iint_D f(x,y) dx dy \right| \leqq \iint_D |f(x,y)| dx dy \quad (6.15)$

## 6.2 2重積分と変数変換

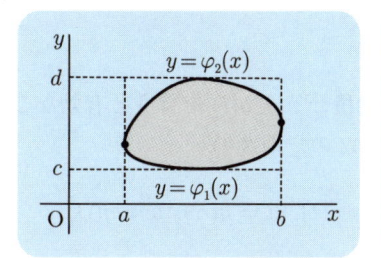

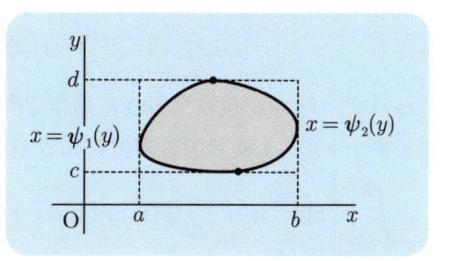

● **より理解を深めるために**

図 6.12　$x$ に関して単純な領域

図 6.13　$y$ に関して単純な領域

**例 6.6** 次の 2 重積分を累次積分の順序をかえて，2 通りに計算せよ．

$$\iint_D x^2 y \, dxdy,$$
$D : x = 1,\ y = x,\ x$ 軸に囲まれた領域

[**解**] $D = \{(x,y); 0 \leqq x \leqq 1,\ 0 \leqq y \leqq x\}$ と書けるから，$x$ に関して単純な領域とみて，$y$ から先に積分すると，

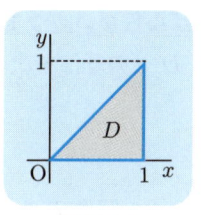

図 6.14

$$\iint_D x^2 y \, dxdy = \int_0^1 dx \int_0^x x^2 y \, dy = \frac{1}{2} \int_0^1 \left[x^2 y^2\right]_0^x dx = \frac{1}{10}\left[x^5\right]_0^1 = \frac{1}{10}$$

次に $y$ に関して単純な領域とみて，$D = \{(x,y); 0 \leqq y \leqq 1,\ y \leqq x \leqq 1\}$ であるから，$x$ から先に積分すると，

$$\iint_D x^2 y \, dxdy = \int_0^1 dy \int_y^1 x^2 y \, dx = \int_0^1 \left[\frac{x^3}{3} y\right]_y^1 dy$$
$$= \frac{1}{3} \int_0^1 (y - y^4) dy = \frac{1}{3} \left[\frac{1}{2} y^2 - \frac{1}{5} y^5\right]_0^1 = \frac{1}{10} \quad \blacksquare$$

---

**問 6.3** 次の 2 重積分の積分の順序を入れかえよ．

(1) $\displaystyle \int_0^1 dx \int_{x^2}^x f(x,y) dy$  　　(2) $\displaystyle \int_0^1 dy \int_{y-1}^{-y+1} f(x,y) dxdy$

(3)* $\displaystyle \int_a^b dx \int_a^x f(x,y) dy \quad (a > 0,\ b > 0)$ 　（ディリクレの変換）

---

* 「基本演習微分積分」（サイエンス社）p.98 の問題 2.2 参照．

**変数変換（2重積分）**　1変数の関数 $f(x)$ の定積分

$$\int_a^b f(x)dx$$

において，$f(x)$ が複雑なときに適当な置換積分 $x = g(t)$ を行うと有効なことが多かった．1変数関数の置換積分 (p.102 の定理 3.8)

$$\int_a^b f(x)dx = \int_\alpha^\beta f(g(t))g'(t)dt \quad (x = g(t),\ a = g(\alpha),\ b = g(\beta))$$

を2変数の定積分に拡張することを考えてみよう．

2変数の定積分において変数を変換するには，まず積分領域の変換を考えなければならない．つまり，$D$ を $xy$ 平面の領域，$\Delta$ を $uv$ 平面の領域とし，$\Delta$ から $D$ への写像を次のように与える (⇨図 6.15)．

$$T : \begin{cases} x = g(u, v) \\ y = h(u, v) \end{cases} \tag{6.16}$$

ただし，この写像 $T$ は **1 対 1 の写像** ($\Delta$ の異なる要素は必ず $D$ の異なる要素に写像すること) であり，$g(u,v), h(u,v)$ は連続な偏導関数をもつものとする (したがって，$g(u,v), h(u,v)$ は定理 5.5 (p.156) により全微分可能である)．

次にヤコビアンとよばれる次のような行列式を考える．

$$J = \begin{vmatrix} \dfrac{\partial x}{\partial u} & \dfrac{\partial x}{\partial v} \\ \dfrac{\partial y}{\partial u} & \dfrac{\partial y}{\partial v} \end{vmatrix} = \dfrac{\partial x}{\partial u}\dfrac{\partial y}{\partial v} - \dfrac{\partial x}{\partial v}\dfrac{\partial y}{\partial u} \neq 0 \tag{6.17}$$

**定理 6.3 (2 重積分の変数変換)**　上記の記号と条件のもとに次式が成り立つ．

$$\iint_D f(x, y)dxdy = \iint_\Delta f(g(u, v), h(u, v))|J|dudv \tag{6.18}$$

(この定理 6.3 の証明は「寺田文行著　微分積分」(サイエンス社) p.p.139〜142 にくわしい．参照のこと．)

## 6.2　2重積分と変数変換

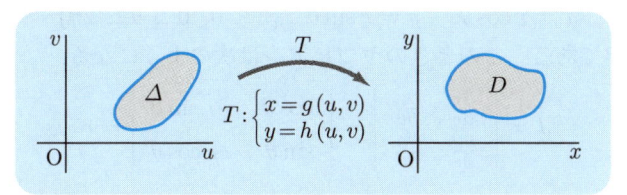

● より理解を深めるために ●

図 6.15　変数変換

**例 6.7**　次の2重積分を変数変換により求めよ．

$$I = \iint_D (x-y)^2 dxdy, \quad D : |x+2y| \leq 1, \ |x-y| \leq 1$$

[解] $\begin{cases} x+2y = u \\ x-y = v \end{cases}$

とおく．すなわち，

$T : \begin{cases} x = (u+2v)/3 \\ y = (u-v)/3 \end{cases}$

これを $D$ の条件の式に代入すると，$\Delta : |u| \leq 1, \ |v| \leq 1$ となり，この写像 $T : \Delta \to D$ は1対1の写像となる．次にヤコビアンを求める．

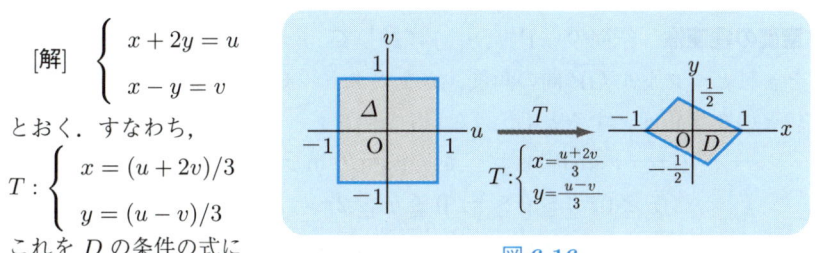

図 6.16

$$J = \begin{vmatrix} 1/3 & 2/3 \\ 1/3 & -1/3 \end{vmatrix} = -\frac{1}{3}, \quad |J| = \frac{1}{3} \neq 0$$

よって，$I = \iint_\Delta v^2 \cdot \frac{1}{3} dudv = \int_{-1}^{1} du \int_{-1}^{1} \frac{v^2}{3} dv = \frac{4}{9}$.　∎

---

**問 6.4***　次の2重積分を (ア)，(イ) に示す変数変換により求めよ．

(1) $\displaystyle\iint_D xy \, dxdy, \quad D : \begin{cases} x^2 = y, \ x^2 = 2y, \ y^2 = x \\ y^2 = 2x \text{ で囲まれる領域} \end{cases}$ (ア) $\begin{cases} x^2 = uy \\ y^2 = vx \end{cases}$

(2) $\displaystyle\iint_D (x+y)^2 e^{x-y} dxdy, \quad D : \begin{cases} |x+y| \leq 1 \\ |x-y| \leq 1 \end{cases}$ (イ) $\begin{cases} x+y = u \\ x-y = v \end{cases}$

---

* 「基本演習微分積分」(サイエンス社) p.99 の例題 3, 問題 3.1 (2) 参照.

**極座標への変換**　変数変換で特によく用いられるのは極座標 (⇨ p.124)
$$x = r\cos\theta, \quad y = r\sin\theta \quad (r \geq 0,\ 0 \leq \theta \leq 2\pi)$$
とおく変換である．このときのヤコビアンは次のようになる．

$$J = \begin{vmatrix} \frac{\partial x}{\partial r} & \frac{\partial x}{\partial \theta} \\ \frac{\partial y}{\partial r} & \frac{\partial y}{\partial \theta} \end{vmatrix} = \begin{vmatrix} \cos\theta & -r\sin\theta \\ \sin\theta & r\cos\theta \end{vmatrix} = r \tag{6.19}$$

**注意 6.2**　極座標で表示すると例 6.8（i）で述べるように，写像が 1 対 1 でない点が存在する．また (ii) で述べているようにヤコビアンは $J = r$ で $r = 0$ となる場合を含んでいる．しかしそのような例外の点の面積は 0 であるので，以後はいちいち問題にしない．

**空間の極座標**　空間の点 $P(x, y, z)$ に対して，$r = \sqrt{x^2 + y^2 + z^2}$ とおく．$\theta$ を $z$ 軸とベクトル $\overrightarrow{OP}$ 間の角度，$\varphi$ をベクトル $\overrightarrow{OP}$ の $xy$ 平面への射影が $x$ 軸とのなす角度とすると (⇨ 図 6.17)

$$x = r\sin\theta\cos\varphi, \quad y = r\sin\theta\sin\varphi, \quad z = r\cos\theta$$
$$(r \geq 0,\ 0 \leq \theta \leq \pi,\ 0 \leq \varphi \leq 2\pi)$$

この $(r, \theta, \varphi)$ を空間の極座標とよぶ．ヤコビアン $J$ は次のようになる．

$$J = \begin{vmatrix} x_r & x_\theta & x_\varphi \\ y_r & y_\theta & y_\varphi \\ z_r & z_\theta & z_\varphi \end{vmatrix} = \begin{vmatrix} \sin\theta\cos\varphi & r\cos\theta\cos\varphi & -r\sin\theta\sin\varphi \\ \sin\theta\sin\varphi & r\cos\theta\sin\varphi & r\sin\theta\cos\varphi \\ \cos\theta & -r\sin\theta & 0 \end{vmatrix}$$
$$= r^2 \sin\theta \tag{6.20}$$

● **より理解を深めるために** ●

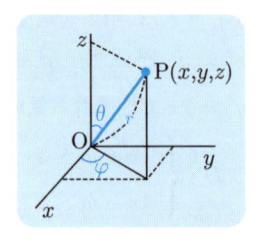

図 **6.17**　空間の極座標

## 6.2　2重積分と変数変換

**例 6.8**　次の 2 重積分を $x = r\cos\theta$, $y = r\sin\theta$ と変数を変換して求めよ.
$$\iint_D (x^2 + y^2) dxdy, \quad D : x^2 + y^2 \leqq a^2 \quad (a > 0)$$

[解]　定理 6.3 (p.196) を用いる.
変数を極座標 $x = r\cos\theta$, $y = r\sin\theta$ に変換する. $r\theta$ 平面の領域 $\Delta$ を
$$\Delta = \{(r,\theta); 0 \leqq r \leqq a,\ 0 \leqq \theta \leqq 2\pi\}$$
とおくと, $\Delta$ は $x = r\cos\theta$, $y = r\sin\theta$ によって $D$ に写像される. このとき

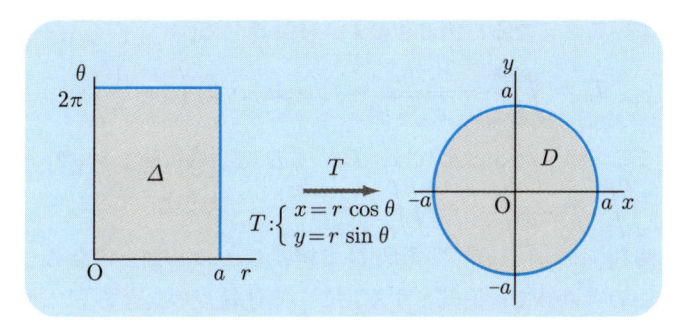

図 6.18　変数変換

（ⅰ）線分 $r = 0$ は原点に写像され，線分 $\theta = 0$ 上の点と線分 $\theta = 2\pi$ 上の点も同じ点に写像される. それ以外では $\Delta$ の点と $D$ の点は 1 対 1 の写像である.

（ⅱ）ヤコビアン $J = \begin{vmatrix} \cos\theta & -r\sin\theta \\ \sin\theta & r\cos\theta \end{vmatrix} = r$ は $r = 0$ 以外では正である. このような例外の点では面積が 0 になっているため，積分値には関係しないので定理 6.3 (p.196) を用いることができる. よって,

$$\iint_D (x^2 + y^2) dxdy = \iint_\Delta r^2 \cdot r\, drd\theta = \left(\int_0^{2\pi} d\theta\right)\left(\int_0^a r^3 dr\right) = \frac{\pi a^4}{2} \quad \blacksquare$$

---

**問 6.5*** 　次の 2 重積分を計算せよ ($x = r\cos\theta$, $y = r\sin\theta$ と変換せよ).
$$\iint_D \tan^{-1}\frac{y}{x} dxdy, \quad D : x^2 + y^2 \leqq 1,\ x > 0,\ y > 0$$

---
*「基本演習微分積分」(サイエンス社) p.100 の問題 4.1 (2) 参照.

## 6.3 広義の2重積分

**不連続点がある場合** 図 6.19 のように有界閉領域 $D = \{(x,y); 0 \leqq x \leqq y \leqq 1\}$ 上で $f(x,y) = 1/\sqrt{x^2+y^2}$ を考える．この関数は $D$ の周上の 1 点 $(0,0)$ で不連続であるので，これまでのように 2 重積分 $\iint_D \dfrac{dxdy}{\sqrt{x^2+y^2}}$ を考えるわけにはいかない．ところが図 6.19 のように $D$ の代りに $D_n : 0 \leqq x \leqq y, 1/n \leqq y \leqq 1$ をとれば，原点は除外され $f(x,y)$ は $D_n$ で 2 重積分を考えてよいことになる．例 6.9 のように計算して，

$$I_n = \iint_{D_n} \frac{dxdy}{\sqrt{x^2+y^2}} = \log(1+\sqrt{2})\left(1-\frac{1}{n}\right)$$

を得る．ここで $n \to \infty$ とすれば，$D_n \to D$, $I_n \to \log(1+\sqrt{2})$ となるので，$\displaystyle\lim_{n\to\infty} \iint_{D_n} \dfrac{dxdy}{\sqrt{x^2+y^2}} = \iint_D \dfrac{dxdy}{\sqrt{x^2+y^2}}$ と考える．

一般に関数 $f(x,y)$ は有界閉領域 $D$ で定義され $D$ の周上の点 A または内部の有限個の点以外では連続とする．この不連続点の集合を $E$ とする．さて，$D$ に含まれる有界閉領域の列 $\{D_n\}$ が次の条件 (ⅰ), (ⅱ), (ⅲ) をみたすとき，***E* を除外する近似増加列**という (⇨図 6.20)．

(ⅰ) $D_{n+1}$ は $D_n$ を含む $(n = 1, 2, \cdots)$．

(ⅱ) $D_n$ は $E$ の点を含まない．

(ⅲ) $D$ に含まれる任意の有界閉領域は適当な番号から先の $D_n$ に含まれてしまう．

いま，$E$ を除外するどんな近似増加列 $\{D_n\}$ をとった場合でも，その選び方に無関係に

$$\lim_{n\to\infty} \iint_{D_n} f(x,y)dxdy \qquad (6.21)$$

が存在するとき，その値を

$$\iint_D f(x,y)dxdy \qquad (6.22)$$

で表し，**有界閉領域における広義の 2 重積分**という．

**注意 6.3** 上のように周上の 1 点ではないが，周上の弧 $C$ が点 A と同じ事情になっているときも点 A のときと同様に考える (⇨p.216 の例題 6.3)．

## 6.3 広義の2重積分

● **より理解を深めるために**

**例 6.9** 次の広義の2重積分を求めよ.
$$\iint_D \frac{dxdy}{\sqrt{x^2+y^2}}, \quad D: 0 \leq x \leq y \leq 1$$

[解] $f(x,y) = 1/\sqrt{x^2+y^2}$ は原点以外では連続である.よって $D$ の代りに,

$$D_n : 0 \leq x \leq y,\ 1/n \leq y \leq 1$$

図 6.19 原点を除外する近似増加列

をとると,ここでは原点が除外されているので2重積分を考えることができる.
$D_n$ を $y$ に関する単純な領域とみて

$$I_n = \iint_{D_n} \frac{dxdy}{\sqrt{x^2+y^2}} = \int_{1/n}^1 dy \int_0^y \frac{dx}{\sqrt{x^2+y^2}}$$
$$= \int_{1/n}^1 \left[\log(x+\sqrt{x^2+y^2})\right]_0^y dy = \int_{1/n}^1 \left\{\log(1+\sqrt{2})y - \log y\right\} dy$$
$$= \int_{1/n}^1 \log(1+\sqrt{2})dy = \log(1+\sqrt{2})(1-1/n)$$

ここで $n \to \infty$ とすると,$I_n \to \log(1+\sqrt{2})$.
ゆえに $\iint_D \frac{dxdy}{\sqrt{x^2+y^2}} = \log(1+\sqrt{2})$. ∎

図 6.20 $E$ を除外する近似増加列

**注意 6.4** ここで考えた $\{D_n\}$ は原点を除外する近似増加列である.
また,$1/\sqrt{x^2+y^2} > 0$ であるので,定理 6.4 (p.202) より,$I_n$ が近似増加列のとり方に無関係に収束することがわかる.

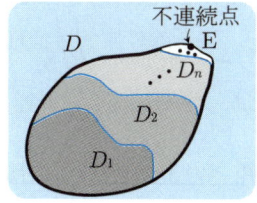

---

**問 6.6*** 次の広義の2重積分を求めよ.

$$\iint_D \frac{dxdy}{(x+y)^{3/2}}, \quad D: \begin{cases} 0 \leq x \leq 1 \\ 0 \leq y \leq 1 \end{cases}$$

---

\* 図 6.21 のような近似増加列 $\{D_n\}$ を考える.「演習と応用微分積分」(サイエンス社) p.95 の問題 6.1 (2) 参照.

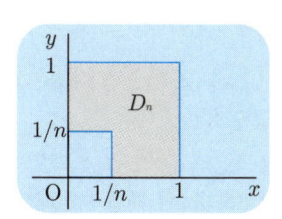

図 6.21 原点を除外する近似増加列

**無限領域の場合**　曲線が次々に連なって，自分自身に交わっていないものとすると，この曲線によって分けられた平面の一部を無限領域という．たとえば $y \geqq x^2$ で定義される部分や第 1 象限などである（⇨ 図 6.22, 図 6.23）.

$D$ を無限領域とし p.200 の ( i ), (ii), (iii) をみたすような有界閉領域の近似増加列 $\{D_n\}$ を考えるとき，これを**無限領域 $D$ の近似増加列**という（⇨ 図 6.22, 図 6.23）.

関数 $f(x,y)$ がどんな無限領域 $D$ の近似増加列 $\{D_n\}$ に対しても，その選び方に無関係に p.200 の (6.21) が存在するとき，これを (6.22) で表し，**無限領域における広義の 2 重積分**という．

ところで実際に，有限領域，無限領域いずれの場合でも p.200 の (6.21) の収束を考えるとき，特定の $\{D_n\}$ に対して収束が言えただけでは不十分で，その値が $\{D_n\}$ のとり方に無関係であることが確かめられなくてはならない．そこで次の定理が役立つ．

> **定理 6.4 (広義の 2 重積分の収束)**　閉領域 $D$ 上で $f(x,y) \geqq 0$ とする．点 A を除外する領域 $D$ 内の 1 つの近似増加列 $\{D_i\}$ に関して
> $$\iint_{D_i} f(x,y)dxdy \to I \quad (i \to \infty) \tag{6.23}$$
> ならば，他のどんな近似増加列 $\{D'_n\}$ についても $I$ に収束する．

[証明]　いま，他の近似増加列 $\{D'_n\}$ をとると，近似増加列の性質から $D_i$ に対して $D_i \subset D'_n$ となるような $n = n(i)$ がある．またその $D'_n$ に対して $D'_n \subset D_j$ となるような $j$ ($n$ によって決まる，したがって $i$ によって決まる) がある．ゆえに $f(x,y) \geqq 0$ であることから，

$$\iint_{D_i} f(x,y)dxdy \leqq \iint_{D'_n} f(x,y)dxdy \leqq \iint_{D_j} f(x,y)dxdy$$

ゆえに，$i \to \infty$ のとき両端の項は同一の極限 $I$ をもつから，中央の項も同一の極限をもつ．

**注意 6.5**　定理 6.4 で点 A の代りに弧 $C$ に対しても同様である．また $D$ を無限領域と考えた場合も同様の定理が成立することが証明される．

## 6.3 広義の2重積分

● **より理解を深めるために** ●

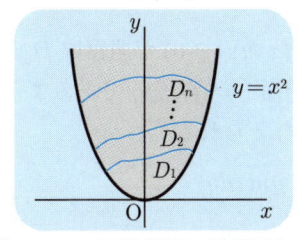

図 6.22　無限領域の近似増加列 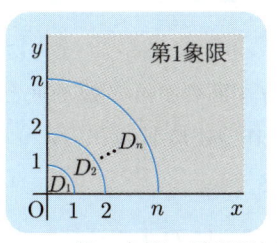　　図 6.23　第1象限の近似増加列

**例 6.10** $\iint_D e^{-x^2-y^2}dxdy$, $D : x \geqq 0$, $y \geqq 0$ の広義の2重積分を求めよ．

[解] $D_n$ を，原点を中心とした半径 $n$ の円と $D$ との共通部分とすれば (⇨ 図 6.23)，$\{D_n\}$ は $D$ の近似増加列である．一方 $e^{-x^2-y^2} > 0$ であるから，定理 6.4 を用いる．変数を極座標 $x = r\cos\theta$, $y = r\sin\theta$ に変換すると，

$$\iint_{D_n} e^{-x^2-y^2}dxdy = \int_0^{\pi/2} d\theta \int_0^n e^{-r^2} r\, dr = \int_0^{\pi/2} \left[-\frac{1}{2}e^{-r^2}\right]_0^n d\theta$$
$$= \frac{\pi}{4}(1 - e^{-n^2})$$

そこで $n \to \infty$ とすると，$\iint_D e^{-x^2-y^2}dxdy = \frac{\pi}{4}$ を得る．■

**追記 6.2** $D'_m : 0 \leqq x \leqq m$, $0 \leqq y \leqq m$ によって定義される $\{D'_m\}$ も $D$ の近似増加列である．しかも

$$\iint_{D'_m} e^{-x^2-y^2}dxdy = \left(\int_0^m e^{-x^2}dx\right)\left(\int_0^m e^{-y^2}dy\right) = \left(\int_0^m e^{-x^2}dx\right)^2$$

ここで定理 6.4 と例 6.10 より，$m \to \infty$ の極限値は $\pi/4$ となる．よって

$$\int_0^\infty e^{-x^2}dx = \frac{\sqrt{\pi}}{2}$$

---

**問 6.7*** 次の広義積分を求めよ．

$$\iint_D x^2 e^{-(x^2+y^2)}dxdy, \quad D : x \geqq 0, y \geqq 0$$

---

\* 近似増加列 $D_n$ は図 6.23 と同様である．また $x = r\cos\theta$, $y = r\sin\theta$ と変数変換せよ．「演習と応用微分積分」(サイエンス社) p.96 の問題 7.1 (2) 参照．

## 6.4　2重積分の応用（体積，曲面積），3重積分

**体積**　p.188 で述べたように，関数 $z=f(x,y)\;(\geqq 0)$ が閉領域 $D$ で連続で，$xy$ 平面の閉領域 $D$ を底とし，上面が曲面 $z=f(x,y)$ であるような柱状の立体の体積 $V$ は次のような2重積分で与えられる．

**体積**
$$V = \iint_D f(x,y)\,dxdy$$

次に閉領域 $D$ 上で連続な2つの関数 $f(x,y)$, $g(x,y)$ があって，
$$f(x,y) \geqq g(x,y)$$
が成り立っているとする（$xy$ 平面の下方にあってもよい）．このとき2つの曲面と $D$ 上の柱面で囲まれる部分の体積は次式で与えられる．（⇨図 6.25）

**2曲面のはさむ体積**
$$\iint_D \{f(x,y) - g(x,y)\}\,dxdy \tag{6.24}$$

● より理解を深めるために ●

**例 6.11**　球 $x^2+y^2+z^2=a^2\;(a>0)$ の内部にあって円柱 $x^2+y^2=ax$ の内部にもなっている立体の体積を求める（⇨図 6.24）．

それはその体積の $1/4$ が
$$f(x,y)=\sqrt{a^2-x^2-y^2},$$
$$g(x,y)=0$$
のとき，$D: x^2+y^2-ax\leqq 0,\;y\geqq 0$ で積分して得られる．求める体積は，

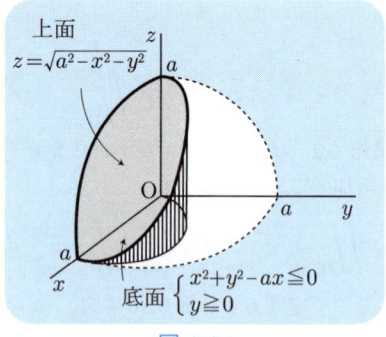

図 6.24

$$V = 4\iint_D \sqrt{a^2-x^2-y^2}\,dxdy$$

これを求めるために変数を $x=r\cos\theta,\;y=r\sin\theta$ と変換すると，
$$D': 0\leqq r\leqq a\cos\theta,\;0\leqq\theta\leqq\pi/2$$

$$\therefore\;V = 4\int_0^{\pi/2} d\theta \int_0^{a\cos\theta} \sqrt{a^2-r^2}\,r\,dr = \frac{4a^3}{3}\int_0^{\pi/2}(1-\sin^3\theta)\,d\theta$$
$$= \frac{4}{3}a^3\left(\frac{\pi}{2}-\frac{2}{3}\right)\quad\left(\text{p.105 の例 3.21 より}\int_0^{\pi/2}\sin^3\theta\,d\theta=\frac{2}{3}\right)\quad■$$

6.4　2重積分の応用（体積，曲面積），3重積分

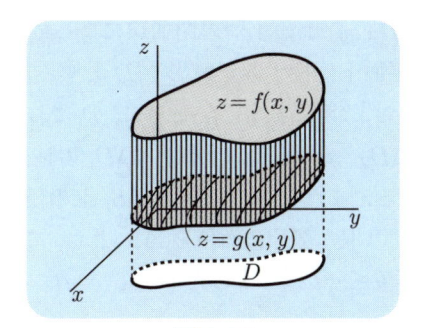

図 6.25

**例 6.12**　円柱 $x^2 + y^2 \leqq a^2$ $(a > 0)$ の $xy$ 平面の上方，平面 $z = x$ の下方にある部分の体積を求めよ（⇨ 図 6.26）．

[解] 体積 $V$ は $z = x$ を $D : x \geqq 0, x^2 + y^2 \leqq a^2$（$y$ に関して単純な領域とみる）（⇨ 図 6.27）で積分して得られる．

$$\begin{aligned} V &= \iint_D z\,dxdy = \int_{-a}^{a} dy \int_{0}^{\sqrt{a^2-y^2}} x\,dx \\ &= \int_{-a}^{a} \left[\frac{1}{2}x^2\right]_0^{\sqrt{a^2-y^2}} dy \\ &= \int_{-a}^{a} \frac{a^2-y^2}{2} dy = \frac{1}{2}\left[a^2 y - \frac{y^3}{3}\right]_{-a}^{a} \\ &= \frac{2a^3}{3} \quad \blacksquare \end{aligned}$$

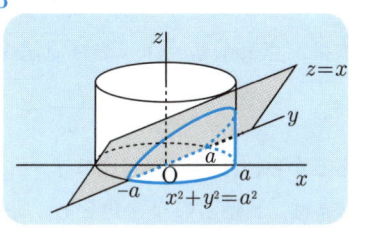

図 6.26

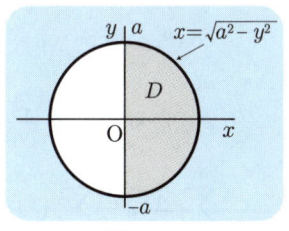

図 6.27

**問 6.8*** 　放物面 $x^2 + y^2 = 4z$，柱面 $x^2 + y^2 = 2x$ および平面 $z = 0$ で囲まれた部分の体積を求めよ．

---

\* $x = r\cos\theta,\ y = r\sin\theta$ と変数変換せよ．「演習微分積分」（サイエンス社）p.140 の問題 10.1 (1) 参照．

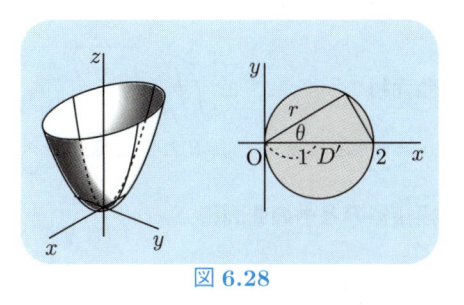

図 6.28

**曲面積** 曲面 $z = f(x, y)$ 上の 1 つの閉曲線によって囲まれた曲面の部分を $S$ とし，$S$ の $xy$ 平面上に投ずる正射影を $D$ とする．

いま，関数 $f(x, y)$ および $f_x(x, y), f_y(x, y)$ は $D$ において連続とし，$D$ を $n$ 個の小領域 $\Delta D_1, \Delta D_2, \cdots, \Delta D_n$ に分け，$\Delta D_i$ の柱面が曲面 $S$ から切り取る部分を $\Delta S_i$ とする．また，この柱面が $\Delta S_i$ 上の任意の 1 点 $(x_i, y_i, z_i)$ における接平面から切り取る部分の面積を $\overline{\Delta S_i}$ とし，この接平面が $xy$ 平面とのなす角を $\theta_i$ $(0 \leqq \theta \leqq \pi/2)$ とすると (⇨ 図 6.29)

$$\overline{\Delta S_i} \cos \theta_i = \Delta D_i \tag{6.25}$$

次に，点 $(x_i, y_i, z_i)$ における法線の方程式は追記 5.2 (p.161) により，

$$\frac{x - x_i}{f_x(x_i, y_i)} = \frac{y - y_i}{f_y(x_i, y_i)} = \frac{z - z_i}{-1}$$

であるから，法線の方向比は $f_x(x_i, y_i), f_y(x_i, y_i), -1$ である．また法線が $x$ 軸，$y$ 軸，$z$ 軸とのなす角を $\alpha_i, \beta_i, \gamma_i$ とすると，方向余弦は $\cos \alpha_i, \cos \beta_i, \cos \gamma_i$ であるので，p.181 の (5.34) より

$$\cos \theta_i = |\cos \gamma_i| = \frac{1}{\sqrt{f_x(x_i, y_i)^2 + f_y(x_i, y_i)^2 + 1}} \tag{6.26}$$

(6.25) と (6.26) から $\overline{\Delta S_i} = \dfrac{\Delta D_i}{\cos \theta_i} = \dfrac{\Delta D_i}{|\cos \gamma_i|}$．ゆえに

$$\sum_{i=1}^{n} \overline{\Delta S_i} = \sum_{i=1}^{n} \sqrt{f_x(x_i, y_i)^2 + f_y(x_i, y_i)^2 + 1}\, \Delta D_i$$

したがって $\displaystyle \lim_{\Delta D_i \to 0} \sum_{i=1}^{n} \overline{\Delta S_i} = \iint_D \sqrt{1 + f_x(x, y)^2 + f_y(x, y)^2}\, dxdy$．そこでこの極限値を曲面 $S$ の面積と定める．

---

**曲面積** $\displaystyle S = \iint_D \sqrt{1 + \left(\frac{\partial z}{\partial x}\right)^2 + \left(\frac{\partial z}{\partial y}\right)^2}\, dxdy \tag{6.27}$

$x = r\cos\theta, y = r\sin\theta$ と変数変換して

**極座標のときの曲面積** $\displaystyle S = \iint_D \sqrt{r^2 + \left(r\frac{\partial z}{\partial r}\right)^2 + \left(\frac{\partial z}{\partial \theta}\right)^2}\, drd\theta \tag{6.28}$

## 6.4　2重積分の応用（体積，曲面積），3重積分

● より理解を深めるために ●

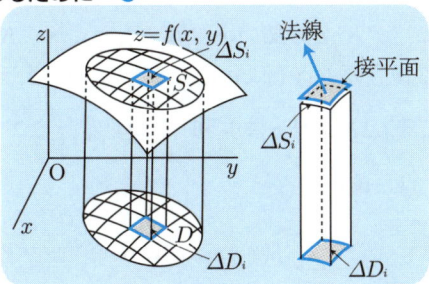

図 6.29

**例 6.13**　円柱面 $x^2 + y^2 = x$ によって切り取られる球面 $x^2 + y^2 + z^2 = 1$ の部分の曲面積を求めよ（⇨図 6.30, 図 6.31）．

[**解**]　極座標のときの曲面積の公式 (6.28) を用いる．

$$x^2 + y^2 + z^2 = 1 \quad (6.29)$$

$$x^2 + y^2 = x \quad (6.30)$$

いま $x = r\cos\theta, y = r\sin\theta$ とおくと，(6.29) より $z \geqq 0$ として，$z = \sqrt{1-r^2}$ となり，(6.30) は $r = \cos\theta$ となる．
$\dfrac{\partial z}{\partial r} = \dfrac{-r}{\sqrt{1-r^2}}, \dfrac{\partial z}{\partial \theta} = 0$ より

$$\begin{aligned}
S &= 4\int_0^{\pi/2} d\theta \int_0^{\cos\theta} \frac{r}{\sqrt{1-r^2}} dr \\
&= 4\int_0^{\pi/2} \left[-(1-r^2)^{1/2}\right]_0^{\cos\theta} d\theta = 4\int_0^{\pi/2} (1-\sin\theta)d\theta \\
&= 4\left[\theta + \cos\theta\right]_0^{\pi/2} = 2(\pi - 2) \quad \blacksquare
\end{aligned}$$

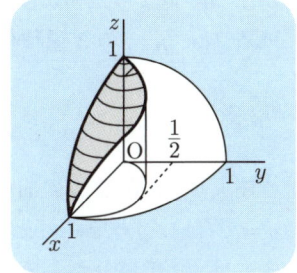

図 6.30

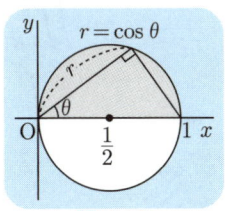

図 6.31

**問 6.9**[*]　$a > 0$ のとき，球面 $x^2 + y^2 + z^2 = a^2$ によって切り取られる円柱面 $x^2 + y^2 = ax$ の側面の部分の曲面積を求めよ（⇨図 6.32）．

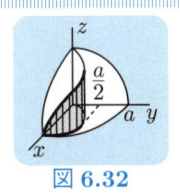

図 6.32

---

[*]「演習と応用微分積分」（サイエンス社）p.98 の問題 9.1 (2) 参照．

**3重積分** 閉領域 $K$(閉曲面で囲まれた空間の一部分) 上に関数 $f(x,y,z)$ が与えられているとき, $K$ を $n$ 個の小領域 $K_1, K_2, \cdots, K_n$ に分割し, この小領域 $K_i$ に属する任意の 1 点 $(x_i, y_i, z_i)$ をとる. いま, $K_i$ の体積を $\Delta K_i$ とし, $\sum_{i=1}^{n} f(x_i, y_i, z_i)\Delta K_i$ (リーマン和) をつくる. ここで $n$ を限りなく大きくし, $\Delta K_i$ を 1 点に縮小すると,

$$\sum_{i=1}^{n} f(x_i, y_i, z_i)\Delta K_i$$

が 1 つの定まった値に限りなく近づくならば, この極限値を閉領域 $K$ における $f(x,y,z)$ の **3 重積分**とよび, 次のように表す.

**3 重積分**
$$\iiint_K f(x,y,z)dxdydz \tag{6.31}$$

閉領域 $K$ が 2 つの曲面 $z = g_1(x,y)$, $z = g_2(x,y)$ および 2 つの柱面 $y = \varphi_1(x)$, $y = \varphi_2(x)$ と 2 つの平面 $x = a$, $x = b$ によって囲まれているときには, 2 重積分から類推して

$$\iiint_K f(x,y,z)dxdydz$$
$$= \int_a^b \left\{ \int_{\varphi_1(x)}^{\varphi_2(x)} \left( \int_{g_1(x,y)}^{g_2(x,y)} f(x,y,z)dx \right) dz \right\} dx \tag{6.32}$$

が成立することがわかる (ただし, $a < b$, $\varphi_1(x) \leqq \varphi_2(x)$, $g_1(x,y) \leqq g_2(x,y)$ とする).

次に 3 重積分についても定理 6.2 (p.194), 定理 6.3 (p.196) の類似の定理が成り立つ. 特に定理 6.3 のヤコビアンに相当するものは,

$$x = f_1(u,v,w), \quad y = f_2(u,v,w), \quad z = f_3(u,v,w)$$

のとき

$$J = \begin{vmatrix} x_u & x_v & x_w \\ y_u & y_v & y_w \\ z_u & z_v & z_w \end{vmatrix} \tag{6.33}$$

である.

### 6.4　2重積分の応用（体積，曲面積），3重積分

● **より理解を深めるために** ●

**例 6.14** 次の3重積分を求めよ．

$$\iiint_K dxdydz, \quad K: x^2 + y^2 + z^2 \leqq a^2 \quad (a > 0)$$

[解]　変数を極座標

$$\begin{cases} x = r\sin\theta\cos\varphi \\ y = r\sin\theta\sin\varphi \\ z = r\cos\varphi \end{cases} \begin{pmatrix} r \geqq 0 \\ 0 \leqq \theta \leqq \pi \\ 0 \leqq \varphi \leqq 2\pi \end{pmatrix}$$

に変換すると，領域 $K$ は（⇨ 図 6.33）

$K': 0 \leqq r \leqq a,\ 0 \leqq \theta \leqq \pi,\ 0 \leqq \varphi \leqq 2\pi$

に対応する．p.198 にあるように，ヤコビアンは

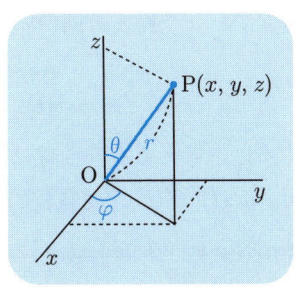

**図 6.33**　極座標

$$J = \begin{vmatrix} x_r & x_\theta & x_\varphi \\ y_r & y_\theta & y_\varphi \\ z_r & z_\theta & z_\varphi \end{vmatrix} = r^2\sin\theta$$

であるので

$$\iiint_K dxdydz = \iiint_{K'} r^2 \sin\theta\, drd\theta d\varphi$$
$$= \int_0^\pi \sin\theta\, d\theta \int_0^a r^2 dr \int_0^{2\pi} d\varphi = \frac{4}{3}\pi a^3 \quad (球の体積) \blacksquare$$

**注意 6.6**　この問題を極座標に変換しないで2重積分で計算すると，p.189 の例 6.2（この例は半球の体積を求めている）のようになる．

---

**問 6.10**$^*$　次の3重積分を求めよ．

$$\iiint_K z\,dxdydz,$$

$K: x^2 + y^2 + z^2 \leqq 1,\ x^2 + y^2 \leqq x,\ z \geqq 0$

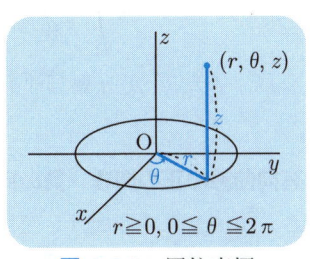

$^*$　円柱座標 $x = r\cos\theta,\ y = r\sin\theta,\ z = z$（⇨ 図 6.34）に変換して求めよ．「演習と応用微分積分」（サイエンス社）p.99 の問題 10.1 (2) 参照．

**図 6.34**　円柱座標

## 6.5 線積分とグリーンの定理

**有向曲線** $t$ の閉区間 $I = [a, b]$ (または $I = [b, a]$) で定義された連続曲線 $C : x = \varphi(t), y = \psi(t) (t \in I)$ に $C$ の向きを $t$ が $a$ から $b$ へ動く方向, または $b$ から $a$ へ動く方向のいずれかを定めたものを**有向曲線**という (⇨図 6.35)

$$C : x = \varphi(t), \ y = \psi(t), \quad 向き\ t : a \to b \tag{6.34}$$

と書く. 以下考える有向曲線は有限個の点を除き滑らか ($\varphi(t), \psi(t)$ が微分可能で, $\varphi'(t), \psi'(t)$ が連続) であるとする.

> **線積分の定義** 有向曲線 $C : x = \varphi(t), \ y = \psi(t),$ 向き $t : a \to b$ が与えられたとする. $C$ 上で連続な関数 $f(x, y)$ に対して
>
> $$\int_C f(x, y) dx = \int_a^b f(\varphi(t), \psi(t)) \varphi'(t) dt \tag{6.35}$$
>
> $$\int_C f(x, y) dy = \int_a^b f(\varphi(t), \psi(t)) \psi'(t) dt \tag{6.36}$$

とおき, $f(x, y)$ の有向曲線 $C$ に沿った**線積分**という.

線積分は曲線とその方向で決まり, パラメータのとり方によらない. 積分路が同じ線積分を次のように書き表す.

$$\int_C f(x, y) dx + \int_C g(x, y) dy = \int_C f(x, y) dx + g(x, y) dy \tag{6.37}$$

次に有向曲線が (6.34) と反対の方向 $b \to a$ のとき, つまり $C' : x = \varphi(t), \ y = \psi(t),$ 向き $t : b \to a$ のとき

$$\int_C f\, dx + g\, dy = -\int_{C'} f\, dx + g\, dy \tag{6.38}$$

となる. また $C$ が $y$ 軸に平行な直線ならば, 上記 (6.35) の線積分は 0 である.

**有向曲線の正の向き, 負の向き** 閉領域 $D$ の境界の曲線 $C$ 上を点が動くとき, 面積を求める部分を左に見ているときは**正の向き**, 右に見ているときは**負の向き**と規約する. 正の向きにまわるとき $(C)$ と表す (⇨図 6.36).

## 6.5 線積分とグリーンの定理

● **より理解を深めるために** ●────────

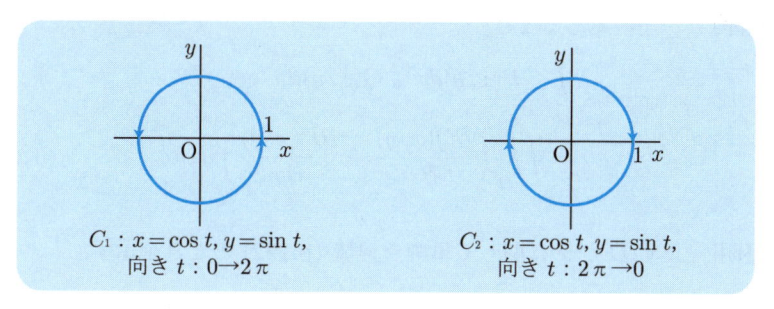

$C_1: x=\cos t, y=\sin t,$
向き $t: 0 \to 2\pi$

$C_2: x=\cos t, y=\sin t,$
向き $t: 2\pi \to 0$

図 **6.35**

**例 6.15** 上の有向曲線 (⇨ 図 6.35) は，単位円周に 2 通りの向きをつけたものである．☐

**例 6.16** $C: y=x^2$ (向き: $(0,0) \to (a,a^2)$) とする．パラメータとして $x$ がとれるから ($x=t, y=t^2$ と考える)

$$\int_C (x+y)dx = \int_0^a (x+x^2)dx = \left[\frac{x^2}{2}+\frac{x^3}{3}\right]_0^a = \frac{a^2}{2}+\frac{a^3}{3}$$

$$\int_C (x+y)dy = \int_0^a (x+x^2)2x\,dx = \left[\frac{2}{3}x^3+\frac{x^4}{2}\right]_0^a = \frac{2a^3}{3}+\frac{a^4}{2} \quad \square$$

図 **6.36**

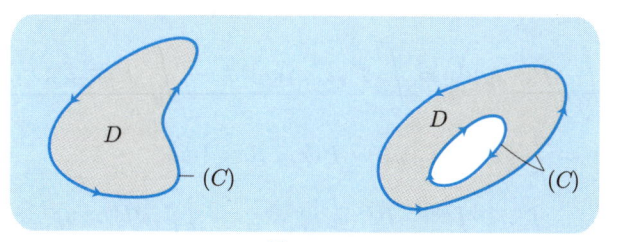

**問 6.11** 次の線積分の値を計算せよ．

(1) $\displaystyle\int_C x^2 dx + 2xy\,dy$, $C: (1,1)$ から $(-1,3)$ へ直線で結んだもの

(2) $\displaystyle\int_C xy\,dx + e^{x^2} dy$, $C: y=x^2$, 向き $(0,0) \to (2,4)$

(3) $\displaystyle\int_C y^2 dx + x^2 dy$, $C: x=\cos t, y=\sin t$, 向き $t: 0 \to \pi$

**定理 6.5（グリーンの定理）** $P(x,y), Q(x,y)$ が閉領域 $D$ で偏微分可能で，偏導関数が連続であるとき，

$$\int_{(C)} P(x,y)dx + Q(x,y)dy$$
$$= \iint_D \left( \frac{\partial Q(x,y)}{\partial x} - \frac{\partial P(x,y)}{\partial y} \right) dxdy \qquad (6.39)$$

[証明] まず $D$ が $x$ に関して単純な領域 (p.192) のときを示す．

$$D = \{(x,y) : a \leqq x \leqq b,\ \varphi_1(x) \leqq y \leqq \varphi_2(x)\} \qquad (6.40)$$

とし図 6.37 のように $(C)$ を $C_1, C_2, C_3, C_4$ に分けると

$$\int_{(C)} P(x,y)dx = \int_{C_1} + \int_{C_2} + \int_{C_3} + \int_{C_4}$$

となる．$C_1$ においては，$x = b,\ y = y\ (y : \varphi_1(b) \to \varphi_2(b))$ と，パラメータとして $y$ をとることができる．よって，$\frac{dx}{dy} = 0$ であるから

$$\int_{C_1} P(x,y)dx = \int_{\varphi_1(b)}^{\varphi_2(b)} P(b,y)\frac{dx}{dy}dy = 0$$

同様に，$C_3$ における線積分も 0 である．ゆえに，

$$\int_{(C)} P(x,y)dx = \int_a^b P(x,\varphi_1(x))dx + \int_b^a P(x,\varphi_2(x))dx$$
$$= -\int_a^b \{P(x,\varphi_2(x)) - P(x,\varphi_1(x))\}dx$$
$$= -\int_a^b dx \int_{\varphi_1(x)}^{\varphi_2(x)} \frac{\partial P(x,y)}{\partial y}dy = -\iint_D \frac{\partial P(x,y)}{\partial y}dxdy \qquad (6.41)$$

次に，領域を $x$ に関して単純な小領域に分割し（⇨ 図 6.38），各小領域では上記 (6.41) が成り立つのでこれをすべての小領域に関して加える．小領域の境界のうち領域の内部にあるものは，隣りあった2つの小領域の境界として2回現れ，向きは逆であるから和は0となるので，領域全体で $P(x,y)$ についての定理が成り立つ．$Q(x,y)$ についても，$y$ についての単純な小領域に分割して同様に証明できる．■

## 6.5 線積分とグリーンの定理

● より理解を深めるために

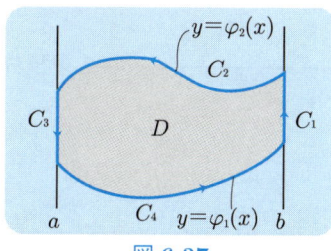

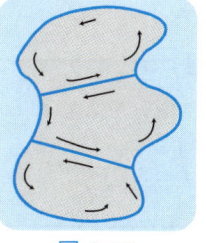

図 6.37

図 6.38

**追記 6.3** グリーンの定理は (6.39) のようにまとめて書くのが通例であるが，$Q=0$ または $P=0$ とするとおのおの次のようになる．

$$\int_{(C)} P(x,y)dx = -\iint_D \frac{\partial P(x,y)}{\partial y} dxdy \tag{6.42}$$

$$\int_{(C)} Q(x,y)dy = \iint_D \frac{\partial Q(x,y)}{\partial x} dxdy \tag{6.43}$$

定理はこの2つの等式の和をとって1つの式の形にしたものであるが，この2式は別々に成り立つので，つねに $P\,dx$ と $Q\,dy$ の両方を必要としているわけではない．

**例 6.17** 領域 $D$ の面積 $S$ はグリーンの定理により次のように示される．

$$S = \int_{(C)} x\,dy = -\int_{(C)} y\,dx = \frac{1}{2}\int_{(C)} (x\,dy - y\,dx)$$

[解] 定理 6.5 (グリーンの定理) において，$Q=x$, $P=0$ とおくと，

$$\int_{(C)} x\,dy = \iint_D dxdy = \int_a^b dx \int_{\varphi_1(x)}^{\varphi_2(x)} dy$$

$$= \int_a^b \{\varphi_2(x) - \varphi_1(x)\}dx = S$$

$P=y$, $Q=0$ とおくと第2項が得られ，第1項と第2項を加えて2で割ると第3項が得られる．■

**問 6.12** 次の線積分を重積分に帰着して求めよ（$(C)$ は単位円を正の向きに1周したものである）．

$$\int_{(C)} (e^x + y)dx + (y^4 + x^3)dy$$

# 演習問題

**例題 6.1** **2 重積分**

次の 2 重積分を求めよ．

$$\iint_D \frac{x}{x^2+y^2}dxdy, \quad D: y-\frac{1}{4}x^2 \geqq 0,\ y-x \leqq 0,\ x \geqq 2$$

[解]　放物線 $y = \frac{1}{4}x^2$ と直線 $y = x$ との交点の座標は $(0,0)$ と $(4,4)$ である．ゆえに，

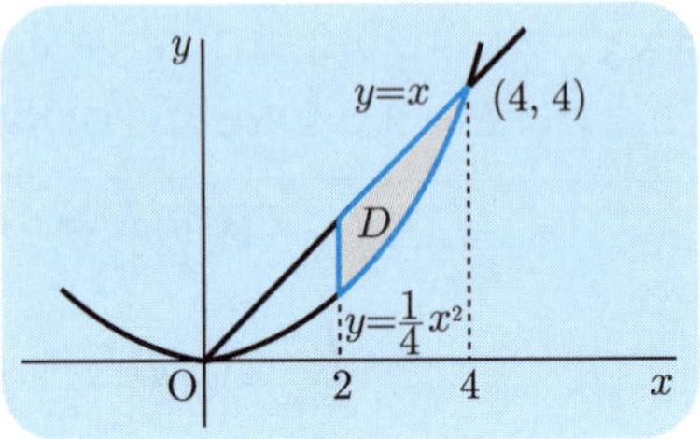


図 6.39

$$\begin{aligned}
&\iint_D \frac{x}{x^2+y^2}dxdy \\
&= \int_2^4 dx \int_{x^2/4}^{x} \frac{x}{x^2+y^2}dy \\
&= \int_2^4 \left[x\frac{1}{x}\tan^{-1}\frac{y}{x}\right]_{x^2/4}^{x} dx \\
&= \int_2^4 \left(\tan^{-1}1 - \tan^{-1}\frac{x}{4}\right)dx \\
&= \left[\frac{\pi}{4}x\right]_2^4 - \left[x\tan^{-1}\frac{x}{4}\right]_2^4 + \int_2^4 x\frac{1}{1+(x/4)^2}\frac{1}{4}dx \\
&= \frac{\pi}{2} - 4\tan^{-1}1 + 2\tan^{-1}\frac{1}{2} + \left[2\log(16+x^2)\right]_2^4 \\
&= 2\tan^{-1}\frac{1}{2} - \frac{\pi}{2} + 2\log\frac{8}{5}
\end{aligned}$$

(解答は章末 p.223 に掲載されています．)

**演習 6.1**　次の 2 重積分を計算せよ．

(1) $\displaystyle\int_0^{\pi}\left\{\int_0^{1+\cos\theta} r^2\sin\theta\,dr\right\}d\theta$

(積分する領域は p.120 の図 (カーディオイド) を参照)

(2) $\displaystyle\iint_D \sqrt{4x^2-y^2}\,dxdy, \quad D: 0 \leqq y \leqq x \leqq 1$

## 例題 6.2 — 変数の変換

次の2重積分を求めよ ($x+y=u$, $y=uv$ と変換せよ).
$$\iint_D e^{(y-x)/(y+x)}dxdy, \quad D: x \geqq 0,\ y \geqq 0,\ \frac{1}{2} \leqq x+y \leqq 1$$

[解] $x+y=u$, $y=uv$ と変数変換することによって、積分する範囲は $D: 1/2 \leqq x+y \leqq 1,\ x \geqq 0,\ y \geqq 0$ は $D': 1/2 \leqq u \leqq 1,\ 0 \leqq v \leqq 1$ に移る. 次にヤコビアンを求めると,

$$J = \begin{vmatrix} x_u & x_v \\ y_u & y_v \end{vmatrix} = \begin{vmatrix} -v+1 & -u \\ v & u \end{vmatrix} = u$$

$$\therefore \iint_D e^{(y-x)/(y+x)}dxdy = \iint_{D'} e^{2v-1} u\,dudv$$
$$= \int_{1/2}^1 u\,du \int_0^1 e^{2v-1}dv = \left[\frac{u^2}{2}\right]_{1/2}^1 \cdot \left[\frac{1}{2}e^{2v-1}\right]_0^1 = \frac{3}{16}(e-e^{-1})$$

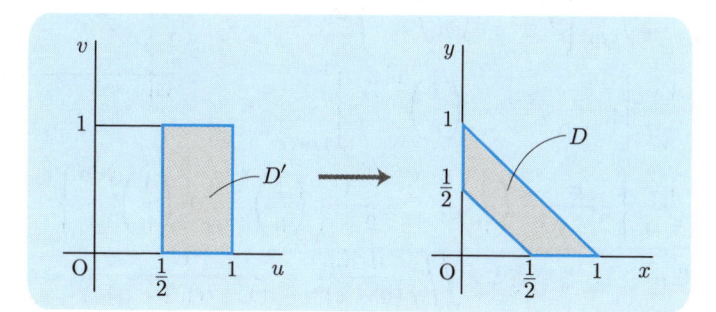

図 6.40

---

**演習 6.2** 次の2重積分を $x = r\cos\theta$, $y = r\sin\theta$ と変数変換することによって求めよ.

(1) $\iint_D \left(\dfrac{x^2}{p} + \dfrac{y^2}{q}\right)dxdy$, $D: x^2+y^2 \leqq 1 \quad (p>0,\ g>0)$

(2) $\iint_D \dfrac{dxdy}{(1+x^2+y^2)^2}$, $D: (x^2+y^2)^2 \leqq x^2-y^2,\ x \geqq 0$ (連珠形, ⇨ 図 6.41)

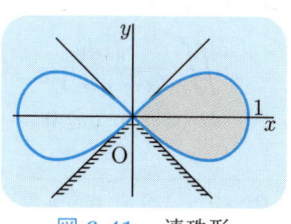

図 6.41 連珠形

### 例題 6.3 ────────────────── 広義の 2 重積分 ──

次の広義の 2 重積分を求めよ．
$$I = \iint_D \frac{dxdy}{(y-x)^\alpha} \quad (0 < \alpha < 1), \quad D : 0 \leqq x \leqq y \leqq 1$$

[解] 被積分関数は $D$ から $y = x$ を除いた部分で連続である．いま $D_n$ を $D_n : 1/n \leqq y \leqq 1,\ y \geqq x + 1/n$ ととると $\{D_n\}$ は $D$ の近似増加列である．また被積分関数は正であるので，定理 6.4 (p.202) を用いる．$0 < \alpha < 1$ であるので，

$$\begin{aligned}
I_n &= \iint_{D_n} \frac{dxdy}{(y-x)^\alpha} = \int_{1/n}^1 dy \int_0^{y-1/n} \frac{dx}{(y-x)^\alpha} \\
&= \int_{1/n}^1 \left[ \frac{-1}{1-\alpha}(y-x)^{1-\alpha} \right]_0^{y-1/n} dy \\
&= \frac{1}{1-\alpha} \int_{1/n}^1 \left\{ y^{1-\alpha} - \left(\frac{1}{n}\right)^{1-\alpha} \right\} dy \\
&= \frac{1}{1-\alpha} \left[ \frac{1}{2-\alpha} y^{2-\alpha} - \left(\frac{1}{n}\right)^{1-\alpha} y \right]_{1/n}^1 \\
&= \frac{1}{1-\alpha} \left\{ \frac{1}{2-\alpha} - \left(\frac{1}{n}\right)^{1-\alpha} - \frac{1}{2-\alpha}\left(\frac{1}{n}\right)^{2-\alpha} + \left(\frac{1}{n}\right)^{2-\alpha} \right\}
\end{aligned}$$

ここで $n \to \infty$ とすると，$\displaystyle\iint_D \frac{dxdy}{(y-x)^\alpha} = \frac{1}{(1-\alpha)(2-\alpha)}\ (0 < \alpha < 1)$．

図 6.42

---

**演習 6.3**\* 次の広義の 2 重積分を求めよ．

$$\iint_D \frac{dxdy}{(x+y+1)^\alpha} \quad (\alpha > 2),$$
$$D : x \geqq 0,\ y \geqq 0$$

---

\* $D_n : 0 \leqq x \leqq n,\ 0 \leqq y \leqq n$ とすれば $D_n$ は $D$ の近似増加列である．これを用いよ（⇨ 図 6.43）．

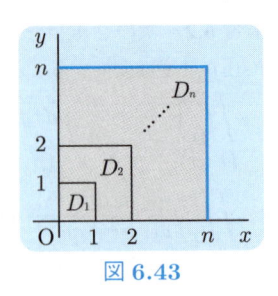

図 6.43

## 演習問題 — 体積

**例題 6.4**

$a > 0$ とするとき，2つの直交する円柱 $x^2 + y^2 \leqq a^2$, $y^2 + z^2 \leqq a^2$ の共通部分の体積を求めよ．

[解] 求める体積は $x \geqq 0$, $y \geqq 0$, $z \geqq 0$ の部分の 8 倍である．また積分する領域は $D : x^2 + y^2 \leqq a^2$, $x \geqq 0$, $y \geqq 0$ である（⇨ 図 6.44 下）．これを $y$ に関する単純な領域とみて，

$$
\begin{aligned}
V &= 8 \iint_D z\, dxdy \\
  &= 8 \int_0^a dy \int_0^{\sqrt{a^2-y^2}} \sqrt{a^2 - y^2}\, dx \\
  &= 8 \int_0^a \sqrt{a^2 - y^2} [x]_0^{\sqrt{a^2-y^2}} dy \\
  &= 8 \int_0^a (a^2 - y^2) dy \\
  &= 8 \left[ a^2 y - \frac{y^3}{3} \right]_0^a = \frac{16}{3} a^3
\end{aligned}
$$

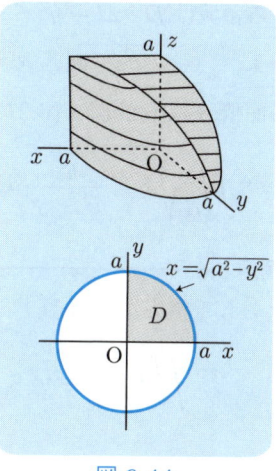

図 6.44

---

**演習 6.4** 楕円面 $\dfrac{x^2}{a^2} + \dfrac{y^2}{b^2} + \dfrac{z^2}{c^2} = 1$ $(a > 0,\ b > 0,\ c > 0)$ で囲まれた立体の体積を 2 重積分で求めよ．

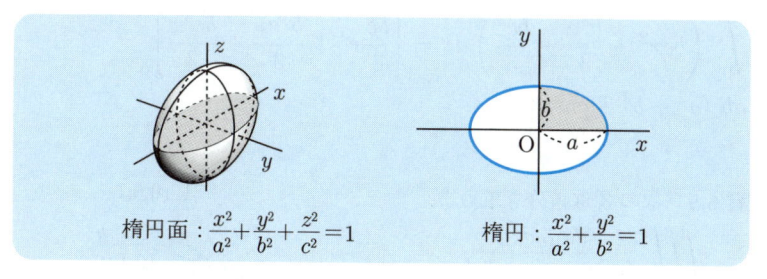

楕円面：$\dfrac{x^2}{a^2} + \dfrac{y^2}{b^2} + \dfrac{z^2}{c^2} = 1$   楕円：$\dfrac{x^2}{a^2} + \dfrac{y^2}{b^2} = 1$

図 6.45

---例題 6.5----------------------------------------------------------曲面積---

$a > 0$ とするとき，円柱面 $x^2 + y^2 = a^2$ の内部にある円柱面 $y^2 + z^2 = a^2$ の曲面積を求めよ（⇨ p.217 の図 6.44）．

[解] 求める曲面積は $x \geqq 0$, $y \geqq 0$, $z \geqq 0$ の部分の 8 倍である．また積分する領域は $D : x^2 + y^2 \leqq a^2$, $x \geqq 0$, $y \geqq 0$ である．

いま，$z = \sqrt{a^2 - y^2}$ であるので $\dfrac{\partial z}{\partial x} = 0$, $\dfrac{\partial z}{\partial y} = -\dfrac{y}{\sqrt{a^2 - y^2}}$．よって求める面積 $S$ は p.206 の (6.27) より

$$S = 8\iint_D \sqrt{1 + \frac{y^2}{a^2 - y^2}}\,dxdy = 8\int_0^a dy \int_0^{\sqrt{a^2 - y^2}} \frac{a}{\sqrt{a^2 - y^2}}\,dx = 8a^2$$

---例題 6.6---------------------------------------------------------3 重積分---

次の 3 重積分を求めよ．
$$\iiint_K (x^2 + y^2 + z^2)\,dxdydz, \quad K : \begin{cases} 0 \leqq x \leqq a \\ 0 \leqq y \leqq b \\ 0 \leqq z \leqq c \end{cases}$$

[解] $\displaystyle\iiint_K (x^2 + y^2 + z^2)\,dxdydz$

$\displaystyle = \int_0^a dx \int_0^b dy \int_0^c (x^2 + y^2 + z^2)\,dz = \int_0^a dx \int_0^b \left[x^2 z + y^2 z + \frac{z^3}{3}\right]_0^c dy$

$\displaystyle = \int_0^a dx \int_0^b \left(cx^2 + cy^2 + \frac{c^3}{3}\right) dy = \int_0^a \left[cx^2 y + \frac{c}{3}y^3 + \frac{c^3}{3}y\right]_0^b dx$

$\displaystyle = \int_0^a \left(bcx^2 + \frac{b^3 c}{3} + \frac{bc^3}{3}\right) dx = \left[\frac{bc}{3}x^3 + \frac{b^3 cx}{3} + \frac{bc^3 x}{3}\right]_0^a$

$= abc(a^2 + b^2 + c^2)/3$

演習 6.5　次の 3 重積分を求めよ．
$$\iiint_K \frac{dxdydz}{(x + y + z + 1)^3},$$
$K : x + y + 1 \leqq 1$, $x, y, z \geqq 0$

図 6.46

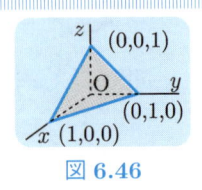

## 演習問題

**例題 6.7** ──────────────── 線積分, グリーンの定理 ─

図 6.47 の三角型 OABO の周を $(C)$ とするとき,次の線積分を計算せよ.
$$\int_{(C)} (x^2 + xy)dx + xy^3 dy$$

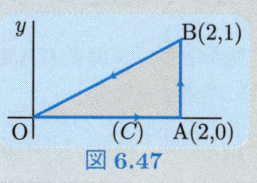

図 6.47

[解] $\displaystyle\int_{(C)} = \int_{OA} + \int_{AB} + \int_{BO}$ と分けて計算する.

( i ) OA では $x = t, y = 0, t : 0 \to 2$ であるから,$dx = 1 \cdot dt, dy = 0 \cdot dt$
$$\int_{OA} = \int_0^2 \left\{ (t^2 + t \cdot 0) \cdot 1 + t \cdot 0 \cdot 0 \right\} dt = \int_0^2 t^2 dt = \frac{8}{3}$$

(ii) AB では $x = 2, y = t, t : 0 \to 1$ であるから
$$\int_{AB} = \int_0^1 2t^3 dt = \frac{1}{2}$$

(iii) BO では $x = 2t, y = t, t : 1 \to 0$ であるから
$$\int_{BO} = \int_1^0 \left\{ 2(4t^2 + 2t^2) + 2t^4 \right\} dt = -\int_0^1 (12t^2 + 2t^4) dt = -\frac{22}{5}$$

$$\therefore \quad \int_{(C)} = \frac{8}{3} + \frac{1}{2} - \frac{22}{5} = -\frac{37}{30}$$

**追記 6.4** この線積分を求めるのにグリーンの定理を用いてみる.$P = x^2 + xy, Q = xy^3$ とおくと,$P_y = x, Q_x = y^3$. よって,領域 OAB を $D$ とすると,

$$\int_{(C)} (x^2 + xy)dx + xy^3 dy = \iint_D (y^3 - x)dxdy$$
$$= \int_0^2 dx \int_0^{x/2} (y^3 - x)dy = -\frac{37}{30}$$

---

**演習 6.6** アステロイド $x = \cos^3 \theta, y = \sin^3 \theta$ の囲む面積を求めよ (⇨ 図 6.48, p.213 の例 6.17 を用いよ).

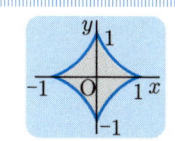

図 6.48 アステロイド

## 研究 ガンマ関数とベータ関数の関係

ガンマ関数とベータ関数の定義や基本性質については p.p.115〜116 で述べた. ここでは広義の 2 重積分

$$\iint_D e^{-x-y} x^{p-1} y^{q-1} dx dy, \quad D : x \geqq 0, \ y \geqq 0 \quad (p > 0, \ q > 0)$$

を計算することにより，次のガンマ関数とベータ関数の関係を示す.

**ガンマ関数とベータ関数の関係**

$$B(p, q) = \frac{\Gamma(p)\Gamma(q)}{\Gamma(p+q)} \quad (p > 0, \ q > 0)$$

[証明] 被積分関数は $x$ 軸上の点 (直線 $y = 0$) と $y$ 軸上の点 (直線 $x = 0$) において不連続であり，かつ無限領域で与えられているので，不連続点がある場合の広義の 2 重積分 (p.200) および無限領域の場合の広義積分 (p.202) を用いるため図 6.49 のような近似増加列を考える.

$$\begin{aligned}
I_n &= \int_{1/n}^{n} \left( \int_0^{1/n} e^{-x-y} x^{p-1} y^{q-1} dy \right) dx \quad \cdots ① \\
&\quad + \int_0^{1/n} \left( \int_{1/n}^{n} e^{-x-y} x^{p-1} y^{q-1} dy \right) dx \cdots ② \\
&\quad + \int_{1/n}^{n} \left( \int_{1/n}^{n} e^{-x-y} x^{p-1} y^{q-1} dy \right) dx \quad \cdots ③ \\
&= \int_{1/n}^{n} e^{-x} x^{p-1} dx \int_0^{1/n} e^{-y} y^{q-1} dy \\
&\quad + \int_0^{1/n} e^{-x} x^{p-1} dx \int_{1/n}^{n} e^{-y} y^{q-1} dy \\
&\quad + \int_{1/n}^{n} e^{-x} x^{p-1} dx \int_{1/n}^{n} e^{-y} y^{q-1} dy \\
&= I_1 + I_2 + I_3
\end{aligned}$$

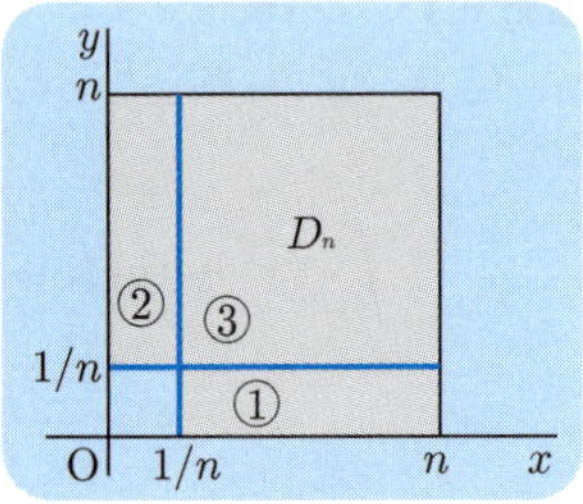

図 6.49

ここで，$n \to \infty$ とすると

$$I_1 = \int_{1/n}^{n} e^{-x} x^{p-1} dx \int_0^{1/n} e^{-y} y^{q-1} dy \to \Gamma(p) \times 0 = 0$$

同様にして，$I_2 \to 0 \ (n \to \infty)$ であり，

研　　究

$$I_3 = \int_{1/n}^{n} e^{-x} x^{p-1} dx \int_{1/n}^{n} e^{-y} y^{q-1} dy \to \Gamma(p)\Gamma(q) \quad (n \to \infty)$$

$$\therefore \iint_D e^{-x-y} x^{p-1} y^{q-1} dxdy = \Gamma(p)\Gamma(q) \tag{6.44}$$

一方，$\{D_n\}$ とは別に $\{D'_m\}$ を $1/m \leqq x+y \leqq m,\ x \geqq 0,\ y \geqq 0$ のような領域とすると，これも $D$ の近似増加列である (⇨ 図 6.50 上)．被積分関数は正であるので，上記 (6.44) と定理 6.4 (p.202) から

$$\lim_{m\to\infty} \iint_{D'_m} e^{-x-y} x^{p-1} y^{q-1} dxdy = \Gamma(p)\Gamma(q) \tag{6.45}$$

さらに上記積分に次のような変数変換を行う (⇨ 図 6.50)．

$$\begin{cases} x = uv \\ y = u - uv \end{cases}$$

$x+y = u$ より $1/m \leqq u \leqq m$ となる．また，$x \geqq 0$ より $x = uv \geqq 0$ となり $u$ は $1/m \leqq u \leqq m$ であるので正．よって $v \geqq 0$ となる．また $y \geqq 0$ であるので $y = u(1-v) \geqq 0$ となり $u > 0$ より $v \leqq 1$ となる．ゆえに $uv$ 平面の有界閉領域は次のようになる．

$$D''_m : 1/m \leqq u \leqq m,\ 0 \leqq v \leqq 1$$

また，ヤコビアンは

$$\begin{vmatrix} x_u & x_v \\ y_u & y_v \end{vmatrix} = \begin{vmatrix} v & u \\ 1-v & -u \end{vmatrix} = -u$$

図 6.50

である．したがって

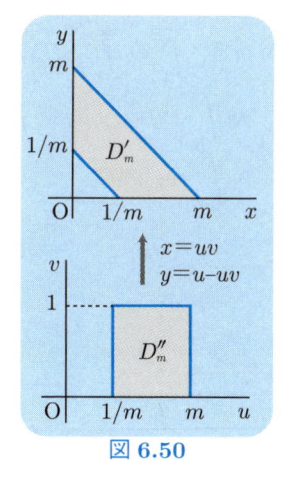

$$\iint_{D''_m} e^{-x-y} x^{p-1} y^{q-1} dxdy = \int_{1/m}^{m} u^{p+q-1} e^{-u} du \int_0^1 v^{p-1}(1-v)^{q-1} dv$$

$$= B(p,q) \int_{1/m}^{m} u^{p+q-1} e^{-u} du \tag{6.46}$$

ここで，$m \to \infty$ とすると，これは $B(p,q)\Gamma(p+q)$ に収束する．よって (6.44)，(6.45)，(6.46) より

$$\Gamma(p)\Gamma(q) = B(p,q)\Gamma(p+q) \quad (p > 0,\ q > 0)$$

# 問の解答（第6章）

問 **6.1**　$2/3$

問 **6.2**　(1)　$y$ に関する単純な領域，$8/15$　　(2)　$11/4 - 4\log 2$

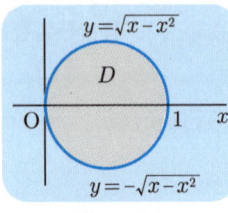

問 6.2(1)

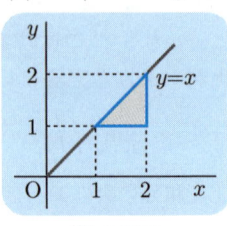

問 6.2(2)

問 **6.3**　(1)　$\displaystyle\int_0^1 dy \int_y^{\sqrt{y}} f(x,y)dx$

(2)　$\displaystyle\int_{-1}^0 dx \int_0^{x+1} f(x,y)dy + \int_0^1 dx \int_0^{-x+1} f(x,y)dy$

(3)　$\displaystyle\int_a^b dy \int_y^b f(x,y)dx$

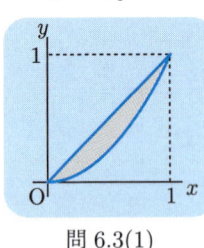

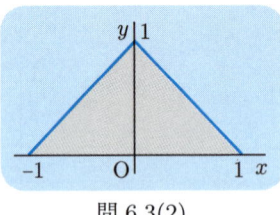

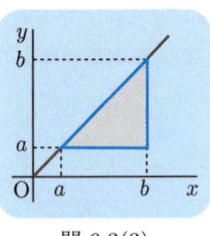

問 6.3(1)　　　　　問 6.3(2)　　　　　問 6.3(3)

問 **6.4**　(1)　$3/4$　　(2)　$(e - e^{-1})/3$

問 **6.5**　$\pi^2/16$

問 **6.6**　$4(2-\sqrt{2})$

問 **6.7**　$\pi/8$

問 **6.8**　$3\pi/8$

問 **6.9**　$4a^2$

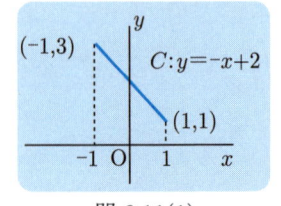

問 **6.10**　$5\pi/64$

問 6.11(1)

問 **6.11**　(1)　$C: x=t,\ y=-t+2$,　向き $t: 1 \to -1$

$$\int_C x^2 dx + 2xy\, dy = \int_1^{-1} t^2 dt + \int_1^{-1} 2t(-t+2)(-1)dt = -2$$

(2) $C: x=t, y=t^2$, 向き $t: 0 \to 2$
$$\int_C xy\,dx + e^{x^2}dy = \int_0^2 t\cdot t^2 dt = \int_0^2 e^{t^2}\cdot 2t\,dt = 3+e^4$$

(3) $C: x=\cos t, y=\sin t$, 向き $t: 0 \to \pi$
$$\int_C y^2 dx + x^2 dy = \int_0^\pi \sin^2 t(-\sin t)dt + \int_0^\pi \cos^2 t \cos t\,dt = -\frac{4}{3}$$

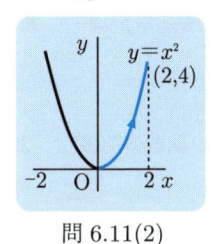

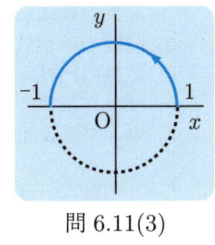

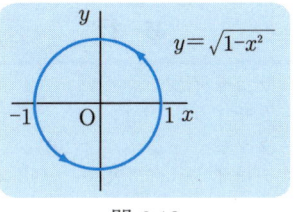

問 6.11(2) 　　問 6.11(3) 　　問 6.12

**問 6.12**　グリーンの定理を用いる.
$$\int_{(C)} (e^x+y)dx + (y^4+x^3)dy = \iint_D (3x^2-1)dxdy$$
$$= 2\int_{-1}^1 dx \int_0^{\sqrt{1-x^2}} (3x^2-1)dy = -\frac{\pi}{4}$$

## 演習問題解答（第 6 章）

**演習 6.1**　(1) $\dfrac{4}{3}$　　(2) $\dfrac{1}{3}\left(\dfrac{\sqrt{3}}{2}+\dfrac{\pi}{3}\right)$

**演習 6.2**　(1) $\dfrac{\pi}{4}\left(\dfrac{1}{p}+\dfrac{1}{q}\right)$

(2) $\dfrac{\pi}{4}-\dfrac{1}{2}$

**演習 6.3**　$\dfrac{1}{(1-\alpha)(2-\alpha)}$　$(\alpha > 2)$

**演習 6.4**　$\dfrac{4}{3}\pi abc$

**演習 6.5**　$\dfrac{1}{2}\left(\log 2 - \dfrac{5}{8}\right)$

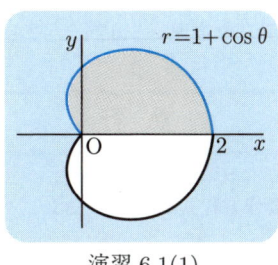

**演習 6.6**　$3\pi/8$

演習 6.1(1)

# 索　引

## あ　行

アークコサイン　30
アークサイン　30
アークタンジェント　30
アステロイド　120

1 階線形微分方程式　136
一般解 (微分方程式の)　139
陰関数　168
陰関数定理　168
陰関数の第 2 次導関数　178

上に凸　68

円環体　143
円柱座標　209

オイラーの定理　175

## か　行

カーディオイド　120
解 (微分方程式の)　134
開区間　2
開集合　150
外点　150
回転体の体積と表面積　132
片側連続　12
カテナリー　120
関数　2
関数の関数　4

関数の極限に関する基本定理　8
関数の多項式近似　64
関数の内積　104
ガンマ関数　116
ガンマ関数とベータ関数の関係　220

奇関数　102
基本解　145
基本的な関数の高次導関数　60
逆関数　4
逆関数の存在　24
逆関数の導関数　24
逆三角関数　30
逆三角関数の導関数　30
境界点　150
極　124
極限値　6
極限値なし　6
極座標　124
極座標で表される図形の面積　124
極座標のときの曲面積　206
極座標への変換　198
極小　54
極小値　54
曲線の弧の長さ　126
極大　54
極大値　54
極値　54
極値の判定　166
極値をもつ必要条件　166
極方程式　124
曲面積　206
近似増加列 (無限領域)　202

索　引　　　　　　　　**225**

近似増加列 ($E$ を除外する)　　200

偶関数　　102
空間の極座標　　198
区間　　2
区間 $I$ で連続　　12
グリーンの定理　　212

原始関数　　82
減少関数　　25
減少関数の条件　　52

広義積分　　106
広義積分の存在　　108
広義の 2 重積分の収束　　202
高次導関数　　60
高次偏導関数　　162
合成関数　　4
合成関数の導関数　　22
合成関数の導関数 (2 変数)　　158
コーシーの剰余項　　63
コーシーの平均値の定理　　50
弧度法　　26

## さ　行

サイクロイド　　120
最大値・最小値の存在定理　　14
三角関数の積分法　　92
三角関数の直交性　　104
三角関数の導関数　　28
3 次元空間における直線や平面の方程式　　180
3 重積分　　208
三葉線　　120

指数関数の積分法　　92
始線　　124
自然対数　　32
下に凸　　68
重心　　177

収束する　　6
四葉線　　120
剰余項　　62
除去可能な不連続点　　15
初等関数　　82
心臓形　　120
シンプソンの公式　　128

数列　　41
数列の四則計算と極限　　42
数列の収束に関する基本定理　　41
数列の収束, 発散　　41

整関数　　2
整級数の収束半径　　66
整式　　2
星芒形　　120
正葉線　　169
積分記号　　82
積分する　　82
積分定数　　82
積分の順序交換　　194
積分領域の加法性 (2 重積分)　　194
接線　　16
接平面　　160
接平面の方程式　　160
漸化式　　90
線形性 (定積分の)　　96
線積分の定義　　210
全微分　　156
全微分可能　　156
全微分可能性　　156
全微分可能性と偏微分可能性　　156
全微分可能性と連続　　156

増加関数　　25
増加関数の条件　　52
増分　　18

## た 行

第 1 種楕円積分　141
第 $n$ 次導関数　60
対数関数の導関数　32
対数を利用した微分法　35
体積　204
体積とは何か　188
第 2 種楕円積分　141
多項式　2
単純な領域　192
単調減少数列　41
単調数列　41
単調増加数列　41
単調な関数　25

値域　2
置換積分法　86
中間値の定理　14
調和級数　75
直線と平面の垂直条件　182
直線と平面の平行条件　182
直線の方向比　180
直線の方程式　181
直線の方向余弦　180
直交性 (関数の)　104

定義域　2
定数係数の同次線形 2 階微分方程式　138
定数係数の同次線形 2 階微分方程式の解法　138
定数係数の非同次線形微分方程式　139
定積分　96
定積分と不等式　100
定積分の基本的な性質　96
定積分の置換積分法　102
定積分の定義　96
定積分の部分積分法　102
ディリクレの変換　195

テーラーの定理　62
点 $a$ で連続　12

導関数　18
導関数の基本公式　20
同次形　134
トーラス　143
解く (微分方程式)　134
特異積分　106
特異点　106
特殊解 (微分方程式)　139
特性解　138
特性方程式　138

## な 行

内点　150

2 曲線の囲む部分の面積　122
2 重積分と累次積分　192
2 重積分の基本的な性質　194
2 重積分の線形性　194
2 重積分の単調性　194
2 重積分の定義 (一般の有界閉領域の場合)　192
2 重積分の定義 (長方形領域の場合)　190
2 重積分の変数変換　196
2 直線の直交条件　181
2 変数の関数の極値　166
2 変数の関数の極限　150
2 変数の関数の極限に関する基本定理　152
2 変数の関数の和, 差, 積, 商の連続性　152
2 変数の合成関数の連続性　152
2 変数のテーラーの定理　164
2 変数の関数のはさみうちの定理　152
2 変数の平均値の定理　165
2 変数のマクローリンの定理　165

ニュートン法　76

ネイピアの数 $e$　42, 65

ノルム　104

## は 行

媒介変数　36
媒介変数表示　36
媒介変数表示の場合の面積　122
発散する　6, 43
パラボラ　120

被積分関数　96
左側極限値　8
左側微分係数　18
左側連続　12
微分可能性と連続性　18
微分係数　16
微分方程式　134

不定形　11, 56
不定形の極限値　56
不定積分　82
不定積分の基本公式　83
不定積分の線形性　84
不定積分の存在　100
部分積分法　84
部分和 $S_n$　43
不連続　12
分数関数　2

平均値の定理　50
閉区間　2
閉集合　150
平面の方程式 (標準形)　182
閉領域　150
ベータ関数　116
ヘルダーの不等式　72
ベルヌーイの微分方程式　136

変曲点　68
変数分離形　134
偏微分係数　154
偏微分する　154
偏微分の順序の交換　162
偏微分法　154

法線　161
放物線　120
包絡線　172
補集合　150

## ま 行

マクローリン級数展開 (関数の整級数展開)　66
マクローリンの定理　64

右側極限値　8
右側微分係数　18
右側連続　12

無限級数　43
無限数列　41
無限積分　108
無限大に発散する場合　10
無限領域における広義の 2 重積分　202
無理関数　2
無理関数の積分法　94
無理式　2

面積　98

## や 行

ヤコビアン　158, 198

有界数列　41
有界閉領域　150

## 228　索　引

有界閉領域における広義の 2 重積分
　　200
有向曲線　210
有向曲線の正の向き，負の向き　210
有理関数　2
有理関数の積分　88, 90
有理関数の部分分数展開　88

## ら　行

ライプニッツの定理　60
ラグランジュの剰余項　63
ラグランジュの未定乗数法　170
ラプラシアン　163

リーマン和　98
立体の体積　130, 186
領域　150
領域 $D$ で連続　152

累次積分　188

レムニスケート　120
連珠形　120
連続　152
連続関数の基本性質　14

ロピタルの定理 0/0 型　56
ロピタルの定理 $\infty/\infty$ 型　58
ロルの定理　48
ロンスキーの行列式　145

## 欧　字

$n$ 次の同次関数　175

$\varepsilon-\delta$ 論法　6

$x$ に関する偏導関数　154
$x$ について偏微分可能　154

$y$ に関する偏導関数　154
$y$ について偏微分可能　154

**著者略歴**

**坂田　洴**
（さかた　ひろし）

1957 年　東北大学大学院理学研究科数学専攻 (修士課程) 修了
現　在　岡山大学名誉教授

**主要著書**

教育系のための数学概論 (共著)
演習微分積分 (共著)
基本演習微分積分 (共著)
演習と応用微分積分 (共著)
演習微分方程式 (共著)
演習と応用微分方程式 (共著)
演習ベクトル解析 (共著)

---

数学基礎コース＝**C2**

### 基本 微分積分

| | |
|---|---|
| 2002 年 10 月 10 日 © | 初 版 発 行 |
| 2010 年  4 月 25 日 | 初版第 2 刷発行 |

著　者　坂田　洴　　　　発行者　木下敏孝
　　　　　　　　　　　　印刷者　杉井康之
　　　　　　　　　　　　製本者　関川安博

発行所　　株式会社　サイエンス社

〒 151-0051　東京都渋谷区千駄ヶ谷 1 丁目 3 番 25 号
営業　☎ (03) 5474-8500　(代)　振替 00170-7-2387
編集　☎ (03) 5474-8600　(代)
FAX 　☎ (03) 5474-8900

印刷　　(株)ディグ　　　製本　(株)関川製本所

《検印省略》

本書の内容を無断で複写複製することは，著作者および
出版者の権利を侵害することがありますので，その場合
にはあらかじめ小社あて許諾をお求め下さい．

ISBN4-7819-1015-7
PRINTED IN JAPAN

サイエンス社のホームページのご案内
http://www.saiensu.co.jp
ご意見・ご要望は
rikei@saiensu.co.jp　まで．

## 基本 線形代数
坂田・曽布川共著　2色刷・A5・本体1600円

## 線形代数 増訂版
寺田文行著　A5・本体1262円

## 線形代数の基礎
寺田・木村共著　2色刷・A5・本体1480円

## 基本例解テキスト 線形代数
寺田・坂田共著　2色刷・A5・本体1450円

## 演習線形代数
寺田・増田共著　A5・本体1553円

## 基本演習 線形代数
寺田・木村共著　2色刷・A5・本体1700円

## 詳解演習 線形代数
水田義弘著　2色刷・A5・本体2100円

## 線形代数演習［新訂版］
横井・尼野共著　A5・本体1980円

＊表示価格は全て税抜きです．

━━━ サイエンス社 ━━━

# 新微分積分
寺田文行著　Ａ５・本体1100円

# 微分積分の基礎
寺田・中村共著　２色刷・Ａ５・本体1480円

# 改訂 微分積分
洲之内・和田共著　Ａ５・本体1280円

# 基本例解テキスト 微分積分
寺田・坂田共著　２色刷・Ａ５・本体1450円

# 新版 演習微分積分
寺田・坂田共著　２色刷・Ａ５・本体1850円

# 演習微分積分
寺田・坂田・斎藤共著　Ａ５・本体1456円

# 基本演習 微分積分
寺田・坂田共著　２色刷・Ａ５・本体1600円

# 詳解演習 微分積分
水田義弘著　２色刷・Ａ５・本体2200円

＊表示価格は全て税抜きです．

サイエンス社

## 基本 微分方程式
坂田監修　曽布川・伊代野共著　Ａ５・本体1600円

## 微分方程式の基礎
寺田文行著　Ａ５・本体1200円

## 新版 微分方程式入門
古屋　茂著　Ａ５・本体1400円

## 微分方程式概論
神保秀一著　Ａ５・本体1600円

## 微分方程式とその応用 ［新訂版］
竹之内脩著　Ａ５・本体1700円

## 基本例解テキスト 微分方程式
寺田・坂田共著　２色刷・Ａ５・本体1450円

## 演習微分方程式
寺田・坂田・斎藤共著　Ａ５・本体1700円

## 微分方程式演習 ［新訂版］
加藤・三宅共著　Ａ５・本体1950円

＊表示価格は全て税抜きです．

# 基本 複素関数論
坂田 浩著　2色刷・A5・本体1500円

# 複素関数の基礎
寺田文行著　A5・本体1600円

# 改訂 関数論
洲之内・猪股共著　A5・本体1340円

# 基礎課程 複素関数論
占部博信著　A5・本体1600円

# 複素関数概説
今吉洋一著　A5・本体1600円

# 理工系 複素関数論
柴 雅和著　A5・本体1600円

# 演習関数論
洲之内・寺田・網屋共著　A5・本体1748円

# 関数論演習
藤家・岸共著　A5・本体1942円

＊表示価格は全て税抜きです．

サイエンス社

演習と応用 **線形代数**
　　　　寺田・木村共著　2色刷・A5・本体1700円

演習と応用 **微分積分**
　　　　寺田・坂田共著　2色刷・A5・本体1700円

演習と応用 **微分方程式**
　　　　寺田・坂田・曽布川共著　2色刷・A5・本体1800円

演習と応用 **関数論**
　　　　寺田・田中共著　2色刷・A5・本体1600円

演習と応用 **ベクトル解析**
　　　　寺田・福田共著　2色刷・A5・本体1700円

　＊表示価格は全て税抜きです．

サイエンス社

## 積分公式

(1) $\displaystyle\int \frac{dx}{x^2+a^2} = \frac{1}{a}\tan^{-1}\frac{x}{a} \quad (a \neq 0)$

(2) $\displaystyle\int \frac{dx}{x^2-a^2} = \frac{1}{2a}\log\left|\frac{x-a}{x+a}\right| \quad (a \neq 0)$

(3) $\displaystyle\int \frac{dx}{\sqrt{a^2-x^2}} = \sin^{-1}\frac{x}{a} \quad (a > 0)$

(4) $\displaystyle\int \frac{dx}{\sqrt{x^2+a}} = \log\left|x+\sqrt{x^2+a}\right| \quad (a \neq 0)$

(5) $\displaystyle\int \sqrt{a^2-x^2}\,dx = \frac{1}{2}\left(x\sqrt{a^2-x^2}+a^2\sin^{-1}\frac{x}{a}\right) \quad (a>0)$

(6) $\displaystyle\int \sqrt{x^2+a^2}\,dx = \frac{1}{2}\left\{x\sqrt{x^2+a^2}+a^2\log\left(x+\sqrt{x^2+a^2}\right)\right\} \quad (a \neq 0)$

(7) $\displaystyle\int \frac{A}{(x-a)^n}dx = \begin{cases} A\log|x-a| & (n=1) \\ \dfrac{A}{-n+1}(x-a)^{-n+1} & (n \neq 1) \end{cases}$

(8) $\displaystyle\int \frac{Bx+C}{(x^2+px+q)^n}dx \quad (p^2-4q<0)$. ここで $x+\dfrac{p}{2}=t$, $q-\dfrac{p^2}{4}=a^2$ とおくと, (8) は次の $(8_1)$, $(8_2)$ に帰着される.

$(8_1)$ $\displaystyle\int \frac{t}{(t^2+a^2)^n}dt = \begin{cases} \dfrac{1}{2}\log|t^2+a^2| & (n=1) \\ \dfrac{1}{2(-n+1)}(t^2+a^2)^{-n+1} & (n \neq 1) \end{cases}$

$(8_2)$ $I_n = \displaystyle\int \frac{dt}{(t^2+a^2)^n}$ とおくと,

$$I_n = \frac{1}{a^2}\left\{\frac{t}{(2n-2)(t^2+a^2)^{n-1}} + \frac{2n-3}{2n-2}I_{n-1}\right\} \quad (n \geq 2)$$

$$I_1 = \frac{1}{a}\tan^{-1}\frac{t}{a}$$

(9) $\displaystyle\int_0^{\pi/2}\sin^n x\,dx = \int_0^{\pi/2}\cos^n x\,dx = \begin{cases} \dfrac{n-1}{n}\dfrac{n-3}{n-2}\cdots\dfrac{4}{5}\dfrac{2}{3} & (n \geq 2,\ 奇数) \\ \dfrac{n-1}{n}\dfrac{n-3}{n-2}\cdots\dfrac{3}{4}\dfrac{1}{2}\dfrac{\pi}{2} & (n \geq 2,\ 偶数) \end{cases}$